植物生物技术
经验与展望
（原书第二版）

Plant Biotechnology

Experience and Future Prospects

(Second Edition)

〔法〕A. 里克罗奇　〔美〕S. 乔普拉　〔法〕M. 孔茨　主编

王继华　李　帆　金春莲　主译

科 学 出 版 社

北 京

图字: 01-2023-5064 号

内 容 简 介

在人口快速增长和全球气候变化的背景下,如何安全稳定地确保每个人的食品供应、当前的农业生产方式和技术能否以可持续的方式为不断增长的人口提供服务,这不仅仅是科学问题,更是人类社会学问题。在转基因作物近20年的种植和产业化应用后,我们仍处于植物生物技术研发、转基因植物种植和生产的早期阶段。如今有哪些生物技术可以提高农业生产力和服务大众健康,它们目前的应用如何,生物技术可以为可持续农业做什么,近期的现实期望是什么,这些问题都将在本书中找到答案。本书以通俗易懂的方式介绍了与农业相关的尖端植物生物技术及其应用,更新并介绍了环境分析和评估、耕地供应减少、水资源短缺和气候变化背景下植物生物技术和分子育种的范围和方法。其中,重点介绍了植物创新技术的研发及其在生产应用中的进展:如何利用生物技术培育适应新的气候条件、抵抗生物和非生物胁迫的作物品种,并通过相关实例向读者解释他们关切的问题。此外,这些新植物育种技术在不同国家涉及的伦理问题、知识产权保护和监管政策等也在本书进行了讨论。

本书为从事植物生物技术研发的科研人员、高校师生和科学伦理研究者全面了解植物生物技术前沿提供了第一手的文献资料,也为生物技术爱好者提供了正确的科学指引。

First published in English under the title Plant Biotechnology: Experience and Future Prospects (Second Edition), edited by Agnès Ricroch, Surinder Chopra and Marcel Kuntz. Copyright © Agnès Ricroch, Surinder Chopra and Marcel Kuntz, 2021. This edition has been translated and published under licence from Springer Nature Switzerland AG.

审图号: GS 京 (2023) 1842 号

图书在版编目 (CIP) 数据

植物生物技术: 经验与展望: 原书第二版/(法)A. 里克罗奇(Agnès Ricroch),(美) S. 乔普拉(Surinder Chopra), (法) M. 孔茨 (Marcel Kuntz)主编; 王继华,李帆, 金春莲主译. —北京: 科学出版社, 2023.10
书名原文: Plant Biotechnology: Experience and Future Prospects (Second Edition)
ISBN 978-7-03-076757-8

Ⅰ. ①植… Ⅱ. ①A… ②S… ③M… ④王… ⑤李… ⑥金… Ⅲ. ①植物—生物技术 Ⅳ. ①Q94

中国国家版本馆 CIP 数据核字 (2023) 第 195639 号

责任编辑: 李秀伟 白 雪 / 责任校对: 严 娜
责任印制: 肖 兴 / 封面设计: 无极书装

科学出版社 出版
北京东黄城根北街 16 号
邮政编码: 100717
http://www.sciencep.com
北京建宏印刷有限公司印刷

科学出版社发行 各地新华书店经销
*
2023 年 10 月第 一 版 开本: 720×1000 1/16
2024 年 9 月第二次印刷 印张: 16 3/4
字数: 338 000
定价: 218.00 元
(如有印装质量问题, 我社负责调换)

序

对创新和进步的思考

对词意的考察表明，创新和进步惊人的不对等。研究它们的拉丁语派生词，创新意味着通过将新事物引入现有装置而进入新颖状态。进步意味着前进（*progressus*）和增加（*progressio*）。在现代语境中，创新是一个描述词，而进步通常包括积极的价值判断。然而，术语可能是进步或倒退的一个因素。术语保守主义（如转基因生物）是某些领域科学进步的障碍。我们不能低估词语在社会生活中的力量，因为它们凝聚了真正的问题：我们如何让科技创新成为每个人的进步？科学的进步是否等同于社会的进步？

2016 年在比利时布鲁塞尔举行的欧洲科学院会议解决了上述问题的后者。法国科学院常务秘书 Catherine Bréchignac 强调，社会拥抱的是技术而不是科学。法国国家技术科学院的成员 François Guinot 宣称，技术创新诱使科学躲在技术背后。此外，技术发展的指数特性造成的阶段性滞后影响了社会的许多层面，并导致了政治问题。

创新是经济增长的一个关键因素，它通过对现有设备产生新的变化，为创新本身提供一致性和基础。基因编辑是一个真正的技术创新的突出例子，它基于细菌遗传学和病毒学等领域已有的科学故事。例如，CRISPR/Cas9 系统由于其前所未有的精确性，代表了基因切割的显著进步。该系统得到了 Emmanuelle Charpentier 和 Jennifer Doudna 的显著改进与简化，二者也因此获得了 2020 年诺贝尔化学奖。

基因编辑不仅在生物和医学研究中成为一种常规做法，而且还作为一种常用的工具在农业中使用，并更多地应用于医疗。例如，最近 CRISPR 成功应用于治疗儿童白血病的案例被报道。然而，欧盟决定将基因编辑视为转基因技术。这个标签使基因编辑不能用于欧洲的农业生产。在医疗方面，一位中国医生对胚胎细胞进行了优生实践，这与编辑器官和组织中的体细胞与分化细胞不同，该技术能够诱导基因突变并防止婴儿潜在的人类免疫缺陷病毒（艾滋病病毒）感染。这种做法受到了广泛谴责。而法国国家医学科学院和法国科学院在 2018 年发表了一份联合声明，主要指出：①在目前的知识水平下，不宜生下此类胚胎改造婴儿；②如果将来可以启动这种程序，必须经过学术和伦理批准，并进行深入的公开辩论；③使用 DNA 修饰技术，包括在胚胎层面的负责任的研究对人类很重要。

因此，两个学院都支持这种研究。

在这一点上，我们遇到了基础研究和应用研究之间的关系问题。事实上，这种关系在本质上是双向的。"转化医学"包括促进应用和临床试验，以便为基础研究提供有用的结果。在这种情况下，风险评估的问题出现了，还有一句著名的谚语，即"证据不足不等于证据不存在"——一个逻辑基础相当模糊的令人怀疑的故事。大多数时候，根据预防原则的精神，这句谚语被用来阻止对所谓的有毒物质的进一步研究。无论这种使用是否合理，一般来说，这句谚语应该被用来促进研究，而不是阻碍研究。

如何才能确保科技创新促使社会进步？社会的进步意味着将几种人类价值，而不仅仅是知识，运用到相同的效果。总体来说，没有创新就没有进步，而进步与社会无关，这是无法想象的。

克劳德·德布鲁（Claude Debru）
claude.debru@ens.fr
法国巴黎高等师范学院科学哲学名誉教授
法国科学院和法国农业科学院院士
于法国巴黎

Claude Debru 博士是许多生命科学和医学中历史与哲学方面的书籍与文集的作者，其著作涉及蛋白质生物化学、生理学、神经科学、生物技术和血液学等领域。他曾是斯拉斯堡路易-巴斯德大学、巴黎狄德罗大学和巴黎高等师范学院的教授，是法国科学院、法国农业科学院、德国国家科学院的成员，以及其他几个国际科学协会的成员。

目　　录

第 1 部分　植物改造工具

第 2 部分　对社会的贡献

第 3 部分　可持续管理

第 4 部分　可持续发展的环境

第 5 部分　对食品、饲料和健康的贡献

第 6 部分　基因编辑对农业的贡献

第 1 部分　植物改造工具

第1章　农业演变和植物创新工具

阿涅丝·里克罗奇（Agnès Ricroch）

> 转基因作物在世界农业中正发挥着越来越重要的作用，使科学家们能够跨属寻找有用的基因，以提高对干旱、高温、寒冷和水涝等全球变暖可能带来的后果的耐受性。我相信，生物技术对于满足未来的粮食、饲料、纤维和生物燃料需求至关重要。确保数亿人的粮食安全的战斗还远远没有胜利。我们必须增加世界粮食供应，但也要认识到人口增长、粮食生产和环境可持续性之间的联系。如果没有更好的平衡，制止全球贫困的努力将停滞不前。
>
> 引自 Borlaug N. 2007. Feeding a hungry world. Science, 318: 359.

摘要： 今天人类赖以生存的谷物和豆类等植物是由世界上许多不同地区的古代农民在几千年内逐步独立驯化的。随着时间的推移，古代农民将数百种野生物种转化为栽培作物（一些世界上最重要的作物）。在一万年前从觅食到耕作的过渡中，这些植物的野生形式发生了变异，并被选择为更容易收获的新的驯化物种。这个过程延续至今。自 20 世纪初以来，植物遗传技术的创新已经加速，并通过提高对病虫害的抵抗力、对干旱和洪水的耐受力及生物强化来生产更好的作物。随着全基因组测序技术的发展，我们对植物基因表达的理解和改变其表达的能力及鉴定、分离和转移感兴趣的基因的技术都取得了巨大而迅速的进展。在许多情况下，这种进展因高效的转基因技术的出现而得到促进。新育种技术（new breeding technique，NBT）在 20 世纪 00 年代迅速涌现。与早期版本的基因编辑工具，如寡核苷酸定点诱变（oligonucleotide-directed mutagenesis，ODM）、兆核酸酶（meganuclease，MN）、锌指核酸酶（zinc finger nuclease，ZFN）和类转录激活因子效应物核酸酶（transcription activator-like effector nuclease，TALEN）相比，成簇规律间隔短回文重复序列（clustered regularly interspaced short palindromic repeat，CRISPR）系统能够更有效和更准确地改变基因组。最近，新的 CRISPR 系统，包括碱基编辑和质粒编辑，赋予了基因编辑低脱靶活性，提高了 DNA 特异性，扩大了靶向范围。遗传学家使用各种各样的转基因技术将外来 DNA（来自微生物、植物、动物）引入植物。植物遗传改良提供了一个有效的方法来提升粮食生产能力和保障粮食安全，以支持全球不断增长的人口，特别是在荒凉的气候条件下。此外，植物创新还可以改善全球药品生产。

关键词：农业、作物、驯化、育种、新育种技术、CRISPR、生物技术

1.1 农业的多重起源

你们知道最古老的授粉者——蜜蜂，是在一亿年前的琥珀碎片中被发现的吗？科学家们还发现了 100 万年前人类祖先使用火的证据。根据在考古遗址中发现的研磨石和烹饪锅的淀粉粒化石，考古学家表示，植物育种和主要谷物的栽培历史大约在一万年前开始。

1.1.1 农业的兴起

农作物对人类需求和栽培的适应是一个时间尺度超过千年的缓慢的过程。在被驯化的地方品种出现之前，野生谷物可能已经被栽培了超过 1000 年（Tanno and Willcox 2006）。人类对植物的驯化可以分为三个阶段："采集"，人们从野外采集植物；"栽培"，将野生植物系统地播种在选择的田地里；"驯化"，培育具有理想性状的突变体植物（Weiss et al. 2006）。

根据最近的 DNA 研究和考古植物遗迹的放射性碳测定，一旦冰河时代结束，气候和环境条件有利于耕作，农耕就会在几个地方出现，这个现象在历史上发生过几次。在人类采用定居的方式生活后不久，就出现了农业（Tanno and Willcox 2006）。这些发现显示了人类历史上最伟大的革命：从野外采集食物到在农场生产食物的转变。

古代植物育种家的创造中，最重要的是谷物——水稻、小麦和玉米，它们提供了今天人类所消耗的 50% 以上的热量（Ross-Ibarra et al. 2007）。然而，人类消耗的 70% 的热量只来自 15 种作物，这些作物是在全世界不同国家驯化的。新石器时代的过渡，大致描述了从觅食到耕作的转变，这是人类历史上最重要的事件之一。农业首先出现在近东新月沃土的早期村庄，该地区从地中海到伊朗，包括现在以色列、叙利亚、约旦、伊拉克东北部和土耳其东南部，随后出现在世界不同地区，包括中国、中美洲和安第斯山脉、近大洋洲、撒哈拉以南非洲和北美洲东部（Riehl et al. 2013；Meyer and Purugganan 2013）。早在 13 000 年前，狩猎采集者就开始收集并种植野生谷物和豆类的种子，如小麦、大麦和扁豆，并在 11 500 多年前开始栽培它们。植物是由世界上许多不同地区的人们逐步独立驯化的。粳

稻是稻（*Oryza sativa*）的一个亚种，大约一万年前在中国的长江上游地区被培育出来。水稻和大豆等关键作物起源于亚洲东部。这个地区也是几种次要作物的原产地，如某些类型的谷子。今天有超过十亿人食用的玉米是大约一万年前在墨西哥西南部被驯化的。更多信息请参考查尔斯·C. 曼的《1491》一书。从 12 000 年前的中东开始，新石器时代的生活方式通过独立的大陆和地中海路线传播到欧洲（Rivollat et al. 2020）。

1.1.2　驯化综合征

农业及作物驯化的黎明，是一个充满试验和错误的过程。在驯化过程中，人类对几个关键事件进行了选择，产生了"驯化综合征"。在这个过程中，古代农民自觉或不自觉地保存了具有有利特征的植物的种子，以便在第二年播种。"驯化综合征"被定义为与生物体从野生祖先形式向驯化形式的遗传变化有关的表型特征，包括种子脱落（破碎）、散播减少、种子休眠消失、种子数量增加、种子形状改变、生长习性紧凑（分枝减少、植株减小、矮化）、果实增大、开花适应性增强、有毒化合物含量减少（食物更安全）和抗病。

谷物——在植物学上是一种草，收获的果实被称为颖果（谷粒），和大多数其他作物都有一个共同的特点——驯化的核心特征：它们的谷粒仍然附着在植物上供人类收获，而不是像野生物种那样自行脱落，以便繁衍。例如，玉米的驯化涉及从野生祖先（祖先）类蜀黍（*Zea mays* ssp. *parviglumis*）转变为不分枝的植物，种子附着在果穗上，从而使玉米依赖于人类的栽培。在驯化之后，玉米一直被密集改良，最终发展出高度适应现代农业实践的杂交玉米品系。了解作物的起源与驯化不仅有进化上的意义，还可以为作物的改良挖掘有用的遗传资源。因此，驯化的植物为研究植物对环境的适应提供了一个模型系统（适应的概念是达尔文工作的核心）。驯化塑造了现代育种者可用的遗传变异，因为它影响了 DNA 水平上的多样性。事实上，从野生祖先（祖先）到栽培的作物，今天的科学家可以在 DNA 序列变化的层面上跟踪驯化是如何进行的。对驯化过程的深入了解为未来的作物育种揭示了有用的 DNA 信息（在基因水平）。

1.2　作物改良工具箱：杂交种和初代生物技术

为了实现作物改良的目标，植物育种者开发了各种工具和方法，以扩大培育植物新品种的可能性：从常规育种如杂交和突变育种，到先进的育种技术如转基因育种。

查尔斯·达尔文（1859）和格雷戈尔·孟德尔（1866）的工作为植物育种奠

定了科学基础（Fedoroff 2004）。奥地利修道士格雷戈尔·孟德尔表明了统计学在育种实验中的重要性及选择性育种的可预测性。1866 年，他发现了花园豌豆的遗传规律，并发现了单位因子（后来被定义为基因）。在此之前，1727 年在法国建立了第一家种子公司的法国维勒默罕（Vilmorins）家族（今天是利马格兰合作社的一部分），在 1830 年引入了系谱育种法（基于选定的个体植物）。大卫·兰德雷思在 1784 年建立了北美洲第一家种子公司，并在 1799 年出版了一份蔬菜种子目录。进入 20 世纪，育种者致力于提高玉米（乔治·比德尔和保罗·曼格尔斯多夫）、水果、蔬菜和观赏花卉（路德·伯班克）等作物的生产力、稳定性和营养。的确，自 20 世纪初以来，植物育种者的育种手段已经发展到通过遗传改良引起特定的和永久性的变化：从对玉米及其他众多作物的初代杂交、远缘杂交、突变育种到转基因育种。新的工具和方法在创造具有新的和有趣的性状品种方面能力越来越强。

1.2.1 杂交（植物或物种间杂交）

在遗传上相距较远或关系密切的物种之间转移性状并不是一项新技术。杂交是指携带有趣性状的两种亲本植物之间的混合，已在许多作物中实现。创造一个新的杂交品种，如向日葵、玉米、油菜或小麦，几乎需要 15～20 年。在这些广泛的杂交中，数以千计的基因受到影响，而目前通过转基因可在植物中增加 1～6 个基因。

1919 年，在康涅狄格州，唐纳德·F. 琼斯开发出玉米的双杂交法，即对两个单杂交种进行二次杂交（经由野生祖先驯化而来，具备可遗传的表型性状的四个遗传关系较近的亲本两两杂交后获得的两个子代再进行杂交，获得双交种）。从经济角度看，这项技术使玉米杂交种子的商业化生产成为可能。1923 年，在艾奥瓦州，亨利·C. 华莱士培育出第一个商业杂交玉米，并于 1926 年成立了 Hi-Bred 玉米公司，即如今杜邦公司旗下的 Pioneer Hi-Bred。

杂交种子技术通过添加来自两个不同亲本的性状，产生了改善产量和抗病性的杂合体植物。在过去的 40 年里，美国的玉米平均产量翻了一番，但这并不是世界上所有地方都会发生的。

1.2.2 化学和辐射诱变

化学和辐射诱变（自 1920 年起使用 γ 射线和 X 射线）增加了遗传变异的频率，可用于创造新的突变品种。突变体是其中一个基因或染色体的 DNA 发生碱基对序列变化，导致产生具有新特征或性状的植物/生物。这些突变体对作物改良很有意义，如降低株高、改变种子颜色或提供对非生物（如盐度和干旱）和生物

（如虫害和疾病）胁迫的耐受性或抗性。在英国，许多啤酒是用大麦的突变品种（'金色承诺'品种，耐盐的春大麦，植株半矮）生产的。通过突变育种技术开发的小麦品种现今被用于生产面包和面食（如诱导突变性以提高产量）。香蕉、木薯、棉花、枣椰、葡萄柚、豌豆、花生、梨、薄荷、水稻、芝麻、高粱和向日葵等，以及其他许多园艺植物已有许多生理和形态上的突变体（见 https://mvd.iaea.org/）。超过 3332 个通过化学或辐射诱变开发的作物和豆类品种已经在全世界 73 个国家发布。经 γ 射线（370Gy）照射的番茄品种 Bintomato-7 的种子于 2018 年发布，被用于孟加拉国冬季（11 月至翌年 2 月）的种植；日本通过用化学诱变剂叠氮化钠（NaN_3）处理，培育出低淀粉的小麦突变品种；在美国发布的第一个突变半矮化型食用水稻 'Calrose 76'，是通过用 γ 射线（250Gy）照射种子而培育出的突变籼米，所有节间缩短，株高仅为 95cm，而 'Calrose' 的株高为 120cm。在有机农业中，农民使用的 'Calrose 76' 品系的糙米，也是通过诱变开发的。密苏里大学的 Lewis J. Stadler 在 20 世纪 20 年代第一个将 X 射线用于大麦种子，1936 年将紫外辐射用于玉米花粉。此外，不同的诱变剂也被用于植物育种，如用化学诱变剂甲基磺酸乙酯（ethyl methanesulfonate，EMS）创造突变体。

培育出具有这些突变的品种需要十多年的时间，它们将会再与一个适应当地农艺和气候条件的优良品种杂交。这些品种携带大量受影响的基因。这项遗传技术带来的随机结果表明了自发突变是如何创造并推动进化的遗传多样性（达尔文的概念之一），并为选择育种提供可操作的材料。

1.2.3　其他技术：体外技术、基因组测序和基因图谱

其他利用离体组织培养的育种技术如微繁殖和胚胎拯救，使得不亲和植物间的杂交和生产一致性植物成为可能。

得益于分子水平（DNA）的知识和生物信息学，植物育种的最新一步创新始于 20 世纪 80 年代，来自生物技术。分子标记辅助选择（marker-assisted selection，MAS）被广泛应用于作物遗传图谱上的特征或性状定位，用于选择具有商业价值的重要特征或性状。例如，与抗病基因座密切相关的 DNA 标记可用于预测植物是否可能对该病具有抗性（Tester and Langridge 2010）。

1944 年，美国洛克菲勒研究所的 Oswald Avery、Colin MacLeod 和 Maclyn McCarty 在假球菌中发现了 DNA 是遗传物质。然后在 1953 年，James Watson、Francis Crick、Rosalind Franklin 和 Maurice Wilkins 确定了 DNA 的结构。自 20 世纪 50 年代以来，DNA 测序取得了快速进展。1965 年，酵母中的一个天然基因首次被测序并耗时 2.5 年。1976 年，第一个基因组（噬菌体）被测序。2008 年，第一个人类基因组（James Watson 的基因组的 60 亿个碱基对）在 4 个月内完成测序，

花费不到 150 万美元。由于新技术不断产生，DNA 测序价格正在迅速下降。根据美国国家人类基因组研究所现今的数据，生成一个全外显子组序列的成本通常低于 1000 美元。

自 20 世纪 90 年代末以来，包括面包小麦、水稻、玉米、番木瓜、葡萄、苹果、大豆、马铃薯、高粱、草莓、枣椰、木薯、可可、谷子、棉花、香蕉等在内的多种作物有可用的完整基因组序列。2013 年，鹰嘴豆、桃、甜橙和野生稻的基因组也已被测序。

1.2.4 绿色革命

自 1940 年以来，福特基金会、洛克菲勒基金会、巴菲特基金会或比尔及梅琳达·盖茨基金会等在与政府合作作物育种方面发挥了重要作用。绿色革命始于 1943 年，当时墨西哥政府和洛克菲勒基金会共同发起了一个名为"墨西哥农业计划"的项目，以增加墨西哥的粮食产量，尤其是小麦产量。基于双重概念（跨学科方法和国际团队合作），由洛克菲勒基金会的美国小麦育种家 Norman E. Borlaug 领导的科学团队开始收集来自世界各地的小麦遗传资源（种质）。绿色革命之父博洛格（Borlaug）于 1970 年获得诺贝尔和平奖，人们在 2014 年庆祝了他诞辰 100 周年。

1961 年印度发生饥荒后，博洛格推进了高产品种的开发，如 IR8（一种半矮化水稻品种），同时扩大了灌溉基础设施，实现了管理技术的现代化，并向农民分发杂交种子、化肥和杀虫剂。

如今，发展中国家有近 20 亿人长期遭受饥饿和营养不良。而由于其人口增长速率最快，且面临更大的资源短缺和气候变化影响的风险，这些国家迫切需要发展农业。在不砍伐森林或改变土地利用净变化的情况下增加粮食供应意味着增加产量，那么通过作物改良来发展农业成为迫切需要。然而，正如 Paarlberg（2009）所遗憾的那样，包括生物技术在内的现代农业，近来在非洲毫无踪迹。

1.3 先进育种技术：转基因技术

1946 年，J. Lederberg 和 E. L. Tatum 首次发现 DNA 在生物体之间的自然转移。基因工程，也被称为遗传修饰（GM），是利用重组 DNA 技术作为植物育种的新工具。作为一种速度更快、能够传递传统育种无法实现的基因变化的技术，转基因技术在植物育种中发挥独特作用。

当今的传统育种包括所有不属于转基因生物现行法规的植物育种方法。例如，在欧洲，欧洲法律框架（关于故意向环境中释放转基因生物的欧洲指令 2001/18/EC）界定了转基因生物并指定了转基因条例之外的各种育种技术。该条例之外的杂交（杂交育种）、体外受精、多倍体诱导、诱变和性亲和植物原生质体融合可被认为是传统育种。在美国，除某些州外，转基因植物是解除管制的，不被标记为转基因生物，被编辑过的植物在美国亦不被管制。欧洲的情况在第 18 章中进行了说明。

1.3.1　基因工程技术

转基因技术是为受体植物提供一个或多个外源基因的基因修饰或基因改造工程。这些外来基因可以来自植物或非植物生物。与传统育种可以结合亲本各一半的基因并进行组合不同，转基因技术只能转移有限的遗传材料，因此被用于精确的作物改良。基因工程还使诸如动植物之间的遗传信息交换成为可能，而这些交换在诱变或其他传统育种技术中是不可能发生的。

20 世纪 70 年代，分子生物学的进步使人们有可能从任何类型的有机体中鉴定出与某一特性相关的特定基因，并将其分离出来，然后转移到植物细胞中。与通过杂交或突变育种引起成千上万的基因改变不同，转基因可以将一个已知的单一有益性状的基因插入植物基因组。这种精确度和快速获得植物所需性状的优势使转基因技术为植物育种者所接受。

从事分子生物学研究的科学家们讨论了种植转基因作物的伦理问题。1972 年发表的第一个转基因实验论文中将噬菌体基因插入动物病毒 DNA 中。因此，科学家们提出了关于重组 DNA 对人类健康的潜在风险的问题，并于 1975 年在美国加利福尼亚州组织了由科学家、律师和政府官员参加的 Asilomar 会议来讨论该技术。他们决定，实验可以在美国国立卫生研究院制定的严格指导方针下进行（Berg et al. 1975）。

有几种载体可以对植物进行基因改造：①通过携带感兴趣基因的重组根癌农杆菌感染植物组织，将该基因整合到植物 DNA 中，这是由比利时的 Marc Van Montagu 和 Jeff Schell 及美国的 Mary-Dell Chilton 于 1977 年发现的转基因机制；②用携带涂有待转移基因的钨粉或金粉粒子的"粒子枪"轰击植物组织，该系统也被称为生物微粒传递系统，由美国的 John Sanford、Edward Wolf 和 Nelson Allen 于 1984 年开发。

引入的基因随机插入 DNA 链中。植物突变育种（详见 1.2.2 节）可能诱导产生比转基因插入更多的变化。转基因植物的再生是一个相当快的过程，然而，此类品种需要与适应特定农艺和气候条件的优良品种杂交，因此需要几年时间才能创造出一个添加转基因的品种。

基因改造的一个特点是允许从无关生物（细菌等微生物、动物或人类）中转移一个或几个基因到作物中。传统育种（甚至是来自不同属的差别很大的植物之间的杂交）也无法形成具有来自不同界的基因的植物。Surinder Chopra 在第 2 章中讨论了现代植物育种的其他技术。

1.3.2　基因工程技术表达的性状

第一个被制造的转基因植物是 1982 年生产的抗抗生素烟草。第一个商业化的转基因作物是 1994 年在美国种植的 FlavrSavr® 番茄。它含有抑制番茄早熟以保持风味和口感的特性。在英国，使用这些转基因番茄制成的浓缩番茄酱于 1996 年上市（由 Zeneca 公司提供）。它在法国获得了最佳创新奖。最早的转基因作物（抗虫和耐除草剂品种）从 1995 年开始商业化栽培。一种表达苏云金芽孢杆菌（*Bacillus thuringiensis*）蛋白的转基因玉米（'*Bt* 玉米'）可以保护玉米免受欧洲玉米螟和其他鳞翅目昆虫的侵害。*Bt* 最初于 1911 年在德国图林根被发现，被有机农场主用来制作喷雾剂。*Bt* 基因产生杀虫的 CRY 蛋白，是化学杀虫剂的替代品。它们被引入 1000 多个优质玉米品种中，也被转入棉花、豇豆、大豆和甘蔗。

2018 年，全球 26 个国家（21 个发展中国家和 5 个工业化国家）的转基因品种种植面积超过 1.917 亿 hm^2。共有 26 个国家接受种植转基因作物，另外有 44 个国家进口了转基因作物。今天商业化种植的作物主要具有抗除草剂、抗虫性或两者兼有的特性，并被开发用于大豆、棉花、玉米、油菜和苜蓿草等大宗商品作物。据估计，由于转基因棉花的抗虫性更强，印度现在种植的棉花种中 88% 是转基因的。在印度和中国，转基因抗虫作物，尤其是棉花的种植，也减少了农民于有害有机磷杀虫剂的暴露风险。在食物链中有大量来自转基因作物的产品。在欧洲，估计有 90% 的动物饲料（玉米和大豆）来自转基因品种，因为它们成本低、数量多。

通过转基因（基因转移或 RNAi 沉默）修饰的已批准的转基因作物品种很多，包括苜蓿、阿根廷油菜、苹果、豆类、加拿大油菜、康乃馨、葡萄蔓股颖、棉花、豇豆、桉树、亚麻、玉米、甜瓜、芒草、番木瓜、矮牵牛、李子、波兰油菜、马铃薯、水稻、月季、南瓜、红花、高粱、甜菜、甘蔗、甜椒、大豆、烟草、番茄和小麦（更新数据请访问 https://www.isaaa.org/gmapprovaldatabase/default.asp）。已取消管制的基因编辑作物品种包括苜蓿、百喜草、亚麻荠属作物、柑橘、菊花、亚麻、玉米、薙蓂、矮牵牛、马铃薯、水稻、狗尾草（野生谷子）、大豆、烟草、番茄和小麦。

包括病虫害（真菌、病毒、细菌）抗性基因在内的许多有趣的基因已经被发现，而新的基因也正在被快速挖掘。其中一些基因已被整合到商业品种中以培育具备耐热和抗旱、高氮利用效率、α-淀粉酶修饰、雄性不育、氨基酸改良、花色改良（石竹）、高油产量/脂肪酸改良和抗病毒等特殊性状的品种。在美国加利福尼亚大学戴维斯分校的 Pamela Ronald 实验室，*XA21* 基因被发现具备对细菌疾病的抗性，而水稻耐涝基因的发现使得在种植过程中洪涝可以淹死杂草而不淹死水稻，为杂草管理提供了一种不依赖除草剂的方法（Ronald and Adamchak 2008）。

全新的植物创新聚焦于营养功效。反式脂肪酸更少的、更健康的植物油正在被研发。增强包括非洲的木薯或亚洲的水稻在内的主要作物的食品营养价值，说明了基因工程在抗营养不良方面的潜力。在发展中国家，尤其是亚洲，维生素 A 缺乏会导致儿童失明。克服这种缺陷的最著名尝试是瑞士的 Ingo Potrykus 和他的同事开发的"黄金大米"（Zeigler 2014）。他们用类胡萝卜素生物合成基因对水稻进行基因改造，从而使其产生更多的维生素 A 前体。如今，遗传学家也在尝试使用基因工程来减少食物中的过敏原。植物育种家可以通过加速育种结合遗传选择、基因编辑和生物信息学等技术，使植物在环境和生物限制适应性上跟上气候和环境变化。

操纵植物基因来生产某些人类需要的酶的技能并不新鲜。人们对从植物中提取药物（"生物制药"）的兴趣始于 20 世纪 90 年代，当时科学家们发现烟草可以生产单克隆抗体。近年来，植物源生物治疗在兽药中已被证明是成功的。植物源酶也被开发用于治疗戈谢病或用于新型冠状病毒疫苗的开发（详见第 15 章）。因此，可以通过植物基因工程来生产疫苗、抗体和蛋白质用于治疗。

1.3.3　新育种技术的发展

在过去的 20 年里，生物技术和分子生物学在植物中的其他应用已经出现，有可能进一步扩大植物育种家的工具箱。对大多数技术而言，要精确地改变生物体的基因组是具有挑战性的，而最近描述的几种基因编辑技术实现了植物基因的定点诱变（敲除或修饰基因功能）及将基因靶向缺失或插入引入植物基因组。21 世纪，新育种技术如雨后春笋般涌现。与寡核苷酸定点诱变（ODM）、兆核酸酶（MN）、锌指核酸酶（ZFN）和类转录激活因子效应物核酸酶（TALEN）等早期的基因编辑工具相比，CRISPR 系统能够更高效、更准确地改变基因组。2012 年，研究人员将细菌免疫系统（CRISPR 系统）转变为一种快速、多功能的基因编辑工具。瑞典皇家科学院将 2020 年诺贝尔化学奖授予埃马纽埃尔·卡彭蒂耶（Emmanuelle Charpentier）（马克斯·普朗克病原体科学研究所，柏林，德国）和詹妮弗·A. 杜德纳（Jennifer A. Doudna）（加利福尼亚大学，伯克利市，美国），以表彰他们开发了这种基因编辑方法。自 2014 年以来，人们利用 CRISPR/Cas9 对植物进行了编辑，尤其是六倍体小麦（Ricroch 2017）。从研究涉及的植物种类和国家来看，人们意识到水稻的重要性，尤其是中国，这符合中国的研究和经济背景，而 CRISPR/Cas 系统在玉米中的应用研究在美国更为普遍（Ricroch et al. 2017）。目前，中国在工业和农业应用领域及每年的专利总数方面处于领先地位（Martin-Laffon et al. 2019）。另一个创新趋势是将转基因单独用作促进育种进程的工具。在该应用中，被转移的基因被用于中间育种步骤，然后在随后的杂交中去除，从最终的商业品种中除去它们（无效分离子）。通过促进早花的基因来加速育种，以及通过反向育种由杂合优株产生纯合亲本的技术也包含于新植物育种技术（Lusser et al. 2012）。此外，还有同源转基因、种内转基因和锌指核酸酶-3 技术（ZFN-3）。同源转基因是受体生物利用具有杂交亲和性的生物（同种或近缘物种）的基因进行的遗传修饰。种内转基因是利用与受体生物同种或性亲和物种的不同基因片段组合来对受体生物进行的基因修饰。ZFN-3 允许将基因整合到受体物种基因组中预定义的插入位点。2012 年，研究人员将细菌免疫系统转化为一种便捷、通用的工具用于基因编辑（CRISPR 系统）。

搜索替换法，也被称为先导编辑，可以将用户定义的序列引入目标位点，而不经过 DNA 双链断裂（DSB）或修复模板（Anzalone et al. 2019）。为了实现作物的精准育种，利用先导编辑系统的基因组改造在水稻（Hua et al. 2020）和小麦（Lin et al. 2020）中被开发。中国和美国领导着作物编辑方面的科学研究，而尼日利亚是许多主要应用转基因技术的研究机构的总部（Ricroch 2019）。

1.4 如何在 2050 年前满足 70% 的粮食需求？

全球人口数量已从 1950 年的 26 亿增加到 2020 年的 78 亿左右，预计到 2050 年将增加到近 100 亿。根据联合国粮食及农业组织的数据，到 2050 年，粮食需求可能增加 70%。为了实现这一目标，粮食产量需要稳定持续 40 年保持每年增产平均 4400 万 t，比历史产量增长 38%。

面对全球环境变化，实现此目标将特别具有挑战性。全球粮食系统的重大变化面临的挑战是，农业必须应对双重挑战，即养活日益增长的人口，满足其对肉类和高热量饮食不断增加的需求，同时最大限度地减少对全球环境的影响（Seufert et al. 2012）。

如今，农民必须达到减少温室气体排放、提高用水效率和满足消费者对健康食品和高价值成分的需求的目标。在这种情况下，需要新的植物育种技术来提高气候智能型农业框架下的作物生产力和可持续性。

新技术必须被开发以通过改进 DNA 方法和增加育种种质（野生类型和品种的收集）中可用的遗传多样性来加速育种。科学家们强调了保护和探索传统种质的重要性。在气候多变和干旱等非生物胁迫情况下，将抗虫、抗病、耐盐、耐寒和耐热等适应能力的特征或性状整合入当地适合的品种中，将保护作物免受新的虫害和疾病，大大提高生产力。在发展中国家提供这些技术将获得最大收益，但这些技术必须在经济上可以获得并易于传播。

　　各国政府、私营部门、基金会和发展机构面对养活一个人口日益增长和饥饿的世界，提高农业生产力的研究和获得便宜且安全的药物的途径，如针对新型冠状病毒感染的药物被迫切需要。针对新型冠状病毒 SARS-CoV-2 引起的新型冠状病毒感染开发疫苗的热潮已经蔓延到公共和私人实验室，科学家们正使用基因工程在植物中开发口服疫苗。知识产权和遗传资源保护是植物育种企业面临的主要挑战。21 世纪将见证全新的植物创新。

本章译者：金春莲[1]，耿怀婷[2]，王继华[1]

1. 云南省农业科学院花卉研究所，国家观赏园艺工程技术研究中心，昆明，650200
2. 云南大学资源植物研究院，昆明，650500

参 考 文 献

Anzalone AV, Randolph PB, Davis JR et al (2019) Search-and-replace genome editing without double-strand breaks or donor DNA. Nature 576:149–157. https://doi.org/10.1038/s41586-019-1711-4

Berg P, Baltimore D, Brenner S, Roblin RO, Singer MF (1975) Summary statement of the Asilomar conference on recombinant DNA molecules. Proc Natl Acad Sci U S A 72(6):1981

Fedoroff N (2004) Mendel in the Kitchen: a scientist's view of genetically modified food. National Academies Press

Hua K, Jiang Y, Tao X, Zhu J-K (2020) Precision genome engineering in rice using prime editing system. Plant Biotech J 1–3. https://doi.org/10.1111/pbi.13395

Lin Q, Zong Y, Xue C, Wang S, Jin S, Zhu Z, Wang Y et al (2020) Prime genome editing in rice and wheat. Nat Biotechnol 38:582–658

Lusser M, Parisi C, Plan D, Rodríguez-Cerezo E (2012) Deployment of new biotechnologies in plant breeding. Nat Biotech 30(3):231–239

Mann CC (2005) 1491. Knopf, New revelations of the Americas before Columbus

Martin-Laffon J, Kuntz M and A Ricroch (2019) Worldwide CRISPR patent landscape shows strong geographical biases. Nat Biotechnol 37:601–621

Meyer RS, Purugganan MD (2013) Evolution of crop species: genetics of domestication and diversification. Nat Rev Genet 14:840–852

Paarlberg R (2009) Starved for science. In: How biotechnology is being kept out of Africa. Forewords by Norman Borlaug and Jimmy Carter. Harvard University Press

Ricroch AE (2017) What will be the benefits of biotech wheat for European agriculture?. Wheat Biotechnology, pp 25–35

Ricroch A, Clairand P, W Harwood (2017) Use of CRISPR systems in plant genome editing: towards new opportunities in agriculture. Emerg Topics Life Sci 1:169–182 (Special issue)

Ricroch A (2019) Keynote at the OECD conference, 28th May 2018. Global developments of genome editing in agriculture. Transgenic Res 133. https://doi.org/10.1007/s11248-019-00133-6

Riehl S, Zeidi M, Conard NJ (2013) Emergence of agriculture in the foothills of the Zagros Mountains of Iran. Science 341(6141):65–67

Rivollat et al (2020) Ancient genome-wide DNA from France highlights the complexity of interactions between Mesolithic hunter-gatheres and Neolithic farmers. Sci Adv 6:eaaz5344

Ronald PC, Adamchak RW (2008) Tomorrow's table: organic farming, genetics, and the future of food. Oxford University Press

Ross-Ibarra J, Morrell PL, Gaut BS (2007) Plant domestication, a unique opportunity to identify the genetic basis of adaptation. Proc Natl Acad Sci U S A 104:8641–8648

Seufert V, Ramankutty N, Foley JA (2012) Comparing the yields of organic and conventional agriculture. Nature 485:229–232

Tanno K, Willcox G (2006) How fast was wild wheat domesticated? Science 311:1886

Tester M, Langridge P (2010) Breeding technologies to increase crop production in a changing world. Science 327:818

Weiss E, Mordechai EK, Hartmann A (2006) Autonomous cultivation before domestication. Science 312:1608–1610

Zeigler RS (2014) Biofortification: vitamin a deficiency and the case for Golden Rice. In Plant Biotechnology. Springer, Cham, pp 245–262

Agnès Ricroch（博士，指导研究任教资格）是法国巴黎高等农艺科学学院进化遗传学和植物育种专业副教授、美国宾夕法尼亚州立大学兼职教授，还曾是澳大利亚墨尔本大学的客座教授。她在巴黎萨克雷大学绿色生物技术的收益-风险评估方面有着丰富的经验。他参与编写了6本植物生物技术相关书籍。她自2016年以来一直担任法国农业科学院生命科学部门秘书。她于2012年被授予法国农业科学院利马格兰基金会奖。她是2019年法国荣誉军团国家勋章骑士。

第 2 章　现代植物育种技术与工具

迪纳卡兰·埃兰戈（Dinakaran Elango）　盖尔曼·桑多亚（Germán Sandoya）
苏林德·乔普拉（Surinder Chopra）

摘要： 田间作物和蔬菜作物是主要的食物来源。同时，田间作物也是生物燃料中纤维素类生物质和碳水化合物的丰富来源。以环境可持续的方式提高作物生产率是当今农业面临的主要挑战之一。每年的气候变化导致了极端温度、洪水和干旱，这加剧了作物减产和病害的发生。传统的植物育种技术已经得到发展，分子育种和现代育种方法促进了作物改良工作的进程。植物育种家现在使用分子和遗传技术来选择性地识别与目的性状相关的表型和基因型。这样的功能基因组学研究有助于植物育种家有效地利用种质资源。现在，先进的分子工具可以用于重要的经济作物及模式植物系统。基因表达技术与正向和反向遗传方法相结合，可以分离并整合目标等位基因于培育杂交作物的育种群体中。本章着重讨论从事田间作物和蔬菜作物研究的科学家用来产生遗传信息和高效育种策略的现代技术与资源。

关键词： 关联定位、遗传学、基因组学、种质、标记辅助选择

2.1　植物育种和理想株型

　　植物是食物、饲料和能量的主要来源，在地球上，没有它们的生活是无法想象的。随着人口的大量增加，气候模式逐年发生着巨大变化，我们需要加大努力来培育高效的植物。植物育种是指通过有性繁殖或无性繁殖的方法来改良植物。植物育种可能包括从野生环境驯化一个植物物种，发展纯系、单杂交或双杂交育种，最后发展杂种的过程。植物育种的科学研究依赖于遗传学原理、化学信息和代谢途径生理学，以及植物的生长和发育。另外，植物育种家在选择具有预先设想的形态性状（表型）或特征的植物方面具有一种特殊的想象或技能和眼光。同时，植物育种家还专注于开发抵御害虫、病害和耐胁迫的品种。因此，根据要收获的植物部位和种植该特定品种的气候条件，可以制定一个理想的生长条件。理想株型的发展取决于植物利用自然资源的效率。现代植物育种家有几种可用的遗传工具和技术，可以用来强化最终产品的开发进程。

2.2 利用表型和基因型进行植物育种

表型是植物基因和植物生长环境相互作用的结果。其涉及的植物生长发育的生物学过程是复杂的，受个体基因和多个基因组合的影响。单基因控制的性状产生质量变异，多基因控制的性状产生数量变异。这些数量性状表现具有复杂性，并受到环境条件的高度影响。植物驯化是表型选择的一种，在这种选择中，古代农民通过种植野生植株的形式来选择现代型。大刍草被驯化成现代玉米就是最好的例证。人们可以找到田间作物及园艺和观赏植物的地方品种，它们代表了农民和育种者在特定气候条件或地理区域的选择。植物育种者现在可以利用复杂的表型分析工具，精确测量性状的表型效应。

孟德尔定律为性状（基因）分离提供了遗传基础，随着植物育种科学的发展，通过杂交结合来自不同种质资源的性状（杂种培育）已有很多成功案例。在杂交后，植物育种家将种植获得的杂交后代，以选择最佳组合。育种家通过使用育种方法培育新品种，如在小麦等自花授粉作物中进行纯系选择。纯种育种的一个缺点是遗传的同质性，这造成了种质的不稳定，特别是在生长季节中有新的病原菌种出现时。在开放授粉的作物中，一个种群内植物的随机交配及其伴随的选育，有利于挑选一个表现更优的种群。高产自交系、杂交种和品种的发布证明了表型选择这种被传统植物育种家所使用的方法是成功的。

2.3 分子标记和植物育种

在传统的植物育种中，种群和后代的遗传组成是未知的。然而，对一些植物基因组 DNA 序列的探索使开发分子标记成为可能。常用的分子标记包括简单重复序列（SSR）标记，也称为卫星标记，以及单核苷酸多态性（SNP）标记。这些可靠的标记均基于聚合酶链反应（PCR）实验法。首先，分子标记被用来强化育种过程，这种方法被称为标记辅助选择（MAS），它是基于杂交中使用的两个亲本之间的多态性。用与亲本系特定性状遗传相关的标记，可筛选 F_2 代（第二代植株）及之后的分离后代。植物育种家也使用基因标记进行基因定位。例如，在水稻中，利用标记辅助回交（MAB）的方法，鉴定到提供耐涝性的 *Sub1* 基因座是由一个水稻地方品种渗入栽培品种中的（Septiningsih et al. 2009）。在生菜中，几个抗病单基因被定位到，可用于开发 MAS 技术。但不断进化的病原菌可能使这些标记失效。通过标记辅助育种，耐盐基因已经被成功导入小麦和水稻。由单基因控制的简单性状可以通过使用分子标记和回交被相对容易地定位到。基于 DNA 凝胶印迹的限制性片段长度多态性（RFLP）标记先前已用于玉米、高粱和大麦，以识别赋予耐旱性和抗病性等复杂性状的数量性状位点（QTL）。除了基因和 QTL 定位外，分子标记也被用于单个候选基因水平的关联定位研究。举一些候选基因和 QTL 与一个给定的性状关联的案例。在玉米中，通过全基因组关联分析（GWAS），若干与叶片长度、宽度和角度相关的位点被发现。对玉米开花时间变异分析揭示了玉米中 *dwarf*8 基因、维生素 A 原（provitamin A）的分子标记与 *IcyE* 基因的分子标记存在关联。水稻的几个农业性状与基于单核苷酸多态性（SNP）的标记相关。一个标记与一个性状之间存在显著的相关关系同样也适用于生菜等研究较少的蔬菜（Kandel et al. 2020）。

技术创新引领了从复杂的凝胶实验方法演变而来的现代基因分型平台的发展。这些创新还降低了 DNA 测序的成本，从而提高了新标记开发的效率以辅助标记辅助选择技术。这些基因分型方法已用于水稻、玉米、大麦和小麦等大田作物。对不同水稻种质的重测序，提供了数百万个单核苷酸多态性标记（https://www.ricesnp.org）。菊科（植物界最大的科之一）中具有较大基因组的蔬菜，如生菜，已被测序。

2.4　植物育种中的重组自交系

植物育种家依靠自然变异来利用植物种内的遗传多样性。与特定性状关联的分子标记被用于识别玉米、小麦、高粱和大豆等重要经济作物的不同种质。植物科学家们已经利用遗传多样性开发出资源，用于全基因组图谱研究。例如，在玉米中，通过将 25 个不同的亲本系与 B73（一个普通亲本系）（每个杂交 200 个重组自交系）杂交，开发了巢式关联图谱（NAM）重组自交系（RIL）群体（https://www.panzea.org）。这 5000 个重组自交系捕获大约 136 000 个重组事件。这些和其他捕获自然变异或遗传多样性的植物育种资源，使植物育种家可以研究存在于不同亲本中的不同等位基因的影响，用于开发关联图谱。在自花授粉物种中，通过将多个不同的亲本进行杂交，形成具有更广泛遗传背景的图谱群体以检测数量性状基因座（QTL），从而开发出多亲本高级世代互交（MAGIC）种群等（Huang et al. 2015）。育种系也可以从用于图位克隆的单个群体中衍生出来。

2.5　植物单倍体育种

单倍体育种可以快速产生植物新品种和传播至关重要的纯合特性（Dwivedi et al. 2015；Gilles et al. 2017）。单倍体首见报道于曼陀罗（Blakeslee et al. 1922），后来在几种作物中被报道。在曼陀罗花药培养方法被开发后，单倍体在植物育种中的开发利用才被认可。在植物中产生单倍体的方法有很多，最新的一种方法是

CENH3 介导染色体消除以产生单倍体（Ravi and Chan 2010）。其他制造单倍体的方法有花药培养、种间和基因间杂交、农杆菌介导的转化和单倍体诱导系。玉米的杂种优势在发现单倍体诱导系后得以实现。之后，诱导玉米单倍体产生的基因 *NOT LIKE DAD*（*NLD*）/*MATRILINEAL*（*MTL*）/*ZmPHOSPHOLIPASE A1*（*ZmPLA1*）被研究发现。

2.6 加 速 育 种

作物世代长是植物育种的关键瓶颈之一，阻碍了作物新品种的快速培育。昆士兰大学的科学家在 2003 年提出了"加速育种"一词，用于描述一组加快小麦育种的方法（Hickey et al. 2019）。加速育种通过在生长室中使用温度可控的人造光延长光周期来缩短作物生命周期（Hickey et al. 2019）。该技术规程在重要的大田作物中及高粱等短日作物中被开发。加速育种加快了遗传增益的速度，这有助于快速进行正向基因组选择、基因编辑表达。由于有些植物对恒定光敏感，所以这项技术可以根据作物需要进行调整。

2.7 植物全基因组关联图谱

全基因组关联图谱研究已广泛开展，以剖析复杂性状的遗传诱因。等位基因高多样性、高重组率及分子标记在基因组中密集分布，使得 GWAS 是高效的。高通量基因组测序技术的出现使得以合理的价格对大量种质资源进行测序成为可能。通过 GWAS，广泛收集的种质材料中存在的稀有等位基因被用于植物育种。不同的大田作物的核心种质、微核心种质和关联图谱平台已经被开发并成功用于 GWAS，以挖掘有用的候选基因和 QTL 位点。利用上述平台，新性状关联基因，如表皮蜡质基因在高粱中被定位到（Elango et al. 2020）。

2.8 大田作物基因组测序的可用性

随着现代 DNA 测序技术的出现，一些植物的基因组已经被测序，并向公众开放（https://www.gramene.org/info/ about/species.html）。这些基因组序列为作物的有效改良提供了巨大的机会。首先，基因组序列是用于开发分子标记的丰富资源。如上所述，这些标记可以开发植物某物种种质系之间的多态性。然后，植物育种家可以基于这些序列多态性进行等位基因挖掘，并将选定的等位基因用于育种程序。最后，植物育种家使用这些参考基因组序列对感兴趣的性状进行基因定位。

2.9　植物育种与基因表达技术

　　Crick（1970）描述了分子生物学的中心法则：DNA 首先转录成 RNA，然后被翻译成蛋白质。在过去的 40 年里，由于技术和计算生物学的创新，分子生物科学发生了巨大的改变。作物改良计划目前的重点是根据基因表达制定策略和方案。这些基于基因表达的技术有助于在育种计划中挖掘、验证和使用合意的基因。大田作物科学家现在经常使用基因表达作为分子标记来确定给定基因的等位基因的强度。基因表达技术包括表达序列标签（EST），这是一种短 cDNA（互补 DNA）序列，可以提供有关基因表达的信息。用于不同植物组织的 EST 序列，可以提供组织特异性或组织首选的表达数据。EST 序列现在被用于开发表达基因的基因特异性标记，并用于 MAS 育种项目。DNA 芯片是将植物物种所有基因的 DNA 固定在载玻片或支架上，然后将这些载玻片与来自不同亲本系的相同组织或相同亲本系的不同组织的 RNA 杂交的一种基因表达技术，以此提供不同育种系之间的 RNA 表达信息（即相似性和差异性）及基因的组织特异性变化。RNA 测序（RNA-seq）是从高通量测序（HTPS）平台生成大数据集的另一种基因表达分析工具。生物信息技术已被开发用于对大型基因表达数据集进行统计分析。因此，RNA-seq 提供了来自数千个基因的全基因表达，该分析可以扩展到多个育种系。基于 Illumina 的 HiSeq 和 MiSeq 测序平台可用于多通道测序大量样本，这些创新为数百个亲本系的数千个基因表达提供了大量数据。这些高通量测序技术为重要的大田作物和蔬菜提供了基因表达数据。基因表达谱进一步改变了由多个基因控制的复杂性状的鉴定，其效应已被定义为 QTL。在 QTL 定位过程中，表型和基因型之间的关联利用分子标记被鉴定。表达 QTL（eQTL）是传统 QTL 定位与来自转录组数据的基因分型信息相呼应的概念。农艺上重要的性状是复杂的，而 eQTL 定位提供了一种有效的育种工具。为在不同的相关物种之间使用这种关联性，这些标记-性状关联被进一步验证。例如，在玉米中鉴定的一个主要 QTL 已被转入高粱以实现对病毒和霜霉病的抗性。超过 5000 个 eQTL 调控 4105 个基因的表达，其中 9 个 eQTL 与类黄酮生物合成有关，另外 6 个位点可能与生菜叶片中花青素的变异有关，使多叶生菜具有红色特征。

2.10　植物育种的正向遗传学

　　正向遗传学的目标是挖掘性状背后的遗传变异。突变体或变种是自然存在或人为创造的。因为自然突变是进化过程的直接结果，所以新的自然突变发生频率较低。自然发生的突变代表了适应特定环境或抗病虫害的种类。但是并非所有性状都存在自然发生的突变，特别是重要农艺性状，所以植物育种家使用人工方法制造突变。突变育种包括使用化学、物理和加入诱变剂来产生新的突变，然后识别植物表型。常用的化学诱变剂是甲基亚硝基脲（MNU）和甲基磺酸乙酯（EMS）。EMS 引起单碱基对变化，并且每千碱基对 DNA 可以产生大量突变。显性突变可在 M_0 代被筛选。M_0 植物自交产生 M_1 代，M_1 代发生性状分离，因此可在 M_1 代中筛选出隐性突变。另外，γ 射线和快中子在内的物理诱变剂也被用于诱导染色体片段缺失。在正向育种程序中，突变被筛选并整合以改良作物。近期，一个高效的 EMS 突变体库在高粱中被开发。EMS 也被用于突变生菜种群以获得高温下可发芽的种子，最终获得了在高温下发芽率较高及对除草剂具备耐受性的种群（Huo et al. 2016）。

第三类突变是由插入、转座子或跳跃基因引起的。芭芭拉·麦克林托克（Barbara McClintock）因在玉米中发现转座子而获得诺贝尔奖。转座子可从基因组中的某一个位置切离，然后在另一个位置随机重新插入。当转座子跳入编码蛋白质的基因区域时，该基因的功能被破坏，导致突变。如今，植物科学家使用转座子作为基因标签，用来克隆突变所在的侧翼基因序列。与转座子类似，转移 DNA（T-DNA）已被用于开发突变体的插入文库。T-DNA 是一种存在于改造过的根癌农杆菌中的质粒 DNA，可以经改造来转移兴趣基因。T-DNA 也被用作插入工具，将某些标记和/或抗生素或除草剂抗性基因携带到植物细胞中。玉米、高粱、短柄草和水稻等均有开放资源，可供作物学家筛选所需的突变。一旦某个突变被发现，共分离分析就可在分离世代中进行，获得与新表型关联的插入等位基因。迄今为止，在拟南芥和许多蔬菜中，测序的基因组成为研究人员筛选突变的宝贵信息来源。

在正向遗传学中，一旦某个突变被发现，就可将突变株系与另一个具有大量多态性的亲本系杂交，以形成定位群体。然后，根据从该特定亲本系开发的其他遗传和基因组资源的可用性选择第二亲本系。例如，玉米自交系 B73 已被用于开发参考基因组序列、转座子插入数据库及转录组、蛋白质组和代谢组资源及数据库。

2.11　反向遗传学工具

基因组序列的获得增进了植物育种工作。将功能归因于假定的基因序列是其面临的挑战之一。正向遗传学可以识别数量有限的表型突变，然后定位潜在基因。反向遗传学利用可用的基因序列，通过开发功能获得或缺失的突变体来验证其功能。因此，反向遗传学工具允许作物科学家剖析假定基因序列的功能。转座子和 T-DNA 插入文库被广泛用于拟南芥的反向遗传研究。在玉米、高粱、水稻和番茄等作物中一些功能基因组学技术也被用于进行反向遗传研究（Char et al. 2020；Emmanuel and Levy 2002；Ram et al. 2019）。

通过 EMS 的化学诱变已经发展到可使用定向诱导基因组局部突变技术（targeting induced local lesions in genomes，TILLING）来分离突变体（Till et al. 2006）。该技术在玉米、水稻、小麦、大麦、高粱和生菜中已被成功应用。利用转座子和 T-DNA 转基因进行插入突变已成为一种流行的反向遗传学技术。插入元件分散在整个基因组中，这些植物种群随后被用于筛选相关基因中是否存在插入突变。一般来说，插入突变导致功能缺失的突变。然而，在玉米中也存在"功能获得"突变的例子。

RNA 诱导的基因沉默方法也被称为 RNA 干扰（RNAi），被用于研究已知序列的功能。在 RNAi 突变中，包含与目的基因对应的双链 RNA 的载体被转入植物。在植物细胞中，双链 RNA 的合成会触发降解目的基因产生的 RNA 细胞的机制。与 RNAi 类似，病毒诱导的基因沉默（VIGS）也被用作反向遗传学工具，而 VIGS 不涉及转基因植物的创制，因此与 RNAi 相比更快速。但是，VIGS 只能创造不可遗传的瞬时转化，而 RNAi 产生的突变是可遗传的，也可能有害。与敲除（KO）插入相比，RNAi 的优势在于，如果 KO 突变是致命的，RNAi 通常不会致命，因此可以分离出表达水平降低的突变体。

2.12　靶向基因编辑技术

基因编辑可以成功地加快植物育种过程。由于连锁阻力，将两个不同的亲本杂交以转移携带 DNA 的基因片段通常会产生剧烈的影响。通常，用适应性亲本进行几代回交可以矫正这些有害缺陷，但回交育种过程耗时且占用大量资源。锌指核酸酶（ZFN）、类转录激活因子效应物核酸酶（TALEN）和成簇规律间隔短回文重复序列（CRISPR）及 CRISPR 相关蛋白 9、12 或 13（Cas9/12/13）等新技术在基因编辑方面显示出了良好的前景。在这些方法中，序列特异性核酸酶切割靶向位点，实现等位基因的全序列置换、插入新 DNA 和形成 INDEL（插入和缺失）。许多突变通过基因编辑被实现，其中几个"被编辑的"例子成功地改良了许多作物的特定性状，如使原本更适合在 28℃以下的温度下发芽的生菜能够在高达 35℃的温度下发芽。

本章译者： 金春莲[1]，董丽卿[2]，王继华[1]

1. 云南省农业科学院花卉研究所，国家观赏园艺工程技术研究中心，昆明，650200
2. 云南大学资源植物研究院，昆明，650500

参 考 文 献

Blakeslee AF, Belling J, Farnham ME, Bergner AD (1922) A haploid mutant in the jimson weed, datura stramonium. Science 55(1433):646–647

Char SN, Lee H, Yang B (2020) Use of CRISPR/Cas9 for targeted mutagenesis in sorghum. Curr Protocols Plant Biol 5(2):1–20

Crick F (1970) Central dogma of molecular biology. Nature 227:561–563

Dwivedi SL, Britt AB, Tripathi L, Sharma S, Upadhyaya HD, Ortiz R (2015) Haploids: constraints and opportunities in plant breeding. Biotechnol Adv 33(6):812–829

Elango D, Xue W, Chopra S (2020) Genome-wide association mapping of epi-cuticular wax genes in Sorghum bicolor. Physiol Mol Biol Plants 26(8):1727–1737

Emmanuel E, Levy AA (2002) Tomato mutants as tools for functional genomics. Curr Opin Plant Biol 5(2):112–117

Gilles LM, Martinant JP, Rogowsky PM, Widiez T (2017) Haploid induction in plants. Curr Biol 27(20):R1095–R1097

Hickey LT, Hafeez AN, Robinson H, Jackson SA, Leal-Bertioli SCM, Tester M, Gao C, Godwin ID, Hayes BJ, Wulff BBH (2019) Breeding crops to feed 10 billion. Nat Biotechnol 37(7):744-754

Huang BE, Verbyla KL, Verbyla AP, Raghavan C, Singh VK, Gaur P, Leung H, Varshney RK, Cavanagh CR (2015) MAGIC populations in crops: current status and future prospects. Theor Appl Genetics 128(6):999–1017

Huo H, Henry IM, Coppoolse ER, Verhoef-Post M, Schut JW, de Rooij H, Vogelaar A et al (2016) Rapid identification of lettuce seed germination mutants by Bulked segregant analysis and whole genome sequencing. Plant J 88(3):345–360

Kandel S, Jinita HP, Hayes RJ, Mou B, Simko I (2020) Genome-wide association mapping reveals Loci for Shelf Life and developmental rate of lettuce. Theor Appl Genet 133(6):1947–1966

Ram H, Soni P, Salvi P, Gandass N, Sharma A, Kaur A, Sharma TR (2019) Insertional mutagenesis approaches and their use in rice for functional genomics. Plants 8(9):310

Ravi M, Chan SWL (2010) Haploid plants produced by centromere-mediated genome elimination. Nature 464(7288):615–618

Septiningsih EM, Pamplona AM, Sanchez DL, Neeraja CN, Vergara GV, Heuer S, Ismail AM, Mackill DJ (2009) Development of submergence-Tolerant rice cultivars: the Sub1 locus and beyond. Ann Bot 103(2):151–160

Till BJ, Zerr T, Comai L, Henikoff S (2006) A protocol for TILLING and Ecotilling in plants and animals. Nat Protoc 1(5):2465–2477

Dinakaran Elango 博士，植物育种家和遗传学家，拥有超过 10 年的研发经验，主要专注于高粱作物改良。他曾在国际半干旱热带作物研究所、先锋国际良种公司和国际马铃薯中心担任诸多职务。他是参与式植物育种、种子系统开发、植物-微生物相互作用、性别主流化、传统和现代植物育种方面的专家。

Germán Sandoya，改良生菜品种的植物育种家和遗传学家。他有 15 年的经验，将改良生菜和玉米结合起来，以应对这些作物的生物和非生物胁迫。已经推出了几个抗病生菜育种系。在佛罗里达大学园艺科学系担任研究生导师，为本科生、研究生和博士后提供指导。他目前的育种计划专注于生菜和其他叶菜类蔬菜的非生物和生物胁迫。他还是佛罗里达州全州推广专家，专注于解决叶菜类蔬菜的问题。

Surinder Chopra 拥有比利时布鲁塞尔自由大学的博士学位，以及艾奥瓦州立大学 Thomas Peterson 的博士后奖学金。他曾在印度国际半干旱热带作物研究所任职，目前领导一个谷物分子遗传学和表观遗传学研究项目，重点关注植物发育、植物病原体和植物-昆虫相互作用。这些基础和应用研究项目得到了美国国家科学基金会（NSF）、美国农业部食品与农业研究院（NIFA）和美国国际开发署（USAID）资助项目的支持。他指导博士后研究员、研究生和本科生，教授植物遗传学和作物生物技术课程。

第 3 章　提高作物非生物胁迫耐性的基因组方法

萨瓦伊·贾伊·辛格（Jai Singh Rohila）　　拉曼朱鲁·桑卡尔（Ramanjulu Sunkar）
兰迪普·拉克瓦尔（Randeep Rakwal）　　阿比吉特·萨卡尔（Abhijit Sarkar）
金迪旭（Dea-Wook Kim）　　加内什·库马尔·阿格拉瓦尔（Ganesh Kumar Agrawal）

摘要： 20 世纪，人们利用传统的植物育种方法，在实现粮食安全方面取得了巨大进展，这通常被称为"绿色革命"。然而，在 21 世纪，我们共同面临着许多挑战，包括缓解饥饿、为贫困人口提供营养饮食、为人们提供优质食物及对土地和水等自然资源的可持续管理。此外，自然气候变化导致的极端天气模式及不断增长的人口等人类影响导致世界各地产生的变化，都对农业环境产生了不利影响，对粮食生产链造成了巨大压力。特别是各种环境胁迫（非生物和生物）的增加阻碍了养活和维持人类健康与发展的作物生长。这需要植物科学界迅速采取紧急行动，制定合理的策略，并将这些胁迫对作物产量的影响降至最低。在本章中，作者介绍了这些方法的最新进展，特别是基因组方法，这些方法有助于研究人员在各种非生物环境胁迫下改良田间作物。

关键词： 非生物胁迫、植物、作物、育种、基因、组学

3.1　引　　言

目前全球人口接近 80 亿，预计到 2050 年将增加到 100 亿。相应地，预计未来 20 年全球农产品需求将增加至少 50%，但目前全球主要作物的产量增长趋势不足以应对这一挑战（Ray et al. 2013）。谷物是人类和动物最重要的食物来源。据估计，要养活预计的世界人口，需要 10 亿 t 以上的谷物。食品需求的增加不仅来自发达国家不断增长的人口，也来自中国和印度等发展中国家，这些国家经济效益的增加导致了更高的肉类消费。对肉类等高价值食品需求的增长导致土地用途从种植供人类食用的粮食作物转变为种植供动物食用的饲料作物。种植可再生能源作物是另一个给土地使用带来压力的复合因素。这些生物燃料作物正在使粮食和饲料失去其原有的平衡。例如，玉米和甘蔗等粮食作物现在被种植用于生产生

物燃料，因此减少了粮食净产量。

在全球范围内，可用于作物种植的土地和水等自然资源数量有限。因为迫切需要保护自然资源以实现环境的可持续性，通过砍伐森林来增加土地的可利用性，或通过从地下含水层抽取更多的水来增加水的可利用性，这些是不明智的。此外，现有的作物生产实践受到不当的管理技术的影响，且灌溉和土壤肥力的不定性使这个问题更加复杂。而且，可耕地通常只用于种植一种类型的植物，如经济作物（如咖啡），这对农民来说比粮食作物更有利可图。考虑到所有这些因素，增加净可耕地面积的一个周全方法可能是将边缘土地用于粮食作物生产；然而，这一战略本身也带来了挑战，如干旱、盐度、极端温度、肥力差、洪水，甚至是土壤中放射性和重金属污染物的威胁。由于气候条件的多变和不可预测，上述大多数非生物胁迫的发生在未来可能会变得更加频繁，即使对于目前气候条件理想的农田也是如此。我们不想详述气候变化的原因——"全球变暖"，但我们要关注这样一个事实：不断上升的空气和海洋温度会影响天气模型，而这些变化会以不可预测的方式严重影响作物产量。目前的作物模拟模型预测，气候变化一直是并将持续是全球农业生产的威胁，在热带和亚热带国家的影响最为严重（Wheeler and von Braun 2013）。因此，科学家必须找到有效的解决方案来减轻极端气候条件造成的损失，这将为粮食生产带来稳定。

实现这一目标的一个有效策略是综合使用适当的技术对作物进行遗传改良，使其能够抵御田间不可预测的环境。20 世纪，传统植物育种带来了绿色革命，它能够大大提高小麦和水稻等主要谷类作物的产量。从那时起，由于传统育种方法有其自身的局限性，对育种者来说，实现产量的再次大幅增长一直是一个挑战。然而，随着基因组学的发展，育种家现在可以获取大量的通常被称为大数据的基因组信息。这些丰富的基因组数据对于识别新的基因或等位基因组合，以及对现有作物品种的遗传改良非常有用。现代植物育种家的目标不仅是提高作物产量，而且要通过结合保护措施抵抗快速变化的环境、栽培实践和与当地生长环境相关的胁迫，以提高作物生产的盈利能力。基因组工具的利用为提高作物抗逆性的新战略奠定了基础，这将使我们能够以可持续的方式满足当前和未来的粮食生产需求。

3.2　基于抗逆性表型评价的传统育种方法的局限性

3.2.1　提高非生物胁迫耐性的难点

植物的非生物胁迫耐性是一个复杂的可遗传性状，由基因、环境和作物管理等因素共同决定。大多数非生物胁迫耐性特征与多个基因和代谢物的同时表达有关。因为每个基因/代谢物贡献的影响相对较小，所以这些被称为数量性状。一个用于提高非生物胁迫耐性的成功育种计划需要引入与该胁迫耐性相关的基因和等位基因的最佳组合。在传统的育种过程中，育种者通过经验选择与优良品种杂交的种质，并根据其表型表现从后代中选择新品系。由于非生物胁迫耐性在大田作物中具有复杂的数量特性及相关植物器官和质量参数的可塑性，仅利用植物育种的经验方法提高抗逆性是极其困难的。

在实践中，现代作物品种经过数年的高产优质育种，大部分品种的遗传多样性已经缩小到一个狭窄的范围，这意味着它们在基因型或表型上没有高度变异。例如，据估计，现代美国水稻品种的所有亲本种质只能追溯到仅仅 22 个或 23 个引种（Dilday 1990）。尽管存在这个瓶颈，但好消息是大多数作物物种都拥有多样化的种质资源，它们很可能含有更适合许多非生物胁迫的基因或等位基因组合。作为抗逆性育种计划的第一步，必须找到一个具有与特定胁迫或胁迫组合耐受性相关的优良基因或等位基因的本土或外来种质（图 3.1）。在这种情况下，野生近缘作物或陆地杂种作物可能是一种很好的育种种质选择，因为它们是在驯化之前或驯化过程中进化出来的，并在不同的环境中存活下来。因此，基因库[如美国农业部种质资源信息网络（GRIN），https://npgsweb.ars-grin.gov/gringlobal/ search.aspx]及目前可用的大量基因组序列数据（如水稻中的 3000 个基因组序列，https://snp-seek.irri.org/）是在这个后基因组时代挖掘优越的基因或等位基因以识别抗逆材料的重要资源。

在进行遗传杂交后，可以选择具有抗逆性的后代，这些后代也可能具有重要的农艺性状，如高产量和所需的质量参数。因为在最初的子代中，想要的性状在后代之间分离，所以每一代都需要反复选择以固定目标性状。然而，如果育种者仅根据表型评估来选择种质和后代，这个过程将是昂贵和耗时的。此外，由于缺乏胁迫阈值水平等原因，表型评估在田间可能不起作用。因此，仅依靠经验法是不太可能以现代育种者所要求的最佳基因组成和速度实现非生物胁迫耐性。

因此，遗传标记被开发以辅助表型评估，并消除部分育种群体，来更有效地选择育种材料。这些标记应能识别单株/子代间和种质间的基因型差异。分子标记是位于基因组已知区域的 DNA 片段。它之所以有用，是因为它的性质和功能不受环境或作物发育因素/阶段的影响，或者在某些情况下，当表型因其他相关基因的存在被掩盖时，分子标记仍然有效。

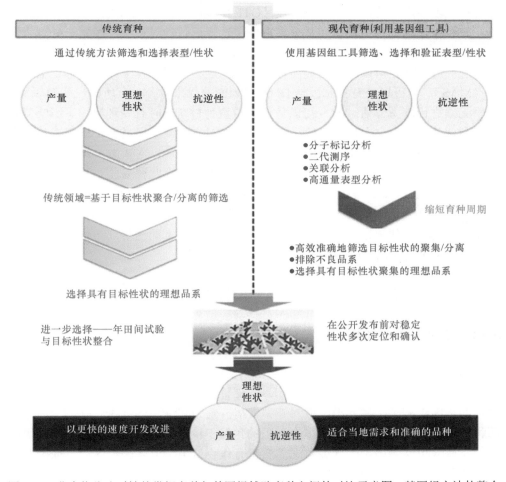

图 3.1① 非生物胁迫耐性的常规育种与基因组辅助育种之间的对比示意图。基因组方法的整合提高了育种效率，减少了开发改良品种的时间和成本

_____

① 本书插图系原文插图。

3.2.2 基因水平的 QTL 分析与标记辅助选择的一些基本概念

1985 年，第一个限制性片段长度多态性（RFLP）标记被介绍给育种家，从那时起，许多其他类型的分子标记，包括随机扩增多态性 DNA（RAPD）、扩增片段长度多态性（AFLP）和简单重复序列（SSR）都被植物育种家使用。这些标记各有不同的优缺点，已被广泛用于遗传研究，并已被纳入作物育种程序中。分子标记的应用已经彻底改变了植物育种程序。自从基因的序列信息首次被鉴定以来，分子标记就被用来检测数量性状位点（QTL），即基因组中控制数量性状的区域。

育种家在筛选杂交种质和从分离群体中选择后代的过程中，经常要处理大量的育种材料。因此，利用与 QTL 紧密连接的可靠遗传标记对一个亚群或单个植株进行选择或剔除，可以极大地提高育种效率。这种诊断育种工具称为标记辅助选择（MAS），它可以使育种家根据 DNA 序列的差异来区分具有所需性状的后代，几乎无须进行表型评估。MAS 可以替代大量育种材料耗时且受环境因素影响复杂的表型评估。此外，在田间试验之前，可以在温室的苗期通过特定标记选择携带所需性状的植物，在初始阶段无须进行表型评估。目前，大多数分子标记来自控制目标性状的基因附近（或与之相连）区域的差异，因此覆盖整个基因组的可行性仍有待观察。因此，较低的选择精度可能会降低 MAS 的育种效益。

在经典的分子标记技术中，SSR 标记已被广泛用于研究育种材料的遗传变异。近年来，由于二代测序（NGS）和高通量标记检测技术的进步，丰富的单核苷酸多态性（SNP）标记已成为许多育种项目的首选标记。

3.3 基因组方法是发现基因和提高育种效率的有效方法

3.3.1 二代测序（NGS）

第一个 DNA 测序技术，被称为桑格测序，是在 20 世纪 70 年代发展起来的。这种方法是 30 多年来最主要的测序工具，这种耗时且昂贵的技术只应用于少数生物体的基因组测序，如人类、拟南芥和水稻。到 2007 年，二代测序技术被开发，简称 NGS。利用 NGS，我们可以在有限的预算下快速分析各种生物体的基因组序列。有些人可能会问，为什么科学需要所有作物或植物的基因组序列。原因在于作物物种的全测序基因组有助于确定控制表型表达的基因的位置和功能信息。这种基因分型工具加速了基于基因组的作物改良育种。随着水稻（*Oryza sativa* L.）首个全基因组序列的发布，玉米、大豆、小麦等其他重要粮食作物的基因组序列也已经完成，其他作物物种及其野生近缘物种的基因组序列预计将在未来几年被发布。

由于 NGS 产生了大量基因组数据及其后续分析,研究人员需要计算工具以在育种程序中有效地利用基因组信息。这样的计算机算法和软件,可以充分地处理、按顺序组装基因组序列数据,并分析它们与作物生物学特性的相关性。生物信息分析的结果被存储为一个易于访问的数据库,可以提供给育种者或研究人员以公开访问。

非生物胁迫耐性相关基因的发现将有助于快速筛选具有抗逆性的等位基因,并使这些等位基因能够通过分子标记整合到栽培品种中以提高产量(Voss-Fels and Snowdon 2016)。通过 NGS 对定位群体的亲本基因型进行测序发现的大规模 SNP 更为引人注目。在有参考基因组序列数据的作物中,大规模 SNP 的检测是可能的,并且随后可以作为作物育种的功能标记。而在缺乏作物物种的参考基因组的情况下,NGS 数据也可与来自 RNA-seq 项目的转录数据进行比对。

3.3.2　关联分析

关联分析是一种基于连锁不平衡(LD),即等位基因组合的非随机发生,来检测在一个包含遗传不相关个体的群体中与感兴趣的性状相关的等位变异的方法。传统的 QTL 检测方法建立分离子代群体以进行连锁分析。一个经过几代构建的相关个体的群体,如重组近交系群体,也仅得到有限数量的重组事件。通过使用天然种质而不是制备的分离群体,关联分析可以提供更广泛的遗传多样性。因此,关联分析是一种可以更好地分析 QTL 中的自然遗传变异或多重遗传变异的省时的方法。目前,已有两种方法被用于关联图谱:候选基因关联图谱和全基因组关联分析(GWAS)。GWAS 的统计能力显著高于传统连锁分析,但也有其自身的局限性,如群体结构依赖性分析、一个基因内多功能等位基因难以识别和群体中罕见的耐逆等位基因难以定位。巢式关联图谱(NAM)和多亲本高级世代互交(MAGIC)种群对克服这些困难可能很有用(Zhou and Huang 2019)。

通过使用 NGS 技术对候选基因进行测序,可以鉴定出与所需表型相关的多态性。例如,在玉米中,候选基因 *Dwarf8*、*Vgt1* 和 *ZmRap2.7* 被报道与开花时间有关(Pérez-de-Castro et al. 2012)。在 GWAS 中,将大量自然群体的全基因组 DNA 序列与表现出耐逆性的材料和不表现出耐逆性的材料进行比较。在这个过程中,数以百万计的遗传变体(研究中所有种质的 DNA 序列库)被比较,与耐逆表型关联更频繁的 DNA 变异(即等位基因)被鉴定到。最近,该方法被用于研究一组来自世界各地的 162 份材料,以筛选水稻幼苗期的耐盐性(Rohila et al. 2019),6 个新的 SNP 及其附近的 16 个候选基因被发现。这些信息将有助于提高现代水稻品种的耐盐性,从而提高受盐害土壤中水稻生产的盈利能力。

3.3.3 全基因组选择

复杂的数量性状，如非生物胁迫耐性，通常由几个若单独作用则影响较小的基因控制。因此，将许多作用小的基因组合到一株植物中进行作物改良至关重要，但这是非常具有挑战性的。利用全基因组分子标记及全基因组预估育种价值，基因组选择（GS）方法在全基因组水平上结合多个小效应 QTL 具有很大的潜力（Juliana et al. 2019）。传统的 MAS 需要识别与 QTL 相关的标记，而 GS 无须这一步。在 GS 中，用于确定基因组估计育种值（GEBV）的统计模型是参考通过全基因组标记获得的群体中个体的表型数据和基因型数据开发的。一旦建立了 GEBV 模型，就可以使用 GEBV 方法和基因型数据从育种群体中选择具有目标性状的植株，并且该过程不需要表型评估。尽管不需要之前的标记选择，但该方法的信息可被用于检测控制目标性状的 QTL。

然而，即使鉴定了负责某一性状的 QTL，也并不意味着鉴定了控制该性状的特定基因或理解了其作用模式。在基因组选择中应用的模型可用于预测育种值，并且在某些情况下，可用于检测与性状相关的染色体区域；然而，研究需要进一步的工作来鉴定导致所观察到的表型变异的基因。因此，我们简要介绍了一系列被称为组学的高通量技术（见下文），可用于生产改良作物。未来对这些策略的开发可以促进对目标性状的候选基因的鉴定，并使 MAS 更有意义和有效。

3.3.4 组学

在 21 世纪，功能基因组学最突出的工具是组学技术。如上所述，阐明众多植物物种（包括作物）的基因组带来了植物生物学和作物育种方法的范式转变。作物育种目标非常明确：作物改良，以可持续的方式满足未来全球粮食需求。在此背景下，通过转录组学（基因的表达）、蛋白质组学（蛋白质的表达）和代谢组学（代谢物的水平）等高通量技术对基因、蛋白质和代谢物进行鉴定和分类，已成为能够揭示基因组中每个基因功能的强大方法（Weckwerth 2011）。最近，成簇规律间隔短回文重复序列（CRISPR）引导的靶向基因编辑技术正在成为单个基因功能分析的有效工具（Arora and Narula 2017）。组学可以帮助阐明基础生物学问题，组学工具可以创建可能赋予植株抗逆性的分子因子的全新表达数据。通过功能基因组对这些数据进行的进一步分析可以被用于培育能够承受恶劣气候条件的新植物。随着这些组学技术的发展和应用，育种家可以在他们的育种计划中利用组学寻找新候选基因、蛋白质和代谢物。

3.4　结　论

　　二代测序、全基因组关联分析、基因组选择和组学等上述提到的经过充分验证的基因组方法，可以与常规育种方法一起实施，并转化为适合当前和未来需要的现代育种方法。优化的分子标记可以帮助现代植物育种者在感兴趣的作物中选择、有效利用和积累有用的性状，使他们能够获得"理想型"，优化粮食作物以适应当前不断变化的气候条件和不可预测的环境。特别是高通量组学技术，具有鉴定潜在的候选基因、蛋白质和代谢物的优势，这些候选基因、蛋白质和代谢物可以补充基因组方法鉴定的分子标记。到目前为止，基于组学的生物标记发现计划对作物整体遗传改良的贡献相对较小，对该技术的应用需要通过重新筛选更大规模的种质或选定的种质资源。性状的高通量表型评估对于提高作物的非生物胁迫耐性也至关重要。为了充分发挥基因组方法的潜力，必须将基因组方法与精准的高通量表型评估相结合。基于上述方法，可以增加获得合适和可用的生物标记以改良大田作物的机会，包括开发耐胁迫种质以进行进一步详细的遗传分析。除了所需的大规模筛选外，还必须使用所有上述方法来研究多种非生物（和生物）胁迫，以将潜在的生物标记与特定胁迫联系起来，从而增加了农民将设计抗胁迫品种的新信息应用到商业生产的可能性。

致　谢　感谢美国农业部农业研究所的 David Gealy 博士、Yulin Jia 博士和 Trevis D. Huggins 博士对本文的建设性意见。感谢来自美国国家科学基金会-刺激竞争性研究既定计划 R2-Track 2 FEC 奖项（#1826836）（拉曼朱鲁·桑卡尔）、筑波大学（兰迪普·拉克瓦尔）及印度大学资助委员会、印度人力资源发展部（新德里）、印度研究基金[编号 F.30-393/2017（BSR）]（阿比吉特·萨卡尔）的支持。

本章译者：金春莲[1]，孔德晟[2]，李帆[1]
1. 云南省农业科学院花卉研究所，国家观赏园艺工程技术研究中心，昆明，650200
2. 云南大学资源植物研究院，昆明，650500

参 考 文 献

Arora L, Narula A (2017) Gene editing and crop improvement using CRISPR-Cas9 system. Front Plant Sci 8:1932. https://doi.org/10.3389/fpls.2017.01932

Dilday RH (1990) Contribution of ancestral lines in the development of new cultivars of rice. Crop Sci 30:905–911. https://doi.org/10.2135/cropsci1990.0011183X003000040030x

Juliana P et al (2019) Improving grain yield, stress resilience and quality of bread wheat using large-scale genomics. Nat Genet 51:1530–1539. https://doi.org/10.1038/s41588-019-0496-6

Pérez-de-Castro AM, Vilanova S, Cañizares J, Pascual L, Blanca JM, Díez MJ, Prohens J, Picó B (2012) Application of genomic tools in plant breeding. Curr Genomics 13:179–195. https://doi.org/10.2174/138920212800543084

Ray DK, Mueller ND, West PC, Foley JA (2013) Yield trends are insufficient to double global crop production by 2050. PLoS ONE 8(6):e66428. https://doi.org/10.1371/journal.pone.0066428

Rohila JS, Edwards JD, Tran GD, Jackson AK, McClung AM (2019) Identification of superior alleles for seedling stage salt tolerance in the USDA rice mini-core collection. Plants 8(11):472. https://doi.org/10.3390/plants8110472

Voss-Fels K, Snowdon RJ (2016) Understanding and utilizing crop genome diversity via high-resolution genotyping. Plant Biotechnol J 14:1086–1094. https://doi.org/10.1111/pbi.12456

Weckwerth W (2011) Green systems biology-from single genomes, proteomes and metabolomes to ecosystems research and biotechnology. J Proteomics 75:284–305. https://doi.org/10.1016/j.jprot.2011.07.010

Wheeler T, von Braun J (2013) Climate change impacts on global food security. Science 341:508–513. https://doi.org/10.1126/science.1239402

Zhou X, Huang X (2019) Genome-wide association studies in rice: how to solve the low power problems? Mol Plant 12:10–12. https://doi.org/10.1016/j.molp.2018.11.010

Jai Singh Rohila 是美国阿肯色州斯图加特美国农业部农业研究所（USDA-ARS）戴尔·邦珀斯国家水稻研究中心的一名科学家，并担任美国俄克拉荷马州立大学斯蒂尔沃特分校（Oklahoma State University Stillwater, USA）兼职教授。他在圣地亚哥州立大学（San Diego State University, SDSU）获得了全球研究教师卓越奖（Faculty Excellence Award for Global Research），在 USDA-ARS 获得了环境工作卓越奖。目前，罗希拉博士的研究重点是了解水分抗逆性的遗传基础及其潜在的分子机制，并将其应用于改良美国水稻种质，以获得对商业和可持续水稻生产具有重要意义的强健生理和农艺性状。

Ramanjulu Sunkar 目前是美国俄克拉荷马州立大学斯蒂尔沃特分校生物化学和分子生物学系教授。他的实验室致力于对植物抗逆性至关重要的基因/microRNA 的分子表征相关研究。他被列入汤森路透高被引科研人员（Thomson Reuters Highly Cited Researchers）名单。他主编了三本书，目前担任《植物实验学杂志》（*Journal of Experimental Botany*）的副编辑/责任编辑。

Randeep Rakwal 是日本筑波大学健康和体育科学学院教授。作为多学科领域的专家，他继续利用组学进行植物、人类健康和动物-人类系统方面的研究工作。他在植物环境胁迫生物学方面的主要研究方向是：茉莉酸、臭氧、热、辐射、植物病原体，与日本、韩国、尼泊尔、美国、意大利、澳大利亚和印度学者密切合作。他是国际植物蛋白质组学组织（INPPO）的发起人和创始成员之一。

Abhijit Sarkar 是印度西孟加拉邦马尔达的古尔班加大学植物学系教授。在担任该职位之前，他在研究众多植物物种的抗逆机制方面拥有多年的丰富经验。基于博士在读期间的学术和研究成就，他获得了印度政府科学和工业研究理事会（CSIR）授予的高级研究奖学金。

Dea-Wook Kim 是韩国国家作物科学研究所（NICS）的科学家。他拥有日本筑波大学应用生物化学博士学位。他在其整个职业生涯中，一直专注于利用传统植物育种和尖端技术相结合的方式改良作物。

Ganesh Kumar Agrawal 是尼泊尔农业生物技术与生物化学研究实验室（RLABB）的副主任，RLABB 是尼泊尔加德满都专注于生物技术和生物化学的非营利研究组织。Agrawal 博士是一名多学科科学家，专注于使用高通量和靶向组学技术研究食品安全和人类营养。他主编了综合性的《植物蛋白质组学：技术、策略和应用》一书（约翰·威利出版公司，美国纽约）。他获得了应用生物化学博士学位（日本东京农工大学生物化学与生物技术专业），是国际植物蛋白质组学组织的发起人之一。

第4章　植物精准育种新技术

沙迪玛·菲勒-海尤特（Shdema Filler-Hayut）

凯茜·梅拉梅德-贝苏多（Cathy Melamed-Bessudo）

亚伯拉罕·A. 利维（Avraham A. Levy）

摘要：高通量测序和基因编辑的最新发展使育种家能够使用新工具进行精准育种。通过特异设计的核酸酶如 ZFN、TALEN 和 CRISPR/Cas9，DNA 双链断裂可以在靶定的基因组位点被诱导。诱导断裂的修复产物因修复机制和修复模板而异。这些可能是有针对性的小插入或缺失、基因转换或交叉及基因置换。在本章中，我们综述了这些新技术的概念、成果、机遇和挑战。

关键词：CRISPR/Cas9、靶向突变、基因打靶、同源重组

4.1　植物育种的过去和现在

在一万多年的植物驯化和育种过程中，人类收集了具有有利性状的植物变种，将它们进行杂交，筛选出具有理想表型的新品种。经典育种的两大支柱是：①生物多样性，即植物变异的集合。种群越多样化，越容易找到具有理想性状的遗传物质。变异种质库包括自然变异，如野生植物、野生亲缘、遗传上的远缘变种或外源诱导的变异（如暴露于电离辐射导致的突变或经化学诱变剂引起的突变）。②减数分裂重组，这是同源染色体之间遗传物质交换的必要步骤，其形成了包含亲本染色体片段新组合的不同配子（花粉或卵细胞）。该过程是有性生殖作物育种的核心。突变和减数分裂都是随机发生的，因此育种家在培育和筛选植物种群上要投入大量的时间和财力。

传统的植物育种是完全基于表型进行的。20 世纪末随着分子生物学的发展，人们能够识别与复杂表型相关的，特别是受环境影响的性状的 DNA 标记，仅根据标记来选择植物从而绕过昂贵的表型分析。正在进行的二代测序（next generation sequencing，NGS）革命使全基因组测序更便宜、更快。许多作物的基因组已被完全测序和注释，这为基因组提供了更好的结构分辨率和无限数量的遗传标记，并

有助于识别与植物有利表型相关的基因和序列。这一革命为精准育种打开了大门。例如，数量性状位点（quantitative trait loci，QTL）现在可以从数万或数十万碱基对的大基因组片段缩小至特定的序列，甚至缩小到与该性状相关的单核苷酸多态性（single nucleotide polymorphism，SNP）。因此，全基因组序列使更准确、更快地培育作物成为可能。此外，它还提供了一长串的候选基因和等位基因，这些基因可以通过基因重组和分离参与育种，还可以被突变，用于基于诱变的育种，或被定点编辑方法修饰以改良作物。

大量关于 DNA 双链断裂（double strand break，DSB）的研究表明，DSB 修复过程可导致 DSB 位点的突变或同源重组（homologous recombination，HR）。因此，在基因组上靶定特定的 DSB 位点的能力一直是精准育种的"必杀技"，因为与传统的随机诱变方法相比，它能够像"手术"一样定向获得所需突变。此外，如下所述，它还可以使同源重组靶向到一个特定的位点。经 DNA 双链断裂诱导，植物内源性修复机制被激活，断裂可以通过易出错的非同源末端连接（non-homologous end joining，NHEJ）修复机制进行修复，或通过精确同源重组机制进行修复，这类修复需要以同源染色体、姐妹染色单体、同源重复、具有与 DSB 位点两侧同源序列的染色体外 DNA 片段等作为同源模板[关于植物中的 DSB 修复和基因编辑参见综述 Schmidt 等（2019）]。由特异的核酸酶诱导（图 4.1a）的 DNA 双链断裂或自然诱导（图 4.1b）的 DNA 双链断裂，会呈现不同的结果：非同源末端连接修复产物可能在 DSB 位点形成小的插入或缺失（insertion or deletion，indel），从而产生新的突变；而同源重组修复产物取决于同源模板序列的类型。当一个染色体外序列被传递到细胞中，它可以与 DSB 位点两侧的同源序列重组，导致被传递 DNA 的靶向整合。这个过程被称为基因打靶、同源依赖修复（HDR）或基因置换。当修复模板是内源性同源染色体时，同源重组介导的修复可以诱导两个同源染色体之间的重组，这一过程被称为同源间重组（inter-homologs recombination，IHR）。在本章中，我们综述了同源间重组、基因打靶和靶向诱变如何成为精准育种的新兴技术。此外，我们叙述了在这些方法被广泛应用前仍然面临的挑战。

4.2　DNA 双链断裂（DSB）诱导

有效的靶向 DSB 诱导是精准育种的第一步。Carroll（2014）使用位点特异性和稀有切割兆核酸酶 I-SceI 的表达，首次在植物中证明了经 DSB 诱导后，NHEJ 和 HR 修复产物会增加。随后，针对靶向基因设计了特异的核酸酶（图 4.1a），即锌指核酸酶（ZFN）和类转录激活因子效应物核酸酶（TALEN）。虽然这些核酸酶已经被成功试验，但由于在基因组上的识别位点少，I-SceI 和 ZFN 两种核酸酶不适合在基因组工程中广泛应用，而 ZFN 和 TALEN 两种核酸酶需要针对单个目标进行蛋白质工程，通常切割效率很低[关于靶向核酸酶的综述见 Carroll（2014）]。

图 4.1　精准育种：a. 特异设计的核酸酶：ZFN、TALEN 或 CRISPR/Cas9，都可以诱导靶向 DSB（以闪电符号标记）。b. 双链断裂（DSB）修复机制和精准育种。通过易出错的 NHEJ 进行的 DSB 修复产物可导致靶向突变，如小的插入或缺失（显示为红色）。在存在与 DSB 位点序列同源的外源"供体 DNA"（橙色）的情况下，"供体 DNA"和 DSB 两侧之间的同源重组可导致靶向基因置换，也称为基因打靶。在同源染色体（蓝色和绿色）之间的重组下，通过 IHR 的修复产物可以靶向交叉或靶向基因转换。c. 精准育种产物包括抗霉病小麦、高产高支链淀粉玉米、果实大小和花序结构优化番茄、高粒重和抗除草剂水稻

针对细菌和古细菌的成簇规律间隔短回文重复序列（CRISPR）免疫系统的解码在特异设计的核酸酶领域形成了一项新的突破性技术，为常规和精确的基因组工程开辟了新的前景。2012 年，仅使用来自 CRISPR 免疫系统的三个元素，即两个 RNA 分子：CRISPR RNA（crRNA）和反式激活 CRISPR RNA（tracrRNA），以及一种蛋白质：CRISPR 相关蛋白（Cas9），就可以在特定基因组序列上实现 DNA 双链断裂（DSB）的体外诱导。不久之后，这两个 RNA 分子融合到一个单一的向导 RNA（gRNA）分子上，该分子与靶标匹配并募集 Cas9 蛋白，且在人体细胞中表达活性。很快，成功的基因编辑试验在包括小麦、玉米、棉花、大豆、番茄、马铃薯、柑橘、葡萄等在内的多种农作物中均得到证实。该系统仅由 Cas9 蛋白和 gRNA 分子这两种成分组成，其在广泛的靶标序列上都非常有效，易于设计且易于在各种生物体中使用。因此，它吸引了科研领域和工业界的大量关注与投资。细菌和古细菌 CRISPR/Cas 系统在蛋白质组成和长度、基因座结构、前间隔序列毗邻基序（protospacer adjacent motif，PAM）识别位点（与靶标相邻的短序列基序）、DNA 双链断裂性质（平端/黏性末端）、核酸靶标等方面表现出高度的多样性。所有这些工具的多样性都可以转化为基因编辑的工具包，能够在许多不同的目标（不同的 PAM 序列）中诱导不同类型的断裂，甚至可以在一个目标上进行少量 CRISPR 介导的断裂。此外，蛋白质和 RNA 分子可以与 Cas 蛋白或 gRNA 分子融合，用来靶向或操纵 DNA[参见 Adi（2018）和 Gao 等（2020）]。

4.3　非同源末端连接（NHEJ）——诱导靶向突变

在高等植物体细胞中，NHEJ 是主要的 DSB 修复机制。靶向突变的商业应用可以加快育种进程并创造出具有更好性状的品种。这种用法的例子可以在"糯玉米"育种中找到。在玉米中，*Waxy* 基因（也称 *Wx* 或 *Wx1*）编码一种被称为颗粒结合淀粉合酶 1 的蛋白质，这种蛋白质能产生中等水平的支链淀粉。野生型（WT）玉米种子由约 25%的直链淀粉和约 75%的支链淀粉组成，而功能丧失的 *waxy* 突变体则含有 100%的支链淀粉。与普通玉米淀粉相比，*waxy* 突变体具有较高的消化率、易糊化等特性。因此，被称为"糯玉米"的 *waxy* 突变体淀粉主要用作食品工业的稳定剂，也用于纺织、黏合剂和造纸工业。自发产生或通过随机诱变产生的约 200 个 *wx1* 突变等位基因的集合可供育种家使用。商业"糯玉米"品系是经典育种过程的结果，包括将 *wx1* 等位基因从这些突变品系渗入优良品种中，然后进行回交。这个过程通常需要 6～7 代，商业糯玉米杂交种的产量比同等的非糯玉米杂交种低约 5%。"糯玉米"产量下降的原因尚不清楚，这可能是由于 *waxy* 突变的直接影响，也可能是另一个基因或基因组片段包含与 *waxy* 相关的有害等位基因，在回交过程中渗入形成的。在最近的一项研究中，Gao 等（2020）用化脓链球菌 Cas9 蛋白（spCas9）和 *Wx1* 基因两侧的两个 gRNA 对 12 个杂交玉米品种进行转化，选择了两个断裂的 NHEJ 修复产生的 4kb 的缺失突变体。CRISPR 突变体籽粒的 *waxy* 表型与商业杂交品种相似。经过两代回交后，12 个纯合（在 *Wx1* 处有 4kb 缺失）且不含外源 DNA 的突变株系（每个测试品种一个）被筛选并在 25 个地方进行田间种植试验。田间试验表明，CRISPR 突变体在农艺表现上优于渗入突变体，平均每英亩[①]增产 5.5 蒲式耳[②]（Gao et al. 2020）。这表明与经典的化学或辐照诱变相比，精确诱变具有较少的有害选择牵连效应。

很多重要的经济作物，如小麦、燕麦、花生、马铃薯、香蕉、咖啡和甘蔗都是多倍体，这意味着它们有两套以上的配对染色体。因为许多基因存在于两个以上的拷贝中，所以以多倍体的经典育种程序要复杂得多。对于某些基因，所有基因拷贝纯合的突变植物没有可用的天然或诱变储存库。即使在有突变品种的情况下，在育种过程中需要考虑的基因拷贝（或位点）的数量也更多，因此育种植物种群越大，整个育种过程就越密集。使用精准育种，育种家可以一步诱导所有相关基因拷贝的突变，从而节省时间和费用。例如，在六倍体面包小麦中，白粉病，一种真菌病害（小麦白粉菌 *Blumeria graminis* f. sp. *tritici*），会导致产量严重损失。在面包小麦中，有 3 个编码抗霉病基因座（mildew-resistance locus O，MLO）蛋白的同源等位基因。大麦、拟南芥和番茄中功能缺失的 *mlo* 突变体显示出对引起这种疾病的不同菌株的抗性，但没有 3 个同源等位基因都产生突变面包小麦品种。Wang 等（2014）利用定向诱变的方法，用靶定三个 *Mlo* 同源等位基因的 TALEN 蛋白转化面包小麦，鉴定获得一个、两个或三个 *Mlo* 同源等位基因缺失的突变体，这些突变体经繁殖获得纯合突变体。野生型及仅一个或两个同源等位基因的突变的 TALEN 纯合子没有表现出对霉病的抗性，而 3 个等位基因均突变的纯合子表现出高抗性。

产量、品质、胁迫响应和其他有利的农艺性状是定量的。在许多情况下，这些性状是由位于不同位点的多个基因控制的。由于与上述多倍体相同的原因，对于在不同染色体上的少数基因的经典育种过程是复杂的。在水稻中，Xu 等（2016）使用 CRISPR 创制了 3 个负调节粒重的不同基因 *GW2*、*GW5* 和 *TGW6* 的三重突变株系（这些基因每个基因的数字代表染色体位置），该三基因突变体谷粒变大、粒重增加。影响数量性状的另一个重要因素是调控基因表达的顺式元件。尽管目前关于调控每个基因的确切顺式元件序列的知识还不完整，但调控顺式元件的基因的突变给植物育种带来了很大的希望。Rodríguez-Leal 等（2017）利用 NHEJ 修复的随机性和表型筛选方法，在调节番茄果实大小（*CLV3*）、花序结构[*COMPOUND INFLORESCENCE*（*S*）]和植物生长习性[*SELF PRUNING*（*SP*）]3 个基因的启动

---

① 1 英亩≈0.404 856hm²。
② 1 蒲式耳≈36.4L（英制）或 35.2L（美制），本书中为美制。

子上诱导了多个 DSB。由于 Cas9 具有较高的 DSB 诱导效率和多重断裂诱导能力，它们获得了等位基因系列的多重突变启动子，包括大片段缺失和小片段插入缺失、单个或多个突变等。纯化后，育种家可以筛选所需的表型并对突变进行测序。由于基因表达水平和时间的差异，这种方法产生了数量性状的多样化表型。

在植物体细胞中诱导的大多数靶向 DNA 双链断裂是通过 NHEJ 机制修复的。因此，具有所需 NHEJ 最终产物的精准育种应用简单且易于生产。在 DSB 位点形成插入或缺失的"损伤痕迹"的结果可能受不同因素的影响：DSB 末端（平端或黏性末端）、Cas 蛋白（如 Cas9 倾向于产生少量碱基对的插入缺失，而 Cas12 倾向于留下几十个碱基对的插入缺失）、用于诱导目标中单个或多个断裂的 gRNA 数量、用于 DSB 诱导的 PAM 序列的可用性等。NHEJ 插入缺失的模式不受控制，因此当需要精确插入或删除时，可以使用基因打靶方法。

4.4　基　因　打　靶

基因打靶是将外源 DNA 序列（供体）引入细胞，然后使用 HR 修复置换内源基因的过程。这些修复事件可导致特异内源性 DNA 片段的插入、置换或转换，具体取决于供体序列。因此，当需要基因组中的小（最多几千碱基对）突变和确切已知的突变时，它可以用于育种。虽然基因打靶在细菌和酵母中非常有效，但直至现在其在高等植物和动物中都很难实现。在引入与靶位点具有同源性的 DNA 片段后，每 $10^4 \sim 10^5$ 个转化细胞中，仅有一个打靶成功。而在供体 DNA 存在的情况下，通过模仿在内源性基因组片段上诱导 DSB 的自然过程，人们在提高基因打靶率方面取得了突破性进展。此外，I-SceI 兆核酸内切酶的瞬时表达，使转基因基因座的基因打靶率提高了 $2 \sim 3$ 个数量级（Schmidt et al. 2019）。研究表明，植物内基因打靶过程与上述方法具有相似的基因打靶率，降低了对供体转化率和 T-DNA 受体修复位点的依赖性（Schmidt et al. 2019）。使用该方法的转基因片段包含了内切酶 I-SceI 的序列和位于两个 I-SceI 靶点两侧的供体序列。在 I-SceI 表达下，3 个 DSB 事件并行发生：一个在靶位点，两个在供体序列的两侧区域。因此，供体序列从基因组中被切除，并可用作 HR 的模板。

内切酶的发展，特别是 CRISPR 系统的发展，显著提高了植物细胞中 DSB 诱导的效率和这些工具的易用性。但由于 NHEJ 在植物体细胞中占主导地位，基因打靶水平仍然相对较低（每 $10^2 \sim 10^3$ 株转基因植物仅有 1 株）。拟南芥 NHEJ 基因（如 *ku70* 和 *lig4*）突变体和水稻 *lig4* 基因突变体中基因打靶效率提高了 $3 \sim 16$ 倍，但也表现出基因组的不稳定性。利用 NHEJ 在体细胞组织中的突出作用的另一种方法是通过 NHEJ 靶向整合供体 DNA，将其用于"伪基因打靶"。在水稻愈伤组织细胞中，Li 等（2016）利用内含子靶向技术建立了一个抗草甘膦的细胞系。草甘膦是一种非选择性除草剂，干扰莽草酸途径，在植物和微生物中产生芳香族氨基酸，但在哺乳动物中不存在。抗草甘膦作物可以通过与田间其他杂草之间竞争的减少来提高产量。由 CRISPR/Cas9 介导的在水稻 5-烯醇式丙酮酰莽草酸-3-磷酸合酶（5-enolpyruvylshikimate-3-phosphate synthase，EPSPS）两个邻近内含子间形成的 DSB，使目标外显子被切除，并被一个包含两个氨基酸修饰的外显子取代，从而赋予水稻草甘膦抗性。这种剪切—粘贴过程是通过 NHEJ 机制进行的，转化植物的效率高达 2%。虽然末端连接产物仍然含有 NHEJ 缺失"损伤痕迹"，但由于它们位于修饰外显子两侧的内含子上，因此不影响蛋白质序列。

作为修复模板的供体序列的可用性是可能影响 NHEJ 与基因打靶产物比率的因素之一。因此，增强基因打靶的一个简单概念是增加植物细胞中可用的供体序列的数量。Baltes 等（2014）研究发现，双病毒复制子的应用可以提高供体序列的水平，并在一些研究中增强了烟草、番茄、小麦、拟南芥和水稻的基因打靶水平。双病毒的复制需要 3 个元素：顺式作用的大基因间区（large-intergenic region，LIR）、短基因间区（short-intergenic region，SIR）和反式作用复制起始蛋白（*trans*-acting replication initiation protein，Rep）。在 Rep 蛋白存在的情况下，LIR-SIR-LIR 序列产生在植物细胞中复制的游离型反式复制子。供体 DNA 序列插入复制子序列导致其拷贝数增加。Dahan-Meir 等（2018）发现当供体扩增与 DSB 诱导在靶位点上结合时，这可能导致番茄 *CRTISO* 位点的基因打靶水平高达 25%。

使用基因打靶方法，育种家可以实现将有利基因或突变精准整合到特定位点的梦想，而无须对基因组进行任何额外的改变。尽管研究表明基因打靶效率有所提高，但由于目标基因座、物种和方式之间存在很大差异，该技术尚未成熟到可广泛应用于商业。上述的大多数研究都是用基因打靶的可选择标记来完成的。在缺乏可见表型的情况下，基因打靶事件的选择仍然具有挑战性。此外，在一些作物中，由于缺乏遗传转化体系或再生效率低，无法将包含核酸酶和供体序列的长序列递送至植物也是一个限制应用的因素。

4.5 同源重组

在经典育种中，新品种的创造依赖于亲本染色体的减数分裂重组。在减数分裂过程中，正确的染色体分离需要每个二价染色体（在减数分裂前期 I 的一对同源染色体）至少有一个交叉事件[关于植物减数分裂重组的综述见 Mercier 等（2015）]。植物减数分裂交叉研究表明，DSB 位点和交叉位点沿染色体不均匀分布。例如，在小麦 3B 染色体中，约 80% 的交换集中在亚端粒区域，该区域约占染色体长度的 20%。虽然重组热区基因更丰富，但重组冷区并非基因"沙漠"。因此，当育种程序包括分离位于同一重组冷区的两个基因或位点时，需要更多的 F$_2$ 代植物来选择并整合期望的等位基因。解决这个问题的可选方案之一是增加重组事件的总数。对拟南芥的不同研究表明，使用抗交叉基因的突变系如 *RECQ4*、*FANCM* 和 *FIGL1*，或过表达交叉基因如 E3 连接酶 HEI10，可以提高交叉率。此外，染色质重塑因子 *DECREASE IN DNA METHYLATION1*（*DDM1*）的突变会增加常染色质区域的重组，但不会增加"重组冷"的异染色质区域的重组。同时，Underwood 等（2018）发现在 H3K9me2 缺失和非 CG 甲基化条件下，交叉蛋白在着丝粒的重组冷区附近富集。上述所有方法都可以增加两个连锁基因之间进行交叉的机会，但是随着基因之间遗传距离的变小，基因间交叉变得更加困难。

在杂交背景下，在两个连锁基因之间诱导 DSB 可能会将 IHR 机制引导到一个特定的目标，并产生所需的基因转换或交叉等位基因。植物减数分裂始于 Spo11 诱导数百个 DSB（Filler-Hayut et al. 2017），每条染色体只有一个或两个断裂被分解为交叉事件，基因转换的数量与交叉的数量级相似。因此，在减数分裂期间诱导的数百个 DNA 双链断裂一起竞争 IHR 修复。在植物体细胞中，NHEJ 被认为是主要的修复机制，但也有证据认为同源染色体之间的重组 HR 机制在体细胞中也是活跃的。与哺乳动物不同，植物的生殖细胞分化发生在植物发育的后期，因此发生在植物发育早期的体细胞 IHR 等位基因可能被遗传。此外，利用再生条件，育种家可以从具有 IHR 等位基因的小叶组织中再生出一整株植物。

在番茄中，Filler-Hayut 等（2017）发现了一个体细胞靶向 IHR 的例子。在商业品种 M82 中，利用 CRISPR/Cas9 在植物 *PHYTOENE SYNTHASE1*（*PSY1*）基因上诱导靶向 DNA 双链断裂。获得的结黄色果实的纯合突变体植株与一个结红色果实的野生品种醋栗番茄（*Solanum pimpinellifolium*）杂交，培育出 F$_1$ 代植株。在 F$_1$ 代植物中，进一步对醋栗番茄等位基因进行 DSB 诱导。无 DSB 诱导的情况下，果实呈红色（*psy1* 突变为隐性），但在 NHEJ 或 IHR 修复的情况下，果实呈黄色。黄色的果实被送去测序，同时，这些果实的种子中，基因型为 *psy1* 纯合突变的被栽培至下一代并进行测序。使用以下方法，存在 IHR 修复的植物可被检测。分子分析发现包含中断转换片段的基因转换事件（其中一个转换片段的长度大于 5kb）和一个假定的靶向交叉事件。此外，在该系统中，番茄 *PSY1* 等位基因的体细胞同源间修复率至少约为 14%（Filler-Hayut et al. 2017）。这种方法有望用于精准育种。

靶向体细胞 IHR 用于精准育种的可行性仍在测试中，还有许多问题待解答。例如，基因组上常染色质和异染色质靶向的 IHR 率分别是多少，基因转换率与交叉率是多少，基因组中基因座与作物之间的靶向 IHR 率的差异是多少，植物体细胞修复机制是怎样的及如何偏向于 IHR。

4.6 结　　论

二代测序方法和靶向核酸酶技术的发展，特别是基于 CRISPR 的系统，使精准育种的梦想得以实现。具有 NHEJ 修复产物的作物品种已在市场上出售（图 4.1c），并在世界许多地区被视为非转基因作物（Globus and Qimron 2018）。此外，基因打靶和 IHR 在精准育种中的潜力已经在不同研究中得到了验证。对不同作物的有利农艺性状基因和基因组进行高分辨率的识别和表征，将有助于育种家确定精准育种所需的精确目标和精确基因组变化。未来对植物 DNA 双链断裂修复机制的研究将有助于更好地控制和理解如何将内源性修复机制导向所需的修复产物。

本章译者：金春莲[1]，魏畅[2]，王继华[1]
1. 云南省农业科学院花卉研究所，国家观赏园艺工程技术研究中心，昆明，650200
2. 云南大学资源植物研究院，昆明，650500

参 考 文 献

Adli M (2018) The CRISPR tool kit for genome editing and beyond. Nat Commun 9:1–13

Baltes NJ, Gil-Humanes J, Cermak T, Atkins PA, Voytas DF (2014) DNA replicons for plant genome engineering. Plant Cell 1–14

Carroll·D (2014) Genome engineering with targetable nucleases. Annu Rev Biochem 83:409–439

Dahan-Meir T, Filler-Hayut S, Melamed-Bessudo C, Bocobza S, Czosnek H, Aharoni A, Levy AA (2018) Efficient in planta gene targeting in tomato using geminiviral replicons and the CRISPR/Cas9 system. Plant J 95:5–16

Filler-Hayut S, Melamed Bessudo C, Levy AA (2017) Targeted recombination between homologous chromosomes for precise breeding in tomato. Nat Commun 8:15605

Gao H, Gadlage MJ, Lafitte HR, Lenderts B, Yang M, Schroder M, Farrell J, Snopek K, Peterson D, Feigenbutz L et al (2020) Superior field performance of waxy corn engineered using CRISPR–Cas9. Nat Biotechnol 38:579–581

Globus R, Qimron U (2018) A technological and regulatory outlook on CRISPR crop editing. J Cell Biochem 119:1291–1298

Li J, Meng X, Zong Y, Chen K, Zhang H, Liu J, Li J, Gao C (2016) Gene replacements and insertions in rice by intron targeting using CRISPR-Cas9. Nat Plants 2:1–6

Mercier R, Mézard C, Jenczewski E, Macaisne N, Grelon M (2015) The molecular biology of meiosis in plants. Annu Rev Plant Biol 66:297–327

Rodríguez-Leal D, Lemmon ZH, Man J, Bartlett ME, Lippman ZB (2017) Engineering quantitative trait variation for crop improvement by genome editing. Cell 171:470-480.e8

Schmidt C, Pacher M, Puchta H (2019) DNA break repair in plants and its application for genome engineering. In: Methods in molecular biology. Humana Press Inc, pp 237–266

Underwood CJ, Choi K, Lambing C, Zhao X, Serra H, Borges F, Simorowski J, Ernst E, Jacob Y, Henderson IR et al (2018) Epigenetic activation of meiotic recombination near Arabidopsis thaliana centromeres via loss of H3K9me2 and non-CG DNA methylation. Genome Res 28:519–531

Wang Y, Cheng X, Shan Q, Zhang Y, Liu J, Gao C, Qiu JL (2014) Simultaneous editing of three homoeoalleles in hexaploid bread wheat confers heritable resistance to powdery mildew. Nat

Biotechnol 32:947–951

Xu R, Yang Y, Qin R, Li H, Qiu C, Li L, Wei P, Yang J (2016) Rapid improvement of grain weight via highly efficient CRISPR/Cas9-mediated multiplex genome editing in rice. J Genet Genomics 43:529–532

Shdema Filler-Hayut 在魏茨曼科学研究所获得博士学位，跟随 Avraham Levy 教授从事植物 DNA 修复机制和基因工程研究。她目前是麻省理工学院（美国）的博士后研究员。

Cathy Melamed-Bessudo 在魏茨曼科学研究所获得博士学位，从事 RNA 剪接机制研究。随后在魏茨曼科学研究所植物遗传学系作博士后，跟随 Moshe 教授从事小麦进化研究。目前，在 Avraham Levy 的实验室作高级研究员。

Avraham A. Levy 在魏茨曼科学研究所获得了植物遗传学博士学位。他在斯坦福大学和法国国家农业研究院凡尔赛研究所进行博士后研究。随后他加入了以色列魏茨曼科学研究所，目前担任生物化学学院院长，从事植物生物多样性的遗传和表观遗传机制研究，并利用基因编辑等先进的遗传操作技术，对植物进行精准改造。他在农业生物技术公司的科学委员会、《植物细胞》（*Plant Cell*）编辑委员会任职，最近被选为法国农业学院的准成员。

第 5 章　CRISPR 技术在植物生物技术创新中的应用

蒙塔齐尔·穆什塔克（Muntazir Mushtaq）
库图布丁·A. 莫拉（Kutubuddin A. Molla）

摘要： 随着 CRISPR/Cas 技术的发明及快速发展，人类能够以前所未有的方式改变植物基因组。传统的 CRISPR/Cas 技术具备无与伦比的定向基因组打靶能力。相比之下，新型工具如碱基编辑器可形成单碱基替换，先导编辑（prime editing，PE）可以生成精确的插入、删除和 DNA 碱基替换。本章综述了 CRISPR/Cas9 基因编辑（genome editing，GE）技术的基本知识，不同 CRISPR 衍生先进工具的概述，以及它们如何通过产生靶向 DNA 修饰以应用于植物生物技术。此外，我们强调了基因编辑作物与遗传修饰生物（genetically modified organism，GMO）的不同之处。

关键词： CRISPR/Cas 工具、靶向突变、CRISPR 介导的植物生物技术创新、作物遗传改良、抗逆育种、农业中的 CRISPR

5.1　引　　言

　　过去的 50 年中，人类社会见证了农业生产力的大幅增长。随着作物遗传改良技术的出现，小麦和水稻等作物产量大幅增加，这一成就以绿色革命（1966～1985）的形式发展起来。在 20 世纪 70 年代，Marc Van Montagu、Jozef Schell 和 Mary-Dell Chilton 等人，共同开发了农杆菌介导的植物转化技术，由此催生了转基因作物，虽然转基因技术标志着作物改良的新时代，但是转基因作物的开发成本高昂，在许多国家还面临社会接受性问题。同时，传统育种方法无法满足人类生产的需要，如目前 4 种主要作物（小麦、水稻、玉米和大豆）的年增产百分比必须翻倍才能满足人类 2050 年的需求。解决这些问题需要可以改变农业的新的育种技术（new breeding technique，NBT）的支持。基因编辑以序列特异性方式诱导 DNA 双链断裂（double-strand break，DSB）（Jiang and Doudna 2017），是一种能够改写生命密码的技术。关于 DSB 的更多详细信息，请参阅本书第 4 章。DNA

的一个功能单位称为基因，序列特异性核酸酶（sequence-specific nuclease，SSN）
是一种分子剪刀，被设计用于在 DNA 中产生靶向 DSB。SSN 如锌指核酸酶（zinc
finger nuclease，ZFN）、类转录激活因子效应物核酸酶（transcription activator-like
effector nuclease，TALEN）和成簇规律间隔短回文重复序列（clustered regularly
interspaced short palindromic repeat，CRISPR）及其相关蛋白（Cas）系统已成功用
于许多物种，以实现高效的基因编辑。CRISPR/Cas 系统于 2012 年开发（Jinek et al.
2012），2013 年首次在真核细胞（哺乳动物细胞）应用（Cong et al. 2013），此后，
CRISPR/Cas 系统在植物生物学领域得到广泛运用。它不仅促进了模式和非模式植
物的反向遗传学研究，同时成为作物改良的有效育种工具。近年来，被同行审议的
开发植物 CRISPR 的文章激增，但其在特定植物中实现特异性基因编辑产物的能力
仍被质疑。本章从历史的角度综述了 CRISPR/Cas 基因工程工具的发展，这些工具
如何精确地改变 DNA，以及在植物生物技术和作物改良中的潜在应用领域。

5.2　基因编辑技术的历史发展和基因编辑工具的兴起

真核生物基因组由数十亿个碱基组成，如果能精确改变这些碱基将对分子生
物学、医学和农业具有巨大的意义。引入所需的基因组变化即"基因编辑"，其一
直是分子生物学中长期追求的目标。Urnov（2018）在其早期文章中已经对基因编
辑技术作了详尽概述。20 世纪 70 年代末，以限制性酶的形式保护细菌免受病毒
（噬菌体）入侵，这个突破标志着重组 DNA 技术时代的开始，这是历史上首次完
成了对试管中 DNA 分子的操纵，这些成就推动了分子生物学和遗传学的发展，
但在真核生物中精确改变 DNA 的技术在几十年后才出现。近些年来基因编辑工
具的不断发展为生物学研究带来了新的革命。基因编辑工具是 1994～2010 年在学
术界和工业界共同尝试下开发的，以兆核酸酶作为原型，用 ZFN 来编辑天然基因
座，虽然兆核酸酶为 DSB 修复的效率和机制提供了有价值的信息，但由于兆核酸
酶蛋白残基与其靶 DNA 序列特异性之间缺乏明确的对应关系，因此尚未被广泛
用作基因编辑平台。尽管目前已经开发了几种技术来解决这些限制，但涉及广泛
筛选过程的具有优选 DNA 结合特异性的功能性锌指蛋白的组装仍然是一个主要
问题。ZFN 是第一个出现的基因编辑核酸酶，锌指（ZF）是真核生物中最常见的
DNA 结合结构域，它们通常由约 30 个与核苷酸三联体互作的氨基酸单元组成。
ZF 已被设计为识别所有 64 种可能的三核苷酸组合。通过串接不同的锌指部分，
可以创建特异性识别任何特定 DNA 三联体序列的 ZF，每个 ZF 通常识别 3～6 个
核苷酸三联体。ZFN 单体由两个不同的功能域组成：N 端人工合成的锌指 DNA
结合结构域与 C 端诱导 DNA 双链断裂的 FokI DNA 解离结构域（Fok1）。十多年
来，ZFN 已被广泛采用，并被证明在生物体（包括动物和植物系统）中的基因编

辑是用途最广泛的。在 2010～2012 年，基因编辑工具增加了第三类核酸酶，称为类转录激活因子效应物核酸酶（TALEN）。类转录激活因子效应物（TALE）蛋白的 DNA 识别特征被用于构建类转录激活因子效应物核酸酶。TALEN 与 ZFN 相同，因为它们同时使用 DNA 结合基序来引导相同的非特异性核酸酶（Fok1）在特定位点切割基因组。与 ZF 不同的是，每个 TALE 都能识别单个核苷酸，而不是识别 DNA 三联体。1987～1989 年，人们注意到在大肠杆菌基因组中的特定基因座上一种"具有重复序列的异常排列"——这种阵列现在被称为"成簇规律间隔短回文重复序列"（CRISPR）。这项基于 CRISPR 的细菌对噬菌体免疫的研究最终在 2012 年被发现，基于 CRISPR 特定系统的关键酶——Cas9，是一种 RNA 引导的核酸内切酶。CRISPR 系统是一种免疫系统，是细菌中基于 RNA 的防御机制，旨在识别和降解入侵噬菌体和质粒中的外源 DNA。细菌基因组通过"CRISPR/阵列"对 Cas 核酸内切酶和引导 RNA（guide RNA，gRNA）进行编码，CRISPR 系统可以通过修改它们来切割任意目标 DNA 序列。2012 年，Martin Jinek、Jennifer Doudna、Emmanuelle Charpentier 及其同事写道："锌指核酸酶和类转录激活因子效应物核酸酶作为人工酶被设计用于操纵基因组，我们提出了一种基于 RNA 编辑的 Cas9 的替代方法，为基因打靶和基因编辑应用提供相当大的潜力。"这是一场席卷全球生物学家的基因编辑的开端，它使全世界的生物学家都为之震惊。

5.3 基于 CRISPR/Cas 的基因组工程

基因编辑技术是指能够在精确的基因位置和染色体区域实现基因敲除、染色体重组和定点插入/替换的技术。DNA 双链断裂（DSB）是影响植物基因组的强大力量之一，简而言之，基因编辑技术通过序列特异性核酸酶（SSN）产生 DSB，由此引发 2 种不同的 DNA 修复机制——非同源末端连接（non-homologous end joining，NHEJ）和同源重组修复（homology-directed repair，HDR）（Molla and Yang 2020）。在编码区 DNA 修复过程中出现的错误可能会引起基因密码子突变或移码突变，从而导致基因功能缺失。DSB 修复系统已在包括植物在内的许多生物体中得到广泛研究。在植物研究中，基于 NHEJ 或 HDR 的 DSB 修复的相关基因被挖掘，它们在体细胞和减数分裂组织中对 DSB 修复的影响也被测试。通过使用多种 DSB 诱导剂，包括序列特异性兆核酸酶、转座子切除和定制核酸酶，如 ZFN、TALEN 和 CRISPR/Cas，NHEJ 在多种物种和组织（主要是体组织）中被发现。与通过化学试剂[如 EMS、乙基磺酸乙酯（EES）、白消安]或物理试剂（如 γ 射线、X 射线、紫外线）进行的随机诱变相比，基因编辑工具可以在特定的染色体位点诱导突变。因此，基因编辑技术在功能基因组学和分子育种方面具有诸多优势。事实上，基因组定点编辑技术不仅有更大的机会引起突变，而且比随机诱变更特异、更有效。

最近开发的 CRISPR/Cas9 系统迅速取代了早期的 ZFN 和 TALEN。CRISPR/Cas9 技术由于其简便、高效、成本低和可在多个特定位点实现多基因敲除，已成为植物科学研究中前所未有的工具。CRISPR/Cas9 系统作为基因编辑的工具，最先在人类细胞中建立，并在植物中得到广泛应用。迄今为止，CRISPR/Cas9 系统已被应用于基因敲除、缺失、顺式调节元件的破坏及基因置换（敲入）等。

从根本上说，CRISPR/Cas9 系统相对简单，由 Cas9 蛋白和一个单向导 RNA（sgRNA）这两个组件组成，形成一个 Cas9/sgRNA 复合物。sgRNA 5′端的 20 个核苷酸序列可以与同源 DNA 序列精确杂交，这种 RNA-DNA 杂交可以激活 Cas9 从而在目标序列中生成 DSB。原间隔序列位于前间隔序列毗邻基序（protospacer adjacent motif，PAM；NGG 使来源于化脓链球菌的 SpCas9 识别靶位点；TTTV 使 Cas12a 识别靶位点）的两侧，在 DSB 修复过程中，NHEJ 经常产生核碱基的小插入或缺失（indel）。具有不同靶序列的多个 sgRNA 可被设计用于同时编辑多个基因或 DNA 区域。一旦基因序列由于碱基的插入、缺失而被破坏，由此产生的"植物外观"（表型）也会随着变化，如果针对这种变化建立相关性，则假定表型受研究中的基因控制。

gRNA 是经过人工设计的，能将 Cas9 引导到要编辑的目标序列，现有的生物信息学程序用于设计候选 gRNA 时要考虑脱靶的可能性。gRNA 和 Cas9 介导的植物细胞转化同样遵循开发转基因植物的方法和程序，表达盒包含组成型或诱导型启动子、转录终止子及用于选择目的的抗生素和/或抗除草剂标记。

含有 Cas9 蛋白 DNA 序列的载体和 gRNA 被整合到农杆菌细菌细胞中，通过农杆菌介导的方法对植物进行遗传转化，使用抗生素或除草剂来鉴定第一代转化植物，携带 sgRNA-Cas9 载体的细胞或愈伤组织也可以使用绿色荧光蛋白（GFP）进行区分。通常，对目标基因/DNA 区域进行测序更有利于识别 Cas9 诱导的突变。通过 sgRNA-Cas9 介导的基因编辑产生的植物被称为转基因植物，因为它们携带 sgRNA-Cas9 载体。

另外，有性繁殖作物被 CRISPR 编辑后，sgRNA-Cas9 转基因盒可以通过有性分离来消除。对经过编辑但不携带 sgRNA-Cas9 盒的植物进行选择，这将使转基因在第二代或后续世代中被移除，产生不经过转基因的基因编辑作物。因此，它们与那些通过自然手段产生突变的植物有相似之处。在一些国家，根据现有的生物安全法规，引入 sgRNA-Cas9 DNA 盒进行转基因而产生的生物可能被视为转基因生物。

前人已经开发了使用 gRNA-Cas9 核糖核蛋白（RNA 加蛋白质）复合物或瞬时表达来编辑植物基因组，从而产生无转基因的植物的方法。可以通过聚乙二醇-钙介导的转染将预组装的 Cas9 介导的 RNA 核糖核蛋白复合物引入原生质体。

CRISPR/Cas9 基因编辑技术实现了显著的遗传改变：代谢途径改良、生物（真菌、细菌和病毒病原体）和非生物胁迫（寒冷、干旱、盐）耐受性提高、营养成分提高、产量和谷物质量提高、获得单倍体种子、获得除草剂抗性等。接下来，我们将重点介绍基于 CRISPR/Cas 的基因编辑系统的技术特点及其作物改良应用。

5.4 各种基于 CRISPR/Cas 的工具及其作用原理

除了传统的 CRISPR/Cas 介导的基因破坏之外，蛋白质工程已经产生了多功能的基因组破坏物、转录调节剂、表观遗传修饰剂、碱基编辑器和主编辑器（Molla et al. 2020a）。

截至目前，已经发现了许多 Cas 蛋白，其中 Cas9 和 Cas12a（也被称为 Cpf1）被广泛用于基因组工程和转录调控。Cas9 和 Cas12a 非常容易编辑，并且可以通过目标序列和 gRNA 之间的碱基互补配对原则定向到靶 DNA。Molla 等（2020a）介绍了更多关于直系同源的信息和 Cas 蛋白在基因组打靶中的应用。在 CRISPR 系统中，crRNA 与 tracrRNA 配对形成 sgRNA，而 Cas12a 的 sgRNA 仅由 crRNA 组成。Cas 蛋白与 gRNA 形成 RNA-蛋白复合物后，Cas9 和 Cas12a 对前间隔序列毗邻基序（PAM）进行双链断裂（DSB），经过 DSB 修复可实现基因组靶向编辑。

5.4.1 多重编辑

Cas9 和 gRNA 表达盒是 CRISPR/Cas9 介导的基因编辑的两个主要组件。通常，Cas9 由 RNA 聚合酶 II（Pol-II）启动子启动，gRNA 由 RNA 聚合酶 III（Pol-III）启动子启动。为了同时编辑多个基因组位点，需要表达多个 gRNA，不同的 gRNA 表达系统用于实现不同的基因编辑。sgRNA 表达盒的串联阵列经常被使用，每个 sgRNA 都由 Pol-III 启动子控制。然而，通过设计不同的 RNA 加工机制，许多用于单个启动子驱动的多个 gRNA 表达技术被研发，包括来自细菌的 Csy4 核糖核酸酶、来自病毒的自切割核酶和内源性 tRNA 加工酶（Vicki and Yang 2020）。这些 RNA 加工酶用于生成许多来源于由 Pol-II 或 Pol-III 启动子驱动的单初级多顺反子转录物的 gRNA。目前，多顺反子 tRNA-gRNA（PTG）系统和核酶介导的多个 gRNA 在单个启动子控制下的组装获得了普及。在 PTG 系统中，细胞 RNase P 和 RNase Z 对 tRNA 的转录后切割会释放单个 gRNA。核酶是具有核酸酶活性的 RNA 分子，可以催化其自身裂解。科学家们利用核酶的自切割活性，设计了一个"核酶-gRNA-核酶-gRNA-核酶"的阵列来产生多种 gRNA。转录时，初级转录物包含设计的 gRNA，每端都有核酶，核酶自我切割后，每个 gRNA 不再受控制，它们将 Cas9 引导到各自的编码基因座。在 Csy4 的基础上，科学家们还开发了用于多重编辑切除系统。另外，由于 Cas12a 系统具有自我处理能力，它可以直接用于 crRNA 阵列，而无须介入序列。在此建议读者关注一篇有关表达多种 gRNA 的不同策略的文章（Vicki and Yang 2020）。

5.4.2　转录激活和抑制

通过改变 Cas9 和 Cas12a 关键氨基酸残基使其失去催化活性，这种产物被称为失活的 Cas 蛋白（dCas9 和 dCas12a）。利用转录调控可使 dCas 酶和效应蛋白融合。CRISPR 干扰（CRISPRi）和 CRISPR 激活（CRISPRa）两种技术被广泛用于调节基因表达。

从机制上讲，dCas9 酶通过阻止 RNA 聚合酶的结合来限制转录或通过干扰转录延伸靶向编码序列来限制转录。在真核生物中，dCas9 通常与效应蛋白融合，通过募集染色质重塑蛋白来增强抑制作用。同样，CRISPRa 的效应蛋白也通过募集内源性转录激活因子发挥作用。

5.4.3　表观基因编辑

尽管共享相同的 DNA，但不同的表观遗传因素决定了不同的表型。DNA 碱基甲基化和组蛋白残基修饰是两种著名的表观遗传修饰。CRISPR/dCas 系统能够将修饰蛋白转运至目标表观遗传基因座，可以通过修饰蛋白与 dCas9 的融合来实现。修饰蛋白包括组蛋白甲基转移酶、去甲基化酶、DNA 甲基转移酶、TET 酶等，与修饰蛋白结合的 dCas9 称为表观基因编辑器，可以修饰表观遗传因子的状态，从而改变表型。

5.4.4　单碱基编辑

同源重组修复（HDR）用于将目标 DNA 中的一个碱基精确地改变为另一个碱基，它需要充足的供体 DNA 模板来供应碱基的变化。HDR 介导的编辑在植物系统中效率极低，而单碱基编辑能够高效并精确地改变单个碱基，并且不需要供体 DNA 模板。如需全面了解碱基编辑，可参考 Molla 和 Yang（2019）的论文。碱基编辑器包含两个基本组件——Cas9 切口酶（nCas9）和与之连接的脱氨酶。nCas9，催化能力受损的 Cas9，在目标 DNA 处产生单链切口。胞嘧啶碱基编辑器（CBE）可使胞嘧啶转换为胸腺嘧啶，腺嘌呤碱基编辑器（ABE）可使腺嘌呤转换为鸟嘌呤。最近的 3 项研究报道了一种胞嘧啶替换为鸟嘌呤的编辑器（CGBE），用于在 DNA 中将胞嘧啶替换为鸟嘌呤（Molla et al. 2020b）。通过 CBE、ABE 和 CGBE 能够改变许多功能性单核苷酸多态性（SNP），最终改善作物所需的理想性状。

5.4.5 先导编辑

的确，碱基编辑器的发展减少了我们对低效 HDR 介导编辑的依赖。为了产生精确的插入与缺失（与通过 NHEJ 修复 Cas9-DSB 引起的随机插入、缺失相反），科学家们不得不依赖 HDR。最近开发的一种被称为先导编辑的系统被证明可以在人类细胞中有效地执行所有类型的碱基替换、1～44bp 插入和 1～80bp 缺失，效率远高于 HDR（Anzalone et al. 2019）。一些研究还报道了在植物系统中成功实现先导编辑的例子，尽管效率较低，但是先导编辑系统不需要提供供体模板，同时先导编辑器还包含与反转录酶（reverse transcriptase，RT）融合的 nCas9。与所有其他需要相同 gRNA 的 CRISPR 衍生技术不同，先导编辑需要一种特殊类型的先导编辑引导 RNA（prime editing-guide RNA，pegRNA）。除了指定靶点外，pegRNA 还编码了包含所需编辑的反转录酶模板。两个额外的元件，即 10～13 个核苷酸的先导结合位点（PBS）和 10～16 个核苷酸的长反转录酶模板被添加到传统的 gRNA 中，以构建 pegRNA（Molla et al. 2020a）。与切口基因组 DNA 链互补的序列充当 PBS。PBS 序列与靶位点杂交，作为反转录的起始点。反转录酶将所需的改变（在反转录酶模板中编码）直接复制到一条 DNA 链中，随后通过细胞修复机器进行切口编辑并整合到基因组中。

5.5 CRISPR/Cas 在作物中的应用

生物世界正在通过基因编辑技术实现现代化。CRISPR/Cas9 已被证明是基因编辑的最佳选择，具有高效、准确和便捷的特点。世界农业正面临令人担忧的问题，包括人口增长率增加、天气不可预测、生物和非生物胁迫增加及可耕地面积减少。在全球粮食安全方面对于如何解决这些问题，基因编辑技术具有巨大的潜力。相关内容建议读者查阅近年一篇关于农业基因编辑的文章（Chen et al. 2019），由宾夕法尼亚州立大学的 Yinong Yang 博士通过 CRISPR/Cas9 编辑的非褐变蘑菇双孢菇（*Agaricus bisporus*）得到了美国农业部（USDA）的批准。该部门还批准了 CRISPR 编辑的玉米、大豆、番茄、蒴蒌和亚麻荠，并强调不含外源基因的基因编辑作物不会被视为转基因作物。最近，一种带有淡粉紫色花朵的 CRISPR 培育矮牵牛已获得美国农业部的批准。CRISPR/Cas9 基因编辑系统已在水稻、玉米、小麦、大豆、柑橘、番茄、马铃薯、棉花、苜蓿、西瓜、葡萄、木薯、番薯、大麦、生菜、可可、胡萝卜、香蕉、亚麻、油菜籽、亚麻荠、黄瓜等和其他作物中得到应用，用于提高产量和营养品质、生物和非生物胁迫管理等多种特性（图 5.1）。

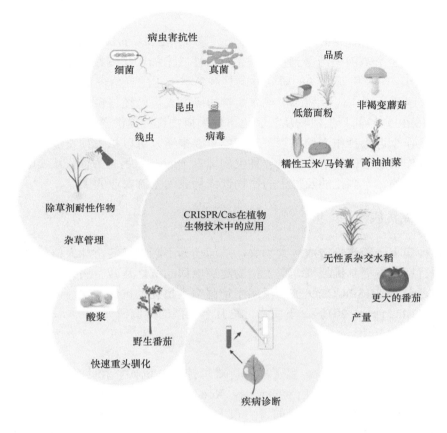

图 5.1　CRISPR/Cas 工具在作物改良中不同方面的应用示意图。该图使用 BioRender（https://biorender.com/）绘制

5.5.1　作物的快速驯化

随着作物基因组测序数量的增加，基因编辑通过打开野生或半驯化物种中巨大的遗传多样性，为植物驯化提供了一种有效的方法，以此生产具有目标性状的作物。

现代番茄品种的长期驯化过程导致抗逆性遗传多样性的丧失，而野生番茄植物仍然表现出对不同胁迫的高度耐受性，因此，它们可以被用作通过 CRISPR 靶定所谓的驯化基因的从头驯化的理想材料。Zsogon 等（2018）展示了通过 CRISPR/Cas9 介导的多重编辑加速野生番茄的从头驯化，多重编辑的基因涉及开花时间、植物结构和果实大小，最终使这些基因功能丧失导致突变。CRISPR 编辑的植物显示出更早且同步开花、更大的果实和特定的植物结构，且不会失去野生种质的抗逆性。

同样，采用 CRISPR/Cas 方法对印加酸浆（*Physalis pruinosa*）进行的快速从头驯化，让 3 个基因失活得到特定的生长习性并增加了花瓣数量和每株植物的果实数量。另一个吸引研究者的研究方向是对冬季一年生野草菥蓂（*Thlaspi arvense* L.）的快速从头驯化。伊利诺伊州立大学的研究人员已经将菥蓂的油食用化。因此，CRISPR 介导的野生植物从头驯化事件为植物育种提供了新可能性。一方面，利用野生作物近缘种作为挖掘等位基因的重要来源，可以扩大种质资源库，用于解决各种作物的遗传贫瘠和抵抗各种生物/非生物胁迫；另一方面，从头驯化有助于让被忽视的、半驯化的及野生的作物近缘种成为主流农业的焦点。

5.5.2　提高抗病性

各种病害会给作物造成巨大损失，从而使为不断增长的全球人口提供充足的粮食的目标变得更具挑战性。宿主植物对病原体的抗性是减少病害影响的可持续的方法之一。CRISPR/Cas9 被广泛用于增强宿主植物的抗性，建议读者查阅相关文章（Mushtaq et al. 2019）。下面将讨论几个典型的案例研究。

5.5.2.1　细菌抗性

植物病原菌种类繁多，繁殖率高，难以控制。例如，在水稻中，水稻黄单胞菌（*Xanthomonas oryzae* pv. *oryzae*，Xoo）引起细菌性枯萎病，导致 10%～20%的产量损失。Xoo 病原体的毒力很大程度上取决于易感宿主体内 TALE 蛋白的分泌，分泌的 TALE 蛋白与水稻 *SWEET* 基因的启动子结合会触发它们的表达。

SWEET 基因的表达量提高容易促进病害的发生。为了中断 TALE 蛋白与 *SWEET* 基因启动子的结合，通过 CRISPR/Cas9 改变结合区域的序列，所得突变株系对白叶枯病具有抗性。类似的策略也被用于开发对柑橘溃疡病菌的抗性。

5.5.2.2　真菌抗性

CRISPR/Cas9 系统在减轻真菌病害影响方面也表现出巨大的潜力。许多真菌通过宿主植物基因（称为易感基因）来促进它们在宿主中的建立。例如，通过 CRISPR/Cas9 系统对易感基因 *mildew resistance locus O*（*Mlo*）进行突变，得到的突变体对来自小麦的病原菌小麦白粉菌（*Blumeria graminis* f. sp. *tritici*）和来自番茄的病原菌新番茄粉孢菌（*Oidiumneo lycopersici*）表现出更强的抗性。负调控基因 *OsERF922* 的靶向突变也表现出对稻瘟病的抗性。以上这些例子都验证了 CRISPR/Cas9 系统在抗真菌病害方面的潜在用途。

5.5.2.3　病毒抗性

植物病毒对现代农业构成重大威胁。本氏烟草（*Nicotiana benthamiana*）对甜菜严重卷顶病毒（BSCTV）的抗性是通过 CRISPR/Cas9 对病毒复制基因的精准打靶来实现的。类似地，抗水稻东格鲁病毒病的方法是通过 CRISPR/Cas9 介导的对病毒繁殖基因的破坏而开发的。读者可查阅近年的一篇文章，以获得更多关于应用基因编辑抗病毒的见解（Mushtaq et al. 2020）。

5.5.2.4　线虫和寄生杂草抗性

各种基因编辑技术已被采用以提高作物对线虫的抗性。CRISPR/Cas9 介导的基因编辑技术已用于打靶 *GmSHMT08* 以研究大豆对大豆胞囊线虫的抗性（Kang 2016）。利用 CRISPR/Cas9 诱导番茄 *CCD8* 基因的突变已被用于提供对分枝列当（*Phelipanche aegyptiaca*）的抗性。

5.5.3　开发气候智能型作物

非生物胁迫，包括盐度、干旱、温度和重金属，对全球粮食安全构成重大威胁。开发耐受不同环境胁迫的品种是应对这一挑战的最可持续和环保的方法。然而，有关使用 CRISPR/Cas 工具开发非生物胁迫耐受性的工作很少。最近，通过使用 CRISPR/Cas9 介导的基因编辑打靶 *SlAGAMOUSLIKE 6* 基因，使番茄在热胁迫下的坐果率得到了改善。研究人员通过对 *AGROS8* 基因的精确编辑开发并测试了玉米耐旱性（Shi et al. 2017）。除此之外，研究人员还大量使用该技术来破译可能涉及非生物胁迫耐受性基因的功能。读者可以查阅近年的综述以获得更多见解（Mushtaq et al. 2018）。

5.5.4　提升品质

5.5.4.1　颜色和质地

新鲜番茄的颜色和质地等决定了消费者的偏好，不同地区的消费者有不同的颜色偏好。例如，美国人和欧洲人喜欢红色番茄，而亚洲人喜欢粉红色番茄。研究人员通过打靶不同的色素基因，有效地生产出黄色、粉色和紫色的番茄。

5.5.4.2　增加营养成分和去除抗营养（过敏原）因子

食用小麦、黑麦和大麦中的麸质蛋白会导致遗传易感个体出现乳糜泻现象。严格遵循无麸质饮食的患者可以从这种疾病中恢复过来。由于麸质基因较多，且小麦基因组较为复杂，仅靠常规育种无法生产出既能保持烘烤品质又能防止乳糜泻的小麦。最近，CRISPR/Cas 工具被用于开发烘焙品质完好的低麸质小麦（Chen et al. 2019）。

玉米（*Zea mays*）是一种主要的粮食作物。植酸磷占玉米种子总磷的 70% 以上，因为它不被单胃动物消化，因此被认为是抗营养的，此外，它也是一种环境污染物。科学家们已经使用 CRISPR 技术靶向敲除控制玉米中植酸合成的基因。

花青素、苹果酸盐、番茄红素和 γ-氨基丁酸（GABA）是番茄中的生物活性化合物。CRISPR/Cas9 技术已被用于通过调节番茄代谢的关键基因来提高番茄果实中这些生物活性物质的含量。

淀粉质量是马铃薯的一个重要性状，也是马铃薯研究的核心领域。科学家们使用 CRISPR 介导的基因编辑技术针对颗粒结合淀粉合酶基因（*GBSS*）开发了马铃薯的糯性基因型。同样，DuPont/Corteva 农业科学公司通过靶向破坏 *Wx1* 基因（https://synbiobeta.com/dupont-pioneerunveils-first-product-Developed-crispr-cas/）开发了具有超过 97% 支链淀粉的糯玉米。这些糯性作物在加工食品、黏合剂和高光泽造纸工业中具有很高的价值。

水稻如果在受污染的土壤中生长，会造成铯和镉的大量积累，最终危害人类健康。最近，来自两个不同小组的研究人员使用 CRISPR/Cas 系统使水稻中携带铯和镉的转运蛋白失活，使其从土壤流入植物，突变植物表现出明显较低的铯和镉积累。

近日，美国马萨诸塞州 Yield10 Bioscience 公司宣布成功开发出经过 CRISPR 编辑的高含油量油菜品系，随后收到了美国农业部的非转基因监管回应（https://geneticliteracyproject.org/2020/08/19/crispr-edited-canola-slated-for-2021-field-trials-moving-crop-closer-to-commercialization/）。

木薯是约 40% 的非洲人的主要营养来源，但是它含有有毒的氰，过量食用加工不足的木薯会导致流行性麻痹病——Konzo。来自加利福尼亚州创新基因组研究所的研究人员正致力于通过破坏其生物合成基因来去除木薯的氰（https://innova-tivegenomics.org/news/crispr-cyanide-free-cassava/）。同样，英国的 Tropic Bioscience 公司正在致力于生产一种经过 CRISPR 编辑的天然无咖啡因的咖啡。

5.5.4.3 延长贮藏期

蘑菇采后褐变会降低消费者接受度和市场价值。宾夕法尼亚州立大学的 Yinong Yang 和他的团队通过 CRISPR/Cas 诱导使蘑菇褐变基因失活，开发了一种非褐变蘑菇。

食品工业非常希望延长肉质水果的保质期。通过 CRISPR/Cas 对番茄成熟通路的基因进行修饰，货架期延长的番茄品系被培育。

5.5.5　提高产量

产量是农作物最重要的性状之一。几十年来，传统育种一直被用于提高产量和开发适合特定生长环境的植物，这是一个耗时的过程。研究人员利用 CRISPR/Cas9 系统敲除与水稻产量有关的 3 个负调控因子（基因 *Gn1a*、*DEP1* 和 *GS3*），分别获得了籽粒数增加、花序密集、直立和籽粒更大的突变体。同样，另一组科学家使用 CRISPR/Cas9 介导的多重基因编辑系统同时敲除 3 个主要的水稻粒重负调控因子（*GW2*、*GW5* 和 *TGW6*），使得千粒重显著增加。*GASR7* 基因是小麦中粒宽和重量的负调控因子，研究人员通过 CRISPR/Cas9 技术对 *GASR7* 的 3 个同源基因进行编辑，最终也增加了小麦的千粒重。冷泉港实验室的研究人员使用 CRISPR/Cas9 基因编辑工具通过破坏经典的 *CLAVATA-WUSCHEL*（*CLV-WUS*）干细胞回路来生产更大的番茄果实。

与传统品种相比，杂交品种具有产量优势。然而，农民无法自留杂交种子用于下一代栽培，因为 F$_2$ 代会性状分离导致后代失去了杂种优势。长期以来，科学家们一直在寻找一种克隆繁殖杂交种子的技术。值得注意的是，近期的两项研究证明了可利用 CRISPR/Cas9 技术生产杂交水稻的克隆种子（Chen et al. 2019）。有关使用 CRISPR/Cas9 提高产量的更多详细信息，请参阅 Chen 等（2019）。

5.5.6　植物病害早期检测

具有核酸切割活性的直系同源 Cas 蛋白（Cas12a 和 Cas13）的发现促进了核酸诊断工具的开发。研究表明，它们可用于开发稳健、高灵敏度、低成本的实用诊断工具，用于病害和病原体检测。DETECTR（基于 Cas12a）和 SHERLOCK（基于 Cas13）系统的应用将实现性状检测、害虫监测、转基因检测和病原体鉴定（Kocak and Gersbach 2018）。

5.5.7　农田入侵物种的防治

入侵物种仍然是全球生物多样性面临的最大挑战之一。基于 CRISPR/Cas9 的基因驱动是一种强大的技术，通常用于插入和传播所需的修饰。它允许基因偏向遗传并在群体中迅速传播，比孟德尔遗传速度更快（50%）。基因驱动技术可以有效控制害虫以增加农业产量，与其他害虫管理策略相比，它比使用杀虫剂更便宜、更精确。它直接操纵控制害虫的基因，也可以用于对抗入侵杂草。例如，通过基于 CRISPR/Cas 的基因驱动进行改造使苋菜（*Amaranthus*）对除草剂草甘膦敏感。CRISPR/Cas9 技术抑制杂草的原理是基于这样的假设，即基因驱动可用于引入和传播限制杂草种群的建立、丰度、扩散、维持和/或影响的适应度负荷。

5.5.8　杂草管理

除了使用基因驱动来根除目标杂草种群外，CRISPR/Cas 工具也可用于生产耐除草剂作物物种，使除草剂可以有效控制农田杂草。除草剂通常通过抑制一种或多种重要的植物代谢酶来杀死植物。通过在除草剂结合的酶的序列中诱导一个或多个位点突变可以赋予作物除草剂抗性。这些精准的突变可以通过碱基编辑器或 HDR 介导的精确编辑来实现。通过使用这些 CRISPR 工具，对甲氧咪草烟、氟吡甲禾灵和双草醚具有抗性的水稻株系已经被培育（Chen et al. 2019）。

5.6　基因编辑作物与转基因作物

转基因作物和基因编辑作物都是通过基因工程的形式发展起来的，在农业和植物生物技术中得到广泛应用。尽管如此，它们仍然有许多不同。在开发这两种作物的过程中，都完成了外源 DNA 载体的初步转化。对于转基因作物，载体需要整合并保持在基因组中以表达所需的性状。另外，在大多数基因编辑作物中，成功诱导编辑后不再需要该载体。基因编辑技术比传统育种速度更快，与转基因等技术相比争议更小。利用转基因技术产生的作物在许多司法管辖区被视为"转基因生物"。转基因生物将来自相同或其他物种的基因引入 DNA，相比之下，基因编辑允许科学家在不插入来自不同生物体基因的情况下改变生物体的 DNA。基因编辑技术能够修饰现有基因，并且在各方面都优于转基因技术。正如我们在本章前面所讨论的，基因编辑是在 Cas9 蛋白的影响下完成的，一旦 Cas9 在靶 DNA 上产生 DSB 并被错误修复，细胞中就不再需要 gRNA-Cas9 转基因盒，通过有性繁殖，可以分离出转基因盒。该技术比转基因技术更精确、更可靠。与其他方法相比，它也相对便宜，更适合科学家去使用。然而，基因编辑的发展程度在大多数情况下取决于人们对它的看法，基因编辑作物可能面临类似于转基因作物所受到的反对。由于它们不会将外来基因插入作物，消费者可能会发现它们更自然，因此更具吸引力，这仍然是基因编辑作物相对转基因作物的优势。2018 年 3 月 28 日，美国农业部部长宣布，美国农业部不会对使用基因编辑技术生产的作物品种进行监管，这些作物与通过传统育种方法培育的植物没有区别。

5.7　结　束　语

虽然基因编辑工具在 CRISPR 之前就已经存在，但其通过高效率、易用性和易操作性已经在该领域内大众化。尽管它在人类治疗方面具有巨大潜力，但基因编辑的成果在农业中会更快地显现出来。它将有许多类似于转基因生物的应用，并且将得到公众更广泛的接受。虽然 CRISPR 可能是增加农业产量的一大福音，但在商业化成为必然之前，缺乏公众接受可能会阻碍 CRISPR 作物的进一步改良。植物基因编辑的社会关注部分源于对其原理和应用的不了解，向公众介绍有关基因编辑原理的知识可能会纠正并阻止有关基因编辑谬误的传播。我们需要牢记，虽然公众对生物技术的熟悉程度和对安全的认识还不够，但却是他们接受生物技术的一个重要参数。

本章译者：金春莲[1]，周倩[2]，李帆[1]

1. 云南省农业科学院花卉研究所，国家观赏园艺工程技术研究中心，昆明，650200
2. 云南大学资源植物研究院，昆明，650500

参 考 文 献

Anzalone AV, Randolph PB, Davis JR, Sousa AA, Koblan LW, Levy JM, Liu DR (2019) Search-and-replace genome editing without double-strand breaks or donor DNA. Nature 576(7785):149–157

Chen K, Wang Y, Zhang R, Zhang H, Gao C (2019) CRISPR/Cas genome editing and precision plant breeding in agriculture. Annual Rev Plant Biol 70:667–697

Cong L, Ran FA, Cox D et al (2013) Multiplex genome engineering using CRISPR/Cas systems. Science 339:819–823

Jiang F, Doudna JA (2017) CRISPR–Cas9 structures and mechanisms. Annu Rev Biophys 46:505–529

Jinek M, Chylinski K, Fonfara I, Hauer M, Doudna JA, Charpentier E (2012) A programmable dual RNA-guided DNA endonuclease in adaptive bacterial immunity. Science 337:816–821

Kang J (2016) Application of CRISPR/Cas9-mediated genome editing for studying soybean resistance to soybean cyst Nematode. University of Missouri-Columbia: Columbia, MO, USA

Kocak DD, Gersbach CA (2018) Scissors become sensors. Nature 557(7704):168–169

Molla KA, Yang Y (2019) CRISPR/Cas-mediated base editing: technical considerations and practical applications. Trends Biotechnol 37:1121–1142

Molla KA, Yang Y (2020) Predicting CRISPR/Cas9—induced mutations for precise genome editing. Trends Biotechnol 38:136–141

Molla KA, Qi Y, Karmakar S, Baig MJ (2020a) Base Editing Landscape Extends to Perform Transversion Mutation. Trends Genet. https://doi.org/10.1016/j.tig.2020.09.001

Molla KA, Karmakar S, Islam MT (2020b) Wide horizons of CRISPR-Cas-derived technologies for basic biology, agriculture, and medicine. In: CRISPR-Cas Methods. Humana, New York, NY, pp 1–23

Mushtaq M, Bhat JA, Mir ZA, Sakina A, Ali S, Singh AK, Tyagi A, Salgotra RK, Dar AA, Bhat R (2018) CRISPR/Cas approach: a new way of looking at plant-abiotic interactions. J Plant Physiol 224–225:156–162

Mushtaq M, Sakina A, Wani SH, Shikari AB, Tripathi P, Zaid A, Galla A, Abdelrahman M, Sharma M, Singh AK, Salgotra RK (2019) Harnessing genome editing techniques to engineer disease resistance in plants. Front Plant Sci 10:550

Mushtaq M, Mukhtar S, Sakina A, Dar AA, Bhat R, Deshmukh R, Molla K, Kundoo AA, Dar MS (2020) Tweaking genome-editing approaches for virus interference in crop plants. Plant Physiol Biochem 147:242–250

Shi J, Gao H, Wang H, Lafitte HR, Archibald RL, Yang M, Hakimi SM, Mo H, Habben JE (2017) ARGOS8 variants generated by CRISPR-Cas9 improve maize grain yield under field drought stress conditions. Plant Biotechnol J 15(2):207–216

Urnov FD (2018) GEBC (before CRISPR): lasting lessons from the "old testament." CRISPR J 1(1):34–46

Vicki HF, Yang Y (2020) Efficient expression of multiple guide RNAs for CRISPR/Cas genome editing. aBIOTECH 1:123–134

Zsogon A, Cermak T, Naves ER, Notini MM, Edel KH, Weinl S, Freschi L, Voytas DF, Kudla J, Peres LEP (2018) De novo domestication of wild tomato using genome editing. Nat Biotechnol 36:1211–2121

Muntazir Mushtaq 的研究领域是了解生物胁迫和植物组织培养，共发表了 20 多篇同行评议的科学文章，涉及植物组织培养、植物基因编辑、基因组选择、植物抗病性及双单倍体的进展。他是生物信息学和生物科学学会的成员，被授予 Moulana Azad 国家奖学金、Mahima 青年科学家奖等。

Kutubuddin A. Molla 是印度卡塔克国家水稻研究所的科学家。目前已获得加尔各答大学博士学位。Molla 博士在美国宾夕法尼亚州立大学完成了博士后研究，并获得了享有盛誉的富布赖特奖学金。他对基因编辑感兴趣，同时也使用 CRISPR/Cas 和其他先进工具。Molla 博士被印度国家科学院授予"INSA 2020 年青年科学家奖章"，是华盛顿特区美国科学促进会颁发的 AAAS/Science 卓越科学计划的获得者，发表超过 25 篇文章和一本关于"CRISPR/Cas 方法"的书籍。

第 2 部分　对社会的贡献

第6章　植物创新知识产权保护

贝尔纳·勒布内克（Bernard Le Buanec）　　阿涅丝·里克罗奇（Agnès Ricroch）

摘要： 植物创新的成本是巨大的，而所有植物品种都是可自我复制的活体材料，因此保护育种者的知识产权至关重要。各国对植物创新的知识产权保护各不相同。在欧洲，植物品种是不能申请专利的。如果生物技术发明是新的、具有创造性和工业适用性，就可以通过专利获得保护。专利赋予生物技术发明的保护也适用于利用该发明产生的转基因品种。在欧洲，对常规品种和转基因品种不保护的情况是相同的，即在某些条件下，可以使用农民自留种和利用受保护品种的遗传多样性用于育种，而被保护的可能性取决于国家法律。本章详细介绍了欧洲和美国的情况，以及其他种植转基因国家的事例。

关键词： 专利、植物育种者权利、转基因品种、农民自留种、遗传多样性

6.1　为什么要保护知识产权？

根据历史学家 Phylarque 的说法，公元前 7 世纪左右，意大利南部的"发明家"获得了第一个垄断权，随后一个新的烹饪食谱在希腊获得了专利。1474 年，威尼斯共和国颁布了第一部关于专利的综合法律，即《威尼斯法》。随后，英国议会于 1623 年通过了《垄断法规》。

在启蒙思想的影响下，美国于 1790 年 8 月 17 日表决通过了一项关于专利的法律，法国紧随其后于 1791 年 1 月 7 日颁布法令，规定发明人是其发明的所有者，并为其提供专利授权。

美国和法国的法律提到了决定授予知识产权的道德方针。这也是 1948 年《世界人权宣言》第 27 条的规定，即保障每个人"有权对其本人的任何科学、文学或艺术作品所产生的精神和物质利益加以保护"。

法律的第二方针被称为"功利主义"：对知识产权的保护不是出于奖励发明人的道德义务，而是因为他/她创造的产品对社会有用，因此有必要鼓励他们继续研究以促进创新。

如何鼓励创新？有两种方法：发展公共研究或鼓励私人研究，这些都是政治

选择。这两种方法并不矛盾，且是相互补充的。然而，在当前国家预算范围内增加公共开支似乎很困难。因此，有必要鼓励私人研究和公私合作，并确保投资回报。

植物生物技术和植物育种的研究成本高昂，一个新品种的研究费用大约需要100万欧元。据估计，全球种子公司每年用于研发的费用约为66亿欧元，占全球种业年营业额约600亿欧元的10%～12%。

表6.1罗列了全球大型种子公司2019年种业研究预算的估值。

表 6.1　全球大型种子公司 2019 年种业研究预算的估值（单位：百万欧元）

公司	拜耳作物科学（德国）	Corteva（美国）	中国化工集团-先正达（中国）	Limagrain（法国）	KWS（德国）	Florimond Desprez（法国）
估值	1100	800	650	240	205	42

资料来源：年度报告或个人通讯

此外，培育一个新品种并将其投放市场也需要资金。然而，这不一定能保证成功，要么因为竞争者开发出了同等或更好的产品，要么产品方案设计后市场发生了变化。开发一个新品种需要10年的时间，因此对于任何应用研究来说植物育种都是一个有风险的行业。

如果新品种适合市场，育种者应该能在允许其获得投资收益的条件下对其进行商业利用。这就产生了两个问题：首先竞争者可以捕获这个品种，并以较低的价格出售与之相同或稍有改进的种子，因为竞争者不需要收回开发成本；另外，新品种往往能够自我繁殖（自交繁殖或无性繁殖），使用者可以复制新品种而无须向原始开发者付费。

在这种情况下，创新者无法收回成本，也就没有动力继续他/她的研究工作，也不能指望私营公司取得新品种育种进展。为了避免这种情况，育种家必须能够保护他/她的新品种。

因此，有必要为保护知识产权找到切实可行和公平的解决方案，以鼓励私营企业的创新。一种可能的解决方案是保密，但对可自我复制的活体材料的保密是无效的。

此外，由于保密不允许披露获得结果的方法，不能促进知识的传播和发展。因此，现在大多数国家都建立了保护知识产权的制度，这些制度是发明者与社会之间真正的社会契约。

特别是，只有当专利对发明的描述足够清晰和完整，使本领域的研究人员能够重复它时才能授予专利。此外，如果出现这种情况，任何可能被证明不充分或不准确的描述都会在事实上导致所授予的保护被取消。

还需要注意的是，根据1994年4月15日《建立世界贸易组织马拉喀什协定》关于《与贸易有关的知识产权协定》（TRIPS协定），世界贸易组织（WTO）的所有成员必须为任何符合专利条件的产品或工艺发明授予专利。

　　然而，对于动植物的特殊情况，如果保护制度有效，每个国家都可以选择自己的保护制度，正如 TRIPS 协定第 27.3.b 条规定的那样。因此，成员可将"微生物以外的植物和动物，以及生产植物或动物的必要生物过程排除在专利范围之外……但是，成员应通过专利或有效的专门制度或其任何组合来保护植物品种"。TRIPS 协定的这一条款表明，立法者在授予生物体知识产权方面遇到了困难。1833年教皇国颁布了一项法令进行了第一次尝试，授予发现或引进新的重要农业植物的个人 5～15 年的垄断权。该法令一般被认为是保护植物新品种的始祖。近一个世纪后，美国的植物专利法颁布了（见下文）。

　　在这章中，我们将探讨如何保护植物品种和生物技术创新，以及对创制用于育种的种质资源和对农民出于自用而繁殖品种（生产中称为"农民自留种"）保护的影响。由于知识产权是国家或地区性的，而且权利的行使是地域性的且取决于司法判例，因此不可能有一个全球性概述。我们详细审视了欧洲和美国的案例，也参考了一些其他国家的情况。

6.2　欧洲的植物创新保护

6.2.1　植物品种的保护

　　欧洲不允许授予植物品种专利（见下文的番茄、西兰花和辣椒案例）。保护植物品种的唯一方法是国际植物新品种保护联盟（UPOV）公约规定的植物育种者权利（PBR）。UPOV 是一个独立的政府间组织，具有法人资格，截至 2020 年 6月有 76 个成员（https://www.upov.int）。PBR 的授予是由 1994 年 7 月 27 日关于共同体植物品种权的理事会条例（EC）No 2100/94 规定。

　　如果品种符合以下条件，可以获得植物品种保护（PVP）证书：

- 新的，也就是说如果该品种的成分或收获的材料没有被育种者出售或以其他方式处置给他人或得到育种者的同意。
- 此外，该品种还必须不同于任何其他种类的常识。
- 根据其繁殖的特定特征可能产生的变化，在用于品种描述的特征表达中足够一致。
- 稳定，即在反复传播后保持不变。

　　此外，品种还必须被命名。
　　必须指出的是，对受保护品种收获材料的保护（及可能还有对直接从收获材料获得产品的保护）仅适用于通过未经授权使用受保护品种而得到收获材料的情况，除非 PVP 证书持有人有合理的机会行使与所述品种成分有关的权利。然而，这部分权利的实施方式尚未通过。

大多数物种的保护期限为授予权利后的 25 年。保护范围如下：对于品种成分或品种的收获材料，以下所列行为需要权利人授权，即生产或复制（繁殖）、以繁殖为目的的调制、提供销售、销售或其他营销、从共同体出口和进口到共同体，为上述任何目的的储存，持有人可以使他的授权受到条件和限制的约束。

欧盟委员会规定了育种者权利的例外情况。除了公共秩序方面的典型例外，共同体植物品种权并不延伸到私人和非商业目的的行为、以实验为目的的行为、以育种或发现其他品种为目的的行为，这些其他品种如果本质上是从最初受保护品种衍生出来的，则不受权利限制（参见下文）。最后一个例外被称为"育种者的特权"，允许为了进一步研究和育种而获取植物遗传资源。

此外，根据 UPOV 公约 1991 年文本中的一项选择性例外规定，欧盟委员会明确了对附件中所列的某些物种使用的授权，即"农民自留种"的利用，称为"农民特权"。这种使用有明确的规定，使用该特权的农民必须向品种所有者支付一定的特许权使用费，合理地低于认证种子的常规特许权使用费。小农户，即谷物产量少于 92t 的农户可以获得豁免。UPOV 公约 1991 年文本中的这一条款为农场保存种子引入了可选择的例外情况，这是在 UPOV 成员在各自立场之间的妥协，有些成员根本不希望允许农场保存种子，有些希望有例外但有全额的使用费，而一些又希望授权没有限制。由于几乎不可能对大型种植户所使用的自留种子征收使用费，一些国家建立了一个名为"终点特许权使用费"的制度。收集机构保留作物价值的一定百分比，然后返还给育种者。例如，在法国，收取的部分资金用于资助私人-公共研究项目。

如上所述，育种者权利的基石之一是育种者特权。这种特权不受限制，可以允许"抄袭"受保护的品种，特别是通过识别和选择品种中的突变体或体细胞变异体，或通过不同方式（如反复回交或转基因）实现引入感兴趣的特定性状。为了避免这种风险，欧盟委员会也与 UPOV 公约 1991 年文本一致，将育种者的权利扩大到从受保护品种本质上衍生的品种，如果该品种本身不是本质上的衍生品种。在以下情况下，一个品种应被视为从初始品种中衍生出来的：

（a） 它主要来自初始品种，或来自本身主要来自初始品种的品种；

（b） 它与初始品种不同；

（c） 除了因衍生行为而产生的差异外，在初始品种的基因型或基因型组合所产生的性状表现上基本与初始品种一致。

事实上，引入这一概念的主要动机是基因工程的发展。的确，如果没有这个概念，第三方"简单地"转让一个品种的专利基因就会允许该基因的第三方拥有者占有与初始品种不同的基因改良品种。该规定允许在 PVP 证书和有关基因专利申请之间取得平衡（见下文对生物技术发明的保护）。

6.2.2　生物技术发明的保护

在 20 世纪下半叶，植物育种创新的保护主要基于 UPOV 公约的规定，这广泛满足了参与农业事务合作者的要求。从 20 世纪 80 年代开始，育种家开始利用新的育种技术，如基因工程及结构和功能基因组学，特别是在转基因植物的开发、重要基因的鉴定和分子标记辅助选择方面。这导致相关保护计划的辩论再次启动。

正如我们刚才提到的，UPOV 公约于 1991 进行了修订，1988 年开始讨论关于生物技术发明法律保护的欧洲指令。相关辩论是漫长而艰难的，经过 10 年的努力终于在 1998 年通过了一项指令（98/44/EC 号指令）（https://eur-lex.europa.eu/）。

该指令的第一条规定，成员应根据国家专利法保护生物技术发明。

专利性适用的一般原则，即新颖性、创造性和工业实用性，即使发明涉及由生物材料组成或含有生物材料的产品，或涉及生物材料的生产、加工或使用过程。任何以书面或口头形式发表的非机密研究成果都会破坏新颖性，并妨碍创新专利的申请。

与植物育种有关的主要规定如下：

- 植物品种不能申请专利，但如果涉及植物的发明技术可行性不限于单一品种则可以申请专利。这是一个复杂的、不太容易理解的规定。在欧洲，携带专利属性（转基因性状）的转基因植物属于专利范围，因为该要素不限于单一品种，同时转基因品种也可以通过 PVP 证书单独保护。
- 仅利用自然现象（如杂交或选育）生产植物和动物的本质是生物过程，是不能申请专利的。
- 与全部或部分由生物材料组成的产品或与加工或使用生物材料方法有关的发明。任何含有遗传信息并能在生物系统中自我复制或被复制的材料都被视为生物材料。例如，一个 DNA 片段、一个基因、一个细胞都可以申请专利。
- 保护期限为自申请之日起的 20 年。在欧洲，产品获批上市的审查时间与药品和植物保护产品专利的授权时间一样长，因此就实施生物技术发明的补充保护证书（SPC）进行了讨论，然而这些讨论并不成功。
- 专利权对发明创造出具有特定属性的生物材料的保护应延伸至（适用于）从该生物材料繁殖或增殖而产生的具有相同特性的任何生物材料。正是这一条款使生物技术的发明得到了真正的保护，并指出在生物材料自我复制的情况下，权利穷竭原则并不适用于首次销售。

- 纳入一个品种的专利生物技术发明在该品种中仍受到保护，但绝不是该品种本身的专利，这将违反欧盟禁止品种专利的立法。因此，当该品种的基因组不再包含受专利保护的生物技术发明时，它就完全没有专利权了。

后一条规定在指令通过期间引起了很多争论，但它对于赋予保护的意义是必要的。否则在一个品种中引入的专利特征就会因为能够创造出包含该特征的新的独立品种而失去保护。需要注意的是，只有当与专利相关的遗传信息在品种或品种的产品中发挥其功能时，对专利特征的保护才是有效的。

2010 年 7 月 6 日，欧洲法院大法庭的一项判决很好地澄清了这一点，这有助于减小发展中国家向欧洲出口生产国未受保护转基因农产品的侵权风险。该判决指出，进口到欧洲的豆粕是在阿根廷用未受保护的耐除草剂转基因大豆生产的，并不侵犯欧洲的大豆专利，因为耐除草剂的基因在豆粕中没有发挥其功能。

制造、使用、许诺销售、销售或为此目的进口专利所涵盖的产品都需要得到持有人的专利授权。该专利的范围与 PVP 证书的范围基本相同，但因为它不包括出口，所以范围稍小。

这些权利并不适用于私人和非商业目的的行为或与专利发明主题有关的实验目的的行为。就生物技术发明专利而言，增加了以下两种权利的例外情况。

（a） 专利持有人将植物繁殖材料向农民出售或用于其他商业化形式，或经专利持有人同意用于农业用途，即意味着授权农民使用其收获的产品在自己农场进行繁殖和复制，这种减损的范围和条件与 1994 年 7 月 27 日颁布的（EC）No 2100/94 号指令第 14 条中关于建立 EC 植物品种权的规定对应。这就是"农民特权"，其严格地适用于转基因和常规品种。

（b） 欧洲统一专利于 2013 年 1 月正式生效，适用于所有欧盟国家，但除了采用统一专利之后加入欧盟的西班牙和克罗地亚以外。当时预计于 2021 年底生效，这一长期延迟是由于关于建立欧洲统一专利法院的漫长讨论。欧洲统一专利还采用了法国和德国对第 98/44/EC 号指令中的例外规定，即权利不延伸至培育或发现其他品种的行为。这些其他品种如果不表达专利发明的特征，则不享有专利权利。事实上，在具有 PVP 证书的情况下存在"育种者特权"的。

这与国际种子联盟（www.worldseed.org/isf/seed_statistics.html）的立场一致，即"用包含专利基因或性状和非专利遗传背景组成的商业化植物品种育种，在下列条件下不应被视为侵犯该基因或性状的相应专利：如果育种产生的植物新品种不在专利要求的范围内，只要它不是实质衍生品种（EDV），其育种者就可以自由使用。但如果新培育的品种仍然属于专利权利的范围（即如果专利基因在新品种中表达，编者注），未经专利权人事先同意，不得将该新品种用于任何商业行为[如 UPOV 公约 1991 年文本第 14（1）条所定义的]。"

由此看来，与通常所说的相反，在大多数欧盟成员国的植物品种领域，专利或 PVP 证书的法律范围非常相似，但 PVP 的范围略大，因为它还涉及出口。

6.2.3　西兰花、番茄和辣椒的传奇故事

这 3 个案例表明了欧洲专利申请的复杂性和得出结论所需的漫长时间。

2002 年，植物生物科学公司（Plant Bioscience）获得了一项用于生产某些硫代葡萄糖苷含量较高的十字花科植物（本例中为西兰花）的专利，该专利方法包括将野生十字花科植物与十字花科植物育种系杂交，并选择那些硫代葡萄糖苷含量高于最初十字花科植物育种系的杂交品种及其产品。2003 年，以色列获得了一项相似的专利，该专利涉及降低果实含水量的番茄，允许果实脱水而不产生微生物腐败。值得注意的是，欧洲专利局（EPO）的审查员并没有提出欧洲专利公约（EPC）第 53（b）条的问题，特别是关于排除实质生物过程的专利性。Syngenta公司和 Limagrain 公司对西兰花的两项专利提出异议，Unilever 公司对番茄的专利提出异议，理由是根据第 53（b）条的排除专利性。关于西兰花，Plant Bioscience公司修改了权利要求，特别是在杂交选育阶段增加了使用分子标记的内容。在采取各种步骤后，2010 年欧洲专利局扩大上诉委员会（EBA）审议了这些案件，并给出答案，即 G1/O8 号决定如下：

1.　用于生产植物的非微生物过程，包含对植物整个基因组进行有性杂交及随后选择植物的步骤。原则上，根据 EPC 第 53（b）条指代的"实质上的生物"，植物被排除在专利性之外。
2.　这种工艺不能仅仅因为包含作为杂交和选育的进一步步骤或任何步骤的一部分技术性步骤，而逃脱 EPC 第 53（b）条的束缚。这种工艺用于实现或协助植物全基因组有性杂交或随后的选择育种。

即使生物过程包含技术性的步骤，其专利性也被排除在外。然而，欧洲专利局扩大上诉委员会在该阶段并没有对通过不可专利方法获得的产品的专利性做出决定。

2015 年，欧洲专利局扩大上诉委员会在 G 2/12（番茄 II）和 G 3/13（西兰花 II）的决定中指出，EPC 第 53（b）条规定的植物生产的实质生物过程的专利性排

除对通过此类过程获得的产品的专利性没有负面影响。

欧洲议会认为，该决定可能会鼓励更多的植物新品种自然性状的专利，并要求欧盟委员会（EC）审查此事。2017 年，欧盟委员会修订了 EPC 第 53（b）条，增加了"根据第 53（b）条，不得就仅通过实质生物过程获得的植物或动物授予欧洲专利"。在与欧洲专利局的一些政策冲突后，欧洲专利局于 2020 年 5 月 14 日发表了 G 3/19（辣椒）意见，该意见涉及授予 Syngenta 公司的一项专利，该专利要求在 2012 年申请具有改进营养价值的新辣椒植物和水果。该意见指出，第 53（b）条应被解释为，如果所要求的产品完全是通过实质生物过程获得的，则将植物、植物材料或动物排除在可申请专利的范围之外。然而，第 53（b）条的新解释对 2017 年 7 月 1 日之前授予的包含此类权利要求的欧洲专利，或在该日期之前提交的寻求保护此类权利要求的未决申请没有追溯力。

综上所述，西兰花、番茄和辣椒的案例表明这些高度争议的问题有多么复杂，2017 年 7 月 1 日之后提交的产品权利要求中获得的植物权利将不再被授予。

6.2.4 PVP 和专利之间的平衡

我们已经看到，在 PVP 的情况下，引入实质衍生品种（EDV）的概念在 PVP 证书持有人和"基因专利"持有人的权利之间建立了一种平衡。受保护品种转基因作物（GM）的育种者可以获得新品种的 PVP 证书，但未经初始品种 PVP 证书持有人的同意，不得开发该新品种，该持有人有权对其授权施加条件和限制。

为了平衡专利和 PVP 之间的权利，欧洲生物技术发明保护指令还引入了两项关于交叉许可的规定，符合 TRIPS 协定第 31.1 条：

（a） 如果育种者在不侵犯先前专利的情况下无法获得或使用植物品种权，他可以申请强制许可，对受专利保护的发明进行非独家使用，只要该许可对于使用受保护的植物品种是必要的，但须支付适当的使用费。欧盟成员国应规定，在授予此类许可的情况下，专利持有人将有权以合理的条件获得使用受保护品种的交叉许可。

（b） 如果有关生物技术发明的专利持有人在不侵犯先前植物品种权的情况下无法使用该专利，他可以申请强制许可，对受该权利保护的植物品种进行非独家使用，但须支付适当的使用费。欧盟成员国应规定，在授予此类许可时，品种权持有人将有权以合理的条件获得使用受保护品种的交叉许可。

（c） 第 1 款和第 2 款所述许可证的申请人必须证明：

  — 他们向专利或植物品种权持有人申请获得合同许可未果；

　　–　与专利中要求保护的发明或受保护的植物品种相比，该植物品种或发明构成了具有相当大经济利益的重大技术进步。

　　尽管不是严格意义上的平行，但这两项规定原则上允许在这两种权利之间取得平衡。然而，它们的实施并不明显，需要法院的裁决来界定什么是"重大技术进步"和"重大经济利益"。

6.3　美国对植物创新的保护

　　与世界上大多数国家相反的是，在美国有可能为植物品种申请专利。3 个主要里程碑使得通过专利保护生物体的权利得到逐步发展。

　　第一个里程碑是 1930 年《植物专利法》的投票，允许对无性繁殖的植物（块茎作物除外）申请专利。

　　确认生物材料可专利性的第二个决定性里程碑是 1980 年最高法院的裁决，该裁决确认了一种微生物的可专利性，即一种经基因改造以降解碳氢化合物的细菌。在这项判决（Diamond 公司诉 Chakrabarty 公司）中，法院表示，"人类在阳光下制造的任何东西"都可以获得专利，而且专利权所有人创造了一种新的细菌，其特征与自然界中发现的任何细菌都明显不同，并且具有潜在的重大效用。它的发现不是大自然的杰作，而是它自己创造的，因此，它是可申请专利的材料。

　　这一发展为将生物技术发明作为"实用"专利申请铺平了道路，而无须像欧洲那样通过新的立法（见上文）。然而，在对无功能说明的基因序列授予专利和随后的辩论中，美国专利及商标局（USPTO）于 2001 年发布了与基因有关技术特别相关的新审查指南（https://www.uspto.gov/）。根据这些新准则，要求保护的发明必须具有"特定的、实质性的和可信的"效用。这与欧洲生物技术发明保护指令的规定一致，实际上是专利的基础之一。2013 年 6 月 13 日，在第 12-398 号案件（分子病理学协会诉 Myriad Genetics 公司）中，最高法院宣布涉及自然界中发现的基因序列的专利无效，因为它不是由人类制造的。

　　1986 年，根据美国专利及商标局上诉和干预委员会的决定，一种有性繁殖品种（高色氨酸玉米）被授予专利，这是关于生物体专利性的最后一步。2001 年，最高法院在 J.E.M. Ag Supply 公司诉 Pioneer Hi-Bred International 公司一案中确认了为有性繁殖品种申请专利的可能性。

　　然而，还有一个问题悬而未决：专利是对能够自我繁殖的活体材料的有效保护吗？Janis 和 Kesan（2002）很好地阐述了这个问题。的确，根据专利穷竭原则（也称为"默示许可"），专利产品的购买者可以使用和转售该产品。当一粒专利种子生长并产生新的种子时，新种子是否是专利种子的新"制造"，因此不在默示许可范围内，或者它是原始"使用"的一个方面，因此在默示许可的范围内？2013年5月，最高法院在"Vernon Hugh Bowman公司诉Monsanto公司"一案中就这一问题做出裁决，并一致决定：由专利种子产生的新种子是一种新的制造，因此不在默示许可范围内。"如果不是这样的话，专利将提供有限的利益。……种植者可以将其最初的购买倍增，并无限地增加新的创造量，从而每次都从专利种子中获利，而无须补偿发明者。……可以说，未经稀释的专利垄断不是20年（如议会法案所承诺的），而只是一次交易。这将导致对创新的激励比国会希望的要少。"事实上，这一决定与欧洲指令是一致的，该指令从一开始就解决了这个明显的问题。

在发展专利的同时，美国于1970年通过了《植物品种保护法》（PVPA），这是对有性繁殖作物UPOV类型的保护制度。然而，美国在1981年才成为UPOV的成员，在1978年对公约进行修订后，引入了第37条，制定了对植物品种保护的禁止性规定，以PVP证书或专利两种形式对其进行豁免。1999年，美国根据其1970年的PVPA法案批准了UPOV公约1991年文本（随后于2005年修订）。保护的主题和范围与上文详述的欧洲法规非常相似，但有两个重大区别：

- 最初，在主题方面，美国PVPA法案仅包括有性繁殖或块茎繁殖的植物品种（真菌或细菌除外），而不是1991年UPOV公约和欧盟法规中规定的所有属和种。无性繁殖品种的育种者，尤其是园艺育种者，对这种情况并不满意，因为无法从UPOV公约1991年文本中引入的实质衍生品种概念中获益。2018年，农业法案对无性繁殖品种开放了美国PVPA法案，解决了这个问题。

- 就保护范围而言，美国PVP证书不适用于农民自留种，只要保存的种子是在其生产的农场中使用，且没有时间限制。事实上，这是一种广泛的农民特权，没有"合理的限制，并以保障育种者合法权益为前提"，这是UPOV公约的要求。在与美国农业团体讨论时，听到农民不接受农民自留种PVP证书的限制是相当讽刺的，因为如果是专利，根本不可能存在农民自留种，而目前已被最高法院确认。

总之，在美国，植物育种者有以下选择来保护其创新：

（a）　生物技术发明的专利（"实用专利"）是与欧洲一样的，但对植物育种（"育种者特权"）或农民自留种没有具体的豁免。

（b）　为植物品种提供不同的解决方案：

    －　对于无性繁殖的品种，植物专利法的保护范围类似于实用专利。

    －　对于有性繁殖和块茎繁殖的品种，要么采用PVPA法案（育种者和广泛的农民自留种除外），要么采用实用专利，只有有限的研究例外，没有农民自留种的可能性。

鉴于品种保护范围在 PVP 和专利权之间的明显不平衡，美国育种者大量申请其品种的专利保护也就不足为奇了。然而，与欧洲一样，转基因品种的开发对农民自留种的使用和遗传多样性的获取没有特别的影响，对于大多数获得专利的常规品种和转基因品种来说情况是一样的。事实上，在这两种情况下，农民自留种和转基因品种用于进一步研究和育种都是不允许的。

6.4　其他一些国家的情况概述

在大多数国家，植物品种不允许申请实用专利。尽管如此，必须指出的是，知识产权的保护水平取决于每个国家的技术、法律和社会经济条件。如前所述，知识产权是国家的，其实施是地域性的。保护取决于国际条约，其在国家法律中的转换并不总是完全一致，也取决于法理学。

此外，许多国家有机会利用知识产权保护立法以外的法律机制来保护育种者的权利，如关于买卖双方合同的法律。例如，许多国家越来越多地使用"拆封授权合同"，即打开包装时在包装上写明使用条件的默契。在本书的范围内，不可能审查所有国家，特别是不可能详细分析每个国家的情况。因此，只简要介绍几个案例。

6.4.1　最不发达国家

一般来说，知识产权保护问题在最不发达国家不是那么严重，因为这些国家没有处理这一问题的行政和法律结构。此外，人道主义使用许可证制度应使农民能够在全球范围内使用广泛的专利技术以供家庭消费（生计）。在公共/私营部门合作的背景下，有两个例子进一步说明了这种可能性。

黄金大米的例子：它是一种富含铁和维生素原 A 的转基因大米，可改善东南亚数亿人的饮食。这种大米最初由苏黎世大学 Ingo Potrykus 教授研发，需要实施 70 项专利和保密协议。为了改进该产品，苏黎世大学、国际水稻研究所和 Syngenta 公司之间启动了一个研究项目。

Bayer、Mogen、Monsanto、Novartis 和 Zeneca 等公司及一家不愿透露名字的日本公司免费提供了启动该项目所需的许可证。为了使发展中国家的小农户在项目成功后从成果中受益，Syngenta 公司承诺不向年营业额低于 1 万美元的农民（即所有自给自足的农民）索要种子使用费。值得注意的是，黄金大米已于 2019 年

12 月在菲律宾获准供人食用。

第二个例子是由非洲农业技术基金会（AATF）管理的非洲节水玉米项目（WEMA 项目），该基金会由比尔及梅琳达·盖茨（Bill & Melinda Gates）基金会、霍华德·巴菲特（Howard G. Buffet）基金会、CIMMYT 公司、Monsanto 公司及东非和南非国家的农业研究系统资助。该项目的目的是利用常规育种、标记辅助育种和转基因技术开发耐旱玉米品种。这些带有专利转基因的品种将分发给非洲种子公司而无须其支付专利费。

其他国家的情况差别很大，这里无法介绍详细的情况，尤其因为知识产权的保护取决于各国的法律，而各国的法律差别很大。我们以在世界农业生产中具有重要地位的国家为例，回答两个问题。

6.4.2 其他一些国家

6.4.2.1 阿根廷

阿根廷自 1994 年（1978 年法案）以来一直是 UPOV 成员，1995 年加入 WTO。

（a）　农民可以使用自留种子吗？可以，根据植物品种保护法规定，非转基因品种不受限制，但是为了获得他们新品种的自留种子的使用费，育种者可利用一个名为"扩大特许权使用费制度"（ERS）的合同法。对于转基因品种，情况尚不清楚，但种子法允许使用任何受保护品种的农场种子，无论是常规品种或转基因品种，因为该国不允许对品种申请专利。我们需要等到一些判例才能有一个明确的答案。

（b）　育种者特权是否存在？对非转基因品种来说是的。对转基因品种来说答案同样不明确，这取决于它是指种子法还是专利法。第一种情况的答案是肯定的，而在第二种情况下是否定的。

根据 UPOV 公约 1991 年文本的原则，一部新的种子法澄清了农民自留种的情况，已经讨论了很多年，但直到现在这部法律仍未在议会通过。

6.4.2.2 巴西

巴西自 1999 年（1978 年法案）起成为 UPOV 成员，1995 年加入 WTO。

（a）　农民可以使用自留种子吗？可以，除了甘蔗插条外，常规品种是免费的。对于转基因品种，农民可以使用自留种子，但必须支付专利技术费用，该费用在交付端保留。

(b)　育种者特权存在吗？对常规品种来说是的；此外，也适用于"实质衍生品种"的概念。在育种计划中使用转基因品种是可能的，但新品种只有在转基因性状未表现或在专利期满后才能自由销售。在这里，我们必须再次等待法律案例来给出明确的答案。

6.4.2.3　中国

中国自 1999 年（1978 年法案）起成为 UPOV 成员，2001 年加入 WTO。由于缺乏对法律的广泛宣传、各省级法规的不同及知识产权执法的普遍不足，很难对中国的情况有一个清晰的认识，尽管情况有了显著改善。

（a）　农民可以使用自留种子吗？可以，常规品种不需要支付特许权使用费。然而，一些省级政府提供补贴，鼓励农民购买主要品种（如谷物和油料）的商业种子。对于转基因品种（主要是棉花），似乎对使用自留种子有很大的容忍度。

（b）　育种者特权存在吗？是的，适用于所有品种。转基因品种在获准上市后，必须获得 PVP 证书才能得到保护，因为植物品种本身是不能申请专利的。

6.4.2.4　印度

自 1995 年以来，印度一直是 WTO 成员。印度不是 UPOV 成员，尽管它提出了加入申请，其 PVP 法与 UPOV 公约有一些惊人的相似之处，但其他一些方面与 UPOV 的一些基本原则相距甚远。

（a）　农民可以使用自留种子吗？可以，对所有品种都没有限制，无论是否转基因。他们甚至可以交换、分享和销售农民自留种，只要不以受植物保护法保护品种的品牌名称进行销售。然而，转基因品种也要遵守其他法律，尤其是关于向环境释放的法律。农民必须遵守这些法律，其可能会限制农民使用自留种子的权利。

（b）　育种者特权存在吗？原则上是的，无论是哪种类型的品种。至于农民自留种，如果是转基因品种，则可能适用其他法律和限制。

6.5　结　　论

植物生物技术的研究和新品种的开发是有风险且昂贵的。因此，对植物育种者的保护是必要的。保护植物创新的法律文书已通过 UPOV、TRIPS 协议及各区域和国家立法得到实施。在保持对生物技术发明和新品种的有效保护的同时，我们必须确保这些文书能够丰富育种者可利用的遗传多样性，确保转基因品种用于研究和创造新品种，并激励公共和私人为后人进行关键研究。

本章译者：李帆[1]，王鑫[2]，王继华[1]

1. 云南省农业科学院花卉研究所，国家观赏园艺工程技术研究中心，昆明，650200
2. 云南大学资源植物研究院，昆明，650500

参 考 文 献

Janis MD, Kesan KP (2002) Intellectual property protection for plant innovation: unsolved issues after J.E.M. v Pioneer. Nat Biotech 20:1161–1164

Bernard Le Buanec 是法国农业科学院"植物生产"部门的成员和名誉秘书长，也是法国技术学院的创始成员。除专业活动外，他还是以下机构的成员：法国研究与技术高级委员会、法国植物品种保护委员会（CPOV）、法国国家农业研究院科学委员会、世界银行生物技术和知识产权工作组及国际农业研究磋商组织植物遗传资源委员会。2007 年，他被授予国际植物新品种保护联盟金奖，2008 年，他被美国农业部授予农业营销服务奖章，以表彰他为国际种业所做的工作。

Agnès Ricroch（博士，指导研究任教资格）是法国巴黎高等农艺科学学院进化遗传学和植物育种专业副教授、美国宾夕法尼亚州立大学兼职教授，还曾是澳大利亚墨尔本大学的客座教授。她在巴黎萨克雷大学绿色生物技术的收益-风险评估方面有着丰富的经验。他参与编写了 6 本植物生物技术相关书籍。她自 2016 年以来一直担任法国农业科学院生命科学部门秘书。她于 2012 年被授予法国农业科学院利马格兰基金会奖。她是 2019 年法国荣誉军团国家勋章骑士。

第 7 章 转基因作物使用的环境影响：
对农药使用和碳排放的影响

格雷厄姆·布鲁克斯（Graham Brookes）

摘要：本章评估了在全球农业中使用作物生物技术（特别是转基因作物）对环境的关键影响。重点关注自 1996 年转基因作物首次广泛商业使用以来，与农药使用和温室气体排放变化有关的环境影响。转基因抗虫和抗除草剂技术的使用减少了 7.754 亿 kg（8.3%）的杀虫剂喷洒量，因此，与这些作物使用除草剂和杀虫剂有关的环境影响[以环境影响商数（EIQ）为指标]减少了 18.5%。这项技术还促进了燃料使用的大幅削减和耕作方式的改变，从而大幅减少了转基因作物区的温室气体排放。在 2018 年，这相当于 1527 万辆汽车的尾气排放量。

关键词：转基因生物、杀虫剂、有效成分、环境影响商数、碳固存、生物技术作物、免耕作

7.1 引　　言

转基因技术已在一些国家广泛应用了 20 多年，主要应用于油菜、玉米、棉花和大豆这 4 种作物上。2018 年，含有此类技术的作物占这 4 种作物全球种植量的 48%。此外，还小面积种植了转基因甜菜（美国和加拿大自 2008 年开始）、木瓜（美国自 1999 年起，中国自 2008 年开始）、紫花苜蓿（美国最初于 2005～2007 年试种，2011 年开始）、南瓜（美国自 2004 年起）、苹果（美国自 2016 年起）、马铃薯（美国自 2015 年起）和茄子（孟加拉国自 2015 年起）。

迄今为止商业化的主要特征包括：

· 玉米、棉花、油菜（春油菜）、大豆、甜菜和紫花苜蓿对特定除草剂的耐受性（主要是对草甘膦和草铵膦的耐受性，以及自 2016 年起对 2,4-D 和麦草畏等其他活性成分的耐受性）。这种转基因抗除草剂技术（GMHT）允许这些特定的广谱除草剂对抗除草剂转基因作物进行"过度"喷洒，这些除草剂能够针

对杂草和阔叶杂草，但不会损害作物本身；

- 保护玉米、棉花、大豆和茄子免受特定害虫的破坏或增强其抗性。这种转基因昆虫保护/抗性（GM IR）或 "Bt" 技术为农民提供植物对主要害虫的保护/抗性，如玉米茎秆螟、耳虫、地老虎和根虫，棉花中的棉铃虫、蚜虫，大豆与茄子果实和茎中的毛虫。不使用广谱杀虫剂来控制害虫，而是通过植物本身通过 "Bt" 基因表达来传递一种更具体（通常达到昆虫水平）并被认为对人类和其他动物安全的杀虫剂。

此外，上述转基因木瓜和南瓜对重要病毒具有抗性（如木瓜中的环斑病），转基因苹果不会褐化，转基因马铃薯（2016 年种植）的天冬酰胺含量低（丙烯酰胺含量低，这是一种潜在的致癌物质）并减少擦伤。

本章介绍了与全球采用这些转基因特性相关的一些关键环境影响的评估。环境影响分析侧重于：

- 相对于传统种植的替代品，施用于转基因作物的杀虫剂和除草剂的数量发生变化；
- 转基因作物对减少全球温室气体（GHG）排放的贡献。

人们普遍认为，大气中二氧化碳、甲烷和一氧化二氮等温室气体含量的增加对全球环境有害（见 Intergovernmental Panel on Climate Change，2006）。因此，如果采用作物生物技术有助于减少农业温室气体排放，这对世界来说是一个积极的发展。

7.2 杀虫剂和除草剂使用的变化对环境的影响

评估转基因作物对杀虫剂和除草剂使用的影响有两个衡量标准：除草剂或杀虫剂活性成分的使用量和康奈尔大学的环境影响商数（EIQ）指数（Kovach et al. 1992）。这将单种农药的各种环境影响整合到一个单一的 "每公顷田地价值" 中，因此可以很容易地用于许多国家和地区的不同生产系统间的比较。同时，与仅检查施用的活性成分量的变化相比，这可以更好地评估转基因作物对环境的影响。因为它依赖与单个产品相关的一些关键毒性和环境暴露数据，适用于对农场工人、消费者和生态的影响。

7.2.1 转基因抗除草剂作物

使用转基因抗除草剂（很大程度上耐受草甘膦）技术的一个关键影响是改变

了通常使用的农药种类。总体来说，相对广泛的、主要选择的（禾本科杂草和阔叶杂草）除草剂已被 1～2 种广谱除草剂（主要是草甘膦）所取代，并与少量其他（互补性）除草剂（如 2,4-D）结合使用。这导致了：

- 与一些国家在传统（非转基因）作物上的使用（如加拿大在大豆上使用除草剂）相比，农药使用量（以施用的活性成分重量计）和相关的田间 EIQ 指数总体减小，表明环境得到了净改善。
- 在其他国家（如巴西在大豆中除草剂的使用），施用于转基因抗除草剂作物的除草剂活性成分的平均量相对于传统同类别作物的使用量呈净增长。然而，即使活性成分的使用量增加了，就相关的环境影响而言，如 EIQ 指数所衡量的，转基因抗除草剂作物的环境状况通常比其传统同类别作物要好。
- 在广泛种植转基因抗除草剂作物（耐草甘膦）的地方，杂草对草甘膦的抗性已经发生，并且在一些地区已经成为一个主要问题（见 www.weedscience.org）。这可以归因于草甘膦最初在转基因抗除草剂作物中的使用方式，由于其高效、广谱的出苗后活性，它通常被用作控制杂草的唯一方法。这种控制杂草的方法对杂草施加了巨大的选择压力，促进了以抗性个体为主的杂草种群的进化。因此，在过去的 15 年中，转基因抗除草剂作物的种植者被建议（并且越来越多地）将其他除草剂（具有不同且互补的作用模式）与草甘膦结合使用，并且在某些情况下在更综合的杂草管理系统中采用栽培措施（如恢复耕作）（Vencil et al. 2012；Norsworthy et al. 2012）。此外，在过去的 2～3 年里，耐额外除草剂（通常在一种作物中提供多种耐受性）如 2,4-D、麦草畏和草铵膦的转基因抗除草剂作物已经出现。在宏观层面上，这些变化影响了应用于转基因抗除草剂作物的除草剂的组合、总量、成本和总体情况。这意味着，与 21 世纪初期相比，大多数地区用于转基因抗除草剂作物的除草剂活性成分的量和数量都有所增加，并且根据 EIQ 指数衡量的相关环境状况也有所恶化。然而，在同一时期，用于传统作物的除草剂的量也有所增加，与同类别传统作物相比，转基因抗除草剂作物使用的环境状况有所改善（以 EIQ 指数衡量，见 Brookes and Barfoot 2018）。还应该注意的是，在 20 世纪 90 年代中期，传统生产系统中使用的许多除草剂本身就存在严重的抗药性问题，这也是草甘膦耐受大豆技术迅速被采用的原因之一，因为草甘膦对这些杂草提供了良好的控制。

7.2.1.1 转基因抗除草剂大豆

表 7.1 中总结了 1996～2018 年采用转基因抗除草剂大豆相关的除草剂使用变化对环境的影响。总体来说，除草剂活性成分的使用量出现了小幅净增长

（+0.1%），相当于比种植常规作物时多施用了 500 万 kg 的活性成分。然而，根据 EIQ 指数衡量，由于更多使用对环境更友好的除草剂，对环境影响反而改善了 12.9%。

表 7.1　转基因抗除草剂大豆：1996～2018 年活性成分使用和相关 EIQ 变化汇总

国家	活性成分用量的变化（百万 kg）	所用活性成分量的变化（%）	EIQ 指数变化（%）
罗马尼亚（仅截至 2006 年）	−0.02	−2.1	−10.5
阿根廷	+9.88	+0.9	−9.2
巴西	+24.2	+1.7	−7.2
美国	−33.3	−2.6	−20.2
加拿大	−4.56	−8.8	−24.1
巴拉圭	+6.80	+6.5	−8.4
乌拉圭	+0.76	+2.0	−8.3
南非	−1.00	−9.1	−25.1
墨西哥	−0.002	−0.8	−3.7
玻利维亚	+2.3	+6.4	+7.2
总体影响：所有国家	+5.0	+0.1	−12.9

注：负号表示使用量减少或 EIQ 改善；正号表示使用量增加或 EIQ 值恶化

在国家层面，按照 EIQ 指数衡量，一些使用国记录了除草剂活性成分使用的净减少和相关环境影响的改善。其他国家，如巴西、玻利维亚、巴拉圭和乌拉圭，尽管用 EIQ 指数衡量的整体环境影响有所改善，但农药活性成分的使用量却出现了净增长。最大的环境收益往往出现在发达国家，在这些国家，传统上农药的使用量是最高的，从最初使用几种选择性除草剂到最近几年使用一种广谱除草剂，再加上具有不同作用模式的补充性除草剂针对难以用草甘膦控制的杂草，出现了显著的变化。

2018 年，全球转基因抗除草剂大豆作物施用的除草剂活性成分的量相对于该作物区域种植传统品种的合理预期量增加了 680 万 kg（+2.4%）。这突出了上述观点，即考虑到杂草抗药性问题，转基因抗除草剂作物的除草剂使用量最近有所增加。然而，尽管使用的活性成分数量有所增加，但就 EIQ 而言，2018 年转基因抗除草剂大豆作物的环境影响相对于传统替代作物仍有所改善（10.6% 的改善）。

7.2.1.2　转基因抗除草剂玉米

根据 1996～2018 年的 EIQ 指数（表 7.2），转基因抗除草剂玉米的采用导致了除草剂活性成分用量的显著减少（2.42 亿 kg 活性成分）及相关环境影响的改善。

表 7.2　转基因抗除草剂玉米：1996～2018 年活性成分使用和相关 EIQ 变化汇总

国家	活性成分用量的变化（百万 kg）	所用活性成分量的变化（%）	EIQ 指数变化（%）
美国	−228.4	−9.5	−13.2
加拿大	−6.4	−9.7	−17.8
阿根廷	+5.8	+3.0	−4.7
南非	−1.9	−1.6	−7.4
巴西	−8.1	+1.7	−9.1
乌拉圭	+0.08	+2.5	−7.2
越南	−0.03	−0.1	−1.3
菲律宾	−3.0	−17.7	−36.0
哥伦比亚	−0.3	−13.1	−22.3
总体影响：所有国家	−242.3	−7.3	−12.1

注：①负号表示使用量减少或 EIQ 改善；正号表示使用量增加或 EIQ 值恶化。②由于缺乏数据，巴拉圭未包括在内

2018 年，如果该作物区域种植传统品种，相对于合理预期的数量，除草剂使用量减少了 180 万 kg 活性成分（−0.9%），按 EIQ 指数 8.4% 测算，环境改善更大。与转基因抗除草剂大豆一样，发达国家（如美国和加拿大）的环境收益最大，这些国家的除草剂使用量历来最高。

7.2.1.3　转基因抗除草剂棉花

1996～2018 年，转基因抗除草剂棉花的使用使除草剂活性成分的使用净减少了 3950 万 kg（表 7.3），这意味着使用量减少了 9.6%，根据 EIQ 指数衡量，环境净改善了 12.2%。2018 年，转基因抗除草剂棉花的使用促使除草剂活性成分的使用量相对于该作物区域种植传统棉花的合理预期量减少了 380 万 kg（−14.5%）。根据 EIQ 指数衡量，这意味着环境改善了 17.7%。

表 7.3　1996～2018 年转基因抗除草剂棉花活性成分使用和相关 EIQ 变化汇总

国家	活性成分用量的变化（百万 kg）	所用活性成分量的变化（%）	EIQ 指数变化（%）
美国	−28.1	−7.8	−10.0
南非	+0.01	+0.6	−9.00
澳大利亚	−5.8	−19.7	−25.8
阿根廷	−5.6	−23.7	−28.5
哥伦比亚	−0.04	−5.4	−4.7
总体影响：所有国家	−39.5	−9.6	−12.2

注：①负号表示使用量减少或 EIQ 改善；正号表示使用量增加或 EIQ 值恶化。②其他使用转基因抗除草剂棉花的国家巴西和墨西哥，由于缺乏数据未包括在内

7.2.1.4 其他抗除草剂作物

转基因抗除草剂油菜（耐草甘膦或草铵膦）已经在加拿大、美国种植，最近在澳大利亚也有种植。转基因抗除草剂甜菜在美国和加拿大种植。表 7.4 总结了 1996～2018 年这些作物除草剂使用量变化对环境的影响。转基因抗除草剂油菜的使用相对于该作物区域种植传统油菜，导致除草剂活性成分的使用量显著减少。根据 EIQ 指数衡量，转基因抗除草剂油菜的使用也带来了 31.4% 的净环境改善。

表 7.4　1996～2018 年其他转基因抗除草剂作物活性成分使用和相关 EIQ 变化汇总

国家	活性成分用量的变化（百万 kg）	所用活性成分量的变化（%）	EIQ 指数变化（%）
转基因抗除草剂油菜			
美国	−3.3	−28.8	−40.6
加拿大	−34.3	−25.2	−35.1
澳大利亚	−1.5	−4.7	−4.2
总体影响：所有国家	−39.1	−21.7	−31.4
抗除草剂转基因甜菜			
美国和加拿大	−1.1	−8.0	−19.0

注：①负号表示使用量减少或 EIQ 改善；正号表示使用量增加或 EIQ 值恶化。②在澳大利亚，最受欢迎的生产类型之一是对三嗪类杀虫剂具有耐受性的油菜（这种耐受性来自非转基因技术）。正是相对于这种形式的油菜，转基因抗除草剂（相对于草甘膦）油菜产生了主要的农场收入利益。③"活力"杂交油菜（抗除草剂草铵膦）比常规或其他转基因抗除草剂油菜产量更高，这种额外的活力来自转基因技术。④转基因抗除草剂苜蓿也在美国种植。由于缺乏有关苜蓿除草剂使用的可用数据，因此未包括除草剂使用的变化及使用该技术带来的相关环境影响

就转基因抗除草剂甜菜而言，转基因抗除草剂技术的采用使除草剂的使用发生了变化，从几种选择性除草剂的使用转变为较少使用单一除草剂（草甘膦）。2008～2018 年，转基因抗除草剂技术在美国和加拿大甜菜作物中的广泛使用，导致甜菜作物使用的除草剂总量相对于该作物区域种植传统甜菜的合理预期量净减少（表 7.4）。根据 EIQ 指数衡量，对环境的净影响减少了 19%。

2018 年，转基因抗除草剂油菜的使用使除草剂活性成分的使用量减少了 600万 kg，相对于该作物区域种植传统油菜的合理预期量减少了 42%。更重要的是，相关的环境影响有所改善，EIQ 指数为 42.5%。转基因抗除草剂技术的使用使美国和加拿大甜菜作物上施用的除草剂活性成分相对于该作物区域种植传统甜菜时合理预期的数量减少了 65 600kg（−5%），这也导致了 EIQ 指数衡量的相关环境影响的净改善（−5%）。

7.2.2　转基因抗虫作物

这些转基因技术对环境产生的影响主要是通过在 1996～2018 年减少杀虫剂

的使用达成的（表 7.5、表 7.6），转基因抗虫技术有效地取代了用于控制重要作物害虫的杀虫剂。这一点在棉花上尤其明显，传统上，棉花是一种常用密集型杀虫剂来控制棉铃虫/蚜虫等害虫的作物。在玉米中，杀虫剂用量的节省更为有限，因为各种技术目标针对的害虫在玉米中的分布不如在棉花中的蚜虫/棉铃虫害虫广泛。此外，杀虫剂被广泛认为对玉米作物中的一些害虫（如螟虫）效果有限，因为害虫发生在杀虫剂无法喷到的地方（如茎内）。由于这些因素，在大多数使用转基因抗虫技术的国家，在转基因抗虫技术出现之前，接受杀虫剂处理的玉米作物的比例比能够接受杀虫剂处理的棉花作物的比例要低得多（如在美国，不超过 10%的玉米作物通常接受针对蛀茎害虫的杀虫剂处理，每年有 30%～40%的作物接受根虫处理）。

表 7.5　转基因抗虫玉米：1996～2018 年活性成分使用和相关 EIQ 变化汇总

国家	活性成分用量的变化（百万 kg）	所用活性成分量的变化（%）	EIQ 指数变化（%）
美国	−81.6	−53.8	−55.4
加拿大	−0.83	−88.7	−62.6
西班牙	−0.68	−36.5	−20.7
南非	−2.3	−73.3	−73.2
巴西	−26.6	−92.0	−92.0
哥伦比亚	−0.28	−65.6	−65.2
越南	−0.04	−4.6	−4.6
总体影响：所有国家	−112.4	−59.7	−63.0

注：①负号表示使用量减少或 EIQ 改善；正号表示使用量增加或 EIQ 值恶化。②其他使用转基因抗虫玉米的国家——阿根廷、乌拉圭、巴拉圭、洪都拉斯和菲律宾，由于缺乏数据和/或很少或没有使用杀虫剂控制这些害虫的历史，未包括在内。③活性成分用量和田间 EIQ 值的变化百分比仅与通常用于防治鳞翅目害虫（及美国和加拿大的根虫）的杀虫剂有关。然而，这些活性成分中的一些有时被用于控制转基因抗虫技术不针对的其他害虫

表 7.6　转基因抗虫棉：1996～2018 年活性成分使用和相关 EIQ 变化汇总

国家	活性成分用量的变化（百万 kg）	所用活性成分量的变化（%）	EIQ 指数变化（%）
美国	−28.8	−25.9	−19.6
中国	−139.0	−30.9	−30.5
澳大利亚	−19.8	−33.9	−35.3
印度	−137.2	−30.4	−38.9
墨西哥	−2.7	−13.9	−13.8
阿根廷	−1.6	−24.2	−34.0
巴西	−1.7	−12.7	−17.4
哥伦比亚	−0.2	−24.9	−27.4
总体影响：所有国家	−331.0	−32.2	−34.2

注：①负号表示使用量减少或 EIQ 改善；正号表示使用量增加或 EIQ 值恶化。②其他使用转基因抗虫棉的国家——布基纳法索、巴拉圭、巴基斯坦和缅甸因缺乏数据而未包括在内。③所有杀虫剂的活性成分用量和田间 EIQ 值的变化百分比（因为棉铃虫/蚜虫是全球棉花害虫的主要类别）。然而，这些活性成分中的一些有时被用来控制转基因抗虫技术不针对的其他害虫

相对于在作物区种植常规玉米和棉花的合理预期量而言，2018 年使用转基因抗虫玉米和棉花节省的杀虫剂分别为 830 万 kg（占通常针对玉米螟虫和根虫害虫的杀虫剂的–82%）和 2090 万 kg（占所有用于棉花的杀虫剂的–55%）。就 EIQ 指数而言，2018 年相应的环境改善 88% 与针对玉米秆钻孔和根虫害虫的杀虫剂使用有关，59% 与棉花杀虫剂有关。自 1996 年以来，玉米杀虫剂活性成分的使用累计减少了 1.124 亿 kg，棉花杀虫剂活性成分的使用累计减少了 3.31 亿 kg（表 7.5、表 7.6）。

2018 年，抗虫大豆在南美洲（主要是巴西）的商业使用进入了第六个年头。在此期间（2013～2018 年），如果该作物区域种植传统大豆，杀虫剂使用量（活性成分）相对于合理预期量的节省量为 1492 万 kg（占大豆杀虫剂总使用量的 8.2%），相关的环境效益由 EIQ 指数衡量，节省量为 8.6%（表 7.7）。

表 7.7　转基因抗虫大豆：2013～2018 年活性成分使用和相关 EIQ 变化汇总

国家	活性成分用量的变化（百万 kg）	所用活性成分量的变化（%）	EIQ 指数变化（%）
巴西	−13.20	13.7	13.8
阿根廷	−1.04	1.5	0.8
巴拉圭	−0.54	5.6	2.2
乌拉圭	−0.14	3.1	1.6
总体影响：所有国家	−14.92	−8.2	−8.6

注：①负号表示使用量减少或 EIQ 改善；正号表示使用量增加或 EIQ 值恶化。②活性成分用量和田间 EIQ 值的百分比变化与通常用于防治大豆鳞翅目害虫的杀虫剂有关。然而，这些活性成分中的一些有时被用于控制转基因抗虫技术不针对的其他害虫

7.2.3　总体（全球层面）影响

在全球层面上，转基因技术大大减小了在转基因作物种植区使用杀虫剂和除草剂带来的负面环境影响。自 1996 年以来，相对于该作物区种植传统作物的合理预期量而言，转基因作物区的农药使用量减少了 7.754 亿 kg 活性成分（减少了 8.3%）。根据 EIQ 指数衡量，除草剂和杀虫剂的使用对这些作物的环境影响改善了 18.5%。2018 年，环境效益相当于减少了 5170 万 kg 农药活性成分的使用（–8.6%），按照 EIQ 指数衡量，与杀虫剂和除草剂对这些作物的使用相关的环境影响改善了 19%。

在国家层面上，美国农场的环境效益最大，农药活性成分的使用减少了 4.04 亿 kg（占总量的 52%）。这并不奇怪，因为美国农民首先广泛使用了转基因技术，几年来，美国所有 4 种作物的转基因采用水平都超过了 80%，除草剂和杀虫剂的使用在过去一直是控制杂草和害虫的主要方法。中国和印度采用转基因抗虫棉也带来了重要的环境效益，杀虫剂活性成分的使用减少了 2.76 亿 kg（1996～2018 年）。

7.3　温室气体减排

在评估转基因作物使用对温室气体排放的影响时，结合了转基因作物使用对燃料使用和耕作系统影响的数据。转基因作物有助于减少除草剂或杀虫剂的使用，减少土壤耕作的能源消耗。转基因抗除草剂作物的应用也促进了从犁耕生产系统向少耕或免耕生产系统的转变（CTIC 2002）。免耕农业意味着土地根本不用翻耕，而少耕意味着土地受到的扰动比传统耕作系统少。这种从犁耕到少耕和免耕生产系统的转变减少了燃料的使用。另外，少耕和免耕耕作系统的使用增加了储存或隔离在土壤中的作物残体形式的有机碳量，从而减少了向环境中的二氧化碳排放（Intergovernmental Panel on Climate Change 2006）。

7.3.1　减少燃料使用

与减少玉米和棉花转基因抗除草剂作物（相对于传统作物）的喷洒量相关的燃料节省，以及转基因抗除草剂作物促进的从传统耕作到少耕或免耕耕作系统的转换，减少了二氧化碳的排放。在 2018 年，共减少了 9.2 亿 L 燃料的使用，这相当于减少了 24.56 亿 kg 二氧化碳（表 7.8）。这些节省相当于让 163 万辆汽车一年不上路。

表 7.8　2018 年转基因作物减少燃料使用产生的碳储存/固碳

作物/特征/国家	节省燃料（百万 L）	减少燃料使用带来的永久性二氧化碳节约（百万 $kgCO_2$）	永久节省燃料：相当于普通家用汽车在道路上行驶一年（千辆）
抗除草剂大豆			
阿根廷	236	629	417
巴西	193	516	342
玻利维亚、巴拉圭、乌拉圭	63	169	112
美国	39	105	69
加拿大	20	55	36
抗除草剂玉米			
美国	144	384	254
加拿大	8	21	14
抗除草剂油菜			
加拿大：转基因抗除草剂油菜	81	216	143
抗虫玉米			
巴西	35	94	62
美国/加拿大/西班牙/南非	4	11	7

续表

作物/特征/国家	节省燃料 （百万 L）	减少燃料使用带来的永久性 二氧化碳节约（百万 kgCO₂）	永久节省燃料：相当于普通家用 汽车在道路上行驶一年（千辆）
抗虫棉：全球	20	52	35
抗虫大豆：南美洲	77	205	136
总数	920	2457	1627

注：①假设 2018 年一辆普通家用汽车每千米产生 123.4g 二氧化碳。一辆汽车平均每年行驶 12 231km，因此每年产生 1509kg 二氧化碳。②转基因抗虫棉。印度、巴基斯坦、缅甸和中国被排除在外，因为假定杀虫剂是用背负式喷雾器手工施用的

与燃料使用相关的二氧化碳排放量的最大减少来自在大豆中采用转基因抗除草剂技术，以及它如何通过减少土壤耕作促进向少耕/免耕生产系统的转变（1996～2018 年总节约量的 78%）。这些节省在南美洲是最大的。

1996～2018 年，由于减少了 127.99 亿 L 燃料的使用，累计减少了约 341.72 亿 kg 二氧化碳的使用。就汽车当量而言，这相当于让 2265 万辆汽车停止行驶一年。

7.3.2　额外的土壤碳储存/固碳

如前所述，在转基因抗虫作物（尤其是大豆）的促进下，北美洲和南美洲的少耕/免耕生产系统的广泛采用和维护提高了种植者控制竞争杂草的能力，减少依赖土壤栽培和苗床准备来获得良好的杂草控制水平。最终，除了减少拖拉机的耕作燃料使用外，土壤质量也得到了提高，土壤侵蚀程度也降低。并且更多的碳残留在土壤中，这导致温室气体排放量降低。

基于北美洲和南美洲快速采用少耕/免耕耕作系统所带来的节约，我们估计 2018 年额外封存了 56.06 亿 kg 土壤碳（相当于 205.81 亿 kg 二氧化碳未释放到全球大气中）。这些节省相当于一年减少 1363 万辆汽车上路行驶（表 7.9）。

表 7.9　2018 年碳储存影响的背景：汽车当量

作物/特征/国家	土壤中储存的额 外碳（百万 kgC）	潜在的额外土壤固碳 节约（百万 kgCO₂）	土壤固碳节省量：相当于一年内从道路 上移走的平均家庭汽车数量（千辆）
抗除草剂大豆			
阿根廷	1 737	6 377	4 225
巴西	1 425	5 232	3 466
玻利维亚、巴拉圭、乌拉圭	468	1 718	1 138
美国	126	463	307
加拿大	78	287	190
抗除草剂玉米			
美国	160	5 359	3 550
加拿大	16	59	39

续表

作物/特征/国家	土壤中储存的额外碳（百万 kgC）	潜在的额外土壤固碳节约（百万 kgCO₂）	土壤固碳节省量：相当于一年内从道路上移走的平均家庭汽车数量（千辆）
抗除草剂油菜			
加拿大：转基因抗除草剂油菜	296	1 088	721
抗虫玉米			
巴西	0	0	0
美国/加拿大/西班牙/南非	0	0	0
抗虫棉：全球	0	0	0
抗虫大豆：南美洲	0	0	0
总数	4 306	20 583	13 636

自 1996 年以来，土壤固氮量的额外数量相当于 3023.64 亿 kg 未释放到全球大气中的二氧化碳。由于土壤质量的逐年好转（如土壤侵蚀减少、保水性增加和养分流失水平降低），累积的固碳量可能高于这一估计值。然而，总累积土壤固碳收益较低也是有可能的，因为只有一部分作物面积将保留在少耕/免耕耕作系统中。然而，由于缺乏数据，不可能有把握地估计考虑到传统耕作逆转的累积土壤固碳收益。因此，应谨慎对待提供的未释放到大气中的 3023.64 亿 kg 二氧化碳的估计值。

将减少燃料使用和额外的土壤碳储存带来的固碳效益汇总起来，2018 年的二氧化碳总节约量约为 230.27 亿 kg，相当于一年减少 1527 万辆汽车上路，这也相当于英国全国 48% 的注册汽车。

7.4 结　论

转基因技术已经被世界各地的许多农民使用了 20 多年，目前每年有近 1700 万农民种植使用这种技术的种子。这项种子技术的应用帮助农民更有效应用作物保护产品，不仅减少了对环境的危害，还节省了时间和成本。该技术还改变了农业的碳循环，帮助农民采用更可持续的做法，如减少耕作，这减少了化石燃料的燃烧，并允许更多的碳保留在土壤中。这使得碳排放减少。然而，就转基因抗除草剂作物而言，在一些地区，农民对草甘膦的过度依赖导致了杂草抗药性的增加。因此，在过去的 15 年中，农民采用了综合杂草管理策略，将除草剂和非除草剂杂草控制措施结合起来。这意味着与转基因抗除草剂作物除草剂使用变化相关的原始环境收益的幅度已经减小。尽管如此，2018 年转基因抗除草剂作物技术的采用继续提供相对于传统替代品的净环境收益，并与转基因抗虫技术一起，继续提供大量的净环境收益。这些发现也与其他作者的分析一致（Klumper and Qaim 2014;

Fernando-Cornejo et al. 2014）。

本章译者：张佩华[1]，刘斌[2]，李帆[1]

1. 云南省农业科学院花卉研究所，国家观赏园艺工程技术研究中心，昆明，650200
2. 云南大学资源植物研究院，昆明，650500

参 考 文 献

American Soybean Association Conservation Tillage Study (2001). Available on the Worldwide Web at https://soygrowers.com/asa-study-confirms-environmental-benefits-of-biotech-soy beans/

Brookes G, Barfoot P (2018) Environmental impacts of genetically modified (GM) crop use 1996–2016: impacts on pesticide use and carbon emissions. GM Crops & Food 9(3):109–139. https://doi.org/10.1080/21645698.2018.1476792

Conservation Tillage and Plant Biotechnology (CTIC) (2002) How new technologies can improve the environment by reducing the need to plough. Available on the World Wide Web: https://www.ctic.purdue.edu/CTIC/Biotech.html

Fernandez-Cornejo J, Wechsler S, Livingston M, Mitchell L (2014) Genetically engineered crops in the United States. USDA Economic Research Service report ERR 162. www.ers.usda.gov

Intergovernmental Panel on Climate Change (2006) Chapter 2: Generic methodologies applicable to multiple land-use categories. guidelines for national greenhouse gas inventories, vol 4. Agriculture, Forestry and Other Land Use. Available on the World Wide Web: https://www.ipccng gip.iges.or.jp/public/2006gl/pdf/4_Volume4/V4_02_Ch2_Generic.pdf

Klumper W, Qaim M (2014) A meta analysis of the impacts of genetically modified crops. PLOS One. https://doi.org/10.1371/journal.pone.0111629

Kovach J, Petzoldt C, Degni J, Tette J (1992) A method to measure the environmental impact of pesticides. New York's Food Life Sci Bull. NYS Agriculture Experiment Station Cornell University, Geneva, NY, 139:8 pp and annually updated. Available on the Worldwide Web: https://www.nysipm.cornell.edu/publications/EIQ.html

Norsworthy J, Ward S, Shaw D, Llewellyn R, Nichols R, Webster T et al (2012) Reducing the risks of herbicide resistance: best management practices and recommendations. Weed Sci 60(SP1):31–62. https://doi.org/10.1614/WS-D-11-00155.1

Vencill W, Nichols R, Webster T, Soteres J, Mallory-Smith C, Burgos N et al (2012) Herbicide resistance: toward an understanding of resistance development and the impact of herbicide-resistant crops. Weed Sci 60(SP1):2–30. https://doi.org/10.1614/WS-D-11-00206.1

Graham Brookes 是一位农业经济学家和顾问，在研究与农业和食品部门有关的经济问题方面拥有超过 30 年的经验。他是分析技术、政策变化和监管影响方面的专家。自 20 世纪 90 年代末以来，他承担了许多与农业生物技术影响有关的研究项目，并在同行评议的杂志上就这一主题广泛发表文章。这项工作包括经常更新转基因作物的全球经济和环境影响报告，以及在西班牙、罗马尼亚和越南的个别转基因作物影响研究。他研究了欧盟、英国和土耳其的转基因生物相关法规对贸易和经济的影响，并对乌克兰、俄罗斯、泰国和印度尼西亚使用作物生物技术的潜在影响进行了研究。

第 8 章　克服转基因争议的可能性——哲学角度的一些观点

马塞尔·孔茨（Marcel Kuntz）

摘要： 本章总结了对转基因生物的主要认知体系。这些不同思维模式（被称为现代主义、后现代主义、环保主义和宗教观点）的存在，部分解释了尽管科学数据不断积累，但仍无法克服公众争议的原因。此外，对转基因生物的不同看法往往反映出对自由市场经济和全球化经济中农业与粮食生产一体化的更普遍的价值判断。在这种情况下，大多数人很难区分真正的科学争议和政治争议。

关键词： 现代主义、后现代主义、环保主义、政治论争、科学论争

8.1　一场不仅仅是科学争议的争议

转基因生物在允许种植的国家中迅速普及表明目前的转基因品种似乎符合农民的需要。此外，农业生物技术有着广阔的应用前景，但在农民的需求与生物技术研究之间仍然存在差距（Ricroch et al. 2015）。目前有大量关于转基因品种商业使用潜在风险的争议科学出版物（如 Petrick et al. 2019）。尽管如此，转基因作物的使用仍然遭到某些组织的强烈反对。显然，尽管科学知识不断积累，但媒体、互联网等对农业生物技术的观点并没有趋于达成共识。这表明，这一争议主要不是科学问题。生物学上的争议通常不会持续超过 15 年。例如，1999 年一篇科学论文提出 *Bt* 玉米花粉会伤害黑脉金斑蝶，由此引发了黑脉金斑蝶争议，这些争论直到在 2001 年发表的一系列 6 篇论文后才基本上结束（参见 Minorsky 2001）。2012 年发表的一篇关于转基因玉米消费的危言耸听的文章引发了全世界的争议，但事实并非如此，并且最终被 2018 年和 2019 年发表的由公共补贴资助的科学研究驳斥（参见 Kuntz 2019）。

与科学研究的正常推进（新的数据往往带来新的问题）相反，公众的争议似乎根深蒂固。为了理解这场争议的真正本质，我们有必要研究一下不同的信仰体系对转基因生物的看法。

8.2 各种思维方式概论

8.2.1 "现代"思想

这个术语在这里用来指继承自启蒙运动的思想流派。为了和客观现实契合，这种理性的世界观实际上已经建立了数千年（从古希腊哲学家开始）。它是科学活动的传统理性基础。通常，科学家会支持对转基因生物（和其他技术）的循证判断和逐案评估，并认为科学知识积累越多，风险将会越低，风险甚至得到适当的管理。应该强调的是，自 19 世纪末 20 世纪初出现被称为"科学主义"或"实证主义"的哲学观点以来，"现代主义"的态度已经发生了深刻的变化；如今，很少有"现代主义者"仍然相信科学技术一定会导致社会进步。相反，他们普遍认为，在人口增长和气候变化的背景下，没有科学和技术，社会（和环境）进步是不可能的。

8.2.2 "环保主义者"思想

"环保主义者"的主流观点（这个词在这里是哲学意义上的）认为，人类技术现在如此强大，它们不仅可以造成局部破坏，还可能摧毁地球。自 20 世纪 70 年代以来，由于人们意识到人类活动对环境的影响，对自然产生了不同的态度，以及许多消费者对人工过程和产品的不信任，使"环保主义"得到了越来越多的支持。转基因是"非自然的"这个观点对转基因是否能被接受产生了深刻的负面影响，然而环保主义者们忽视了一个事实，即实际上没有任何传统作物品种是自然的，这些作物品种是受到了人工（人类）选择过程的影响而产生的（许多作物物种，特别是玉米、水稻、小麦，如果没有人类的干预就不会存在）。尽管不是所有环保主义者都认为反对转基因的"非自然"的论点是正确的，但这对许多人和消费者来说仍然很重要（我们倾向于这么做，想想我们熟悉的"自然"的东西，尽管严格来说，它通常是人为的）。

为了"拯救地球"，环保主义采用了一种经常被其批评者斥为"散布恐惧"的策略。哲学家 Jonas（1984）在他的"恐惧启发式"（heuristics of fear）中为这种策略提供了理论背景（在这种策略中，恐惧被认为是比正面激励更好的动力）。

8.2.3 "后现代"思想

"后现代"哲学试图解构西方（现代）哲学的基础及其宣扬"普世价值"的倾向。在这场后现代运动中，"科学研究"学派（参见 Barnes et al. 1996）声称，科学真理仅仅是由一个忠诚于共同范式而团结在一起的科学共同体对真理的"文化建构"。这场社会科学运动也对科学方法及其普适性进行了批判。它对西方世界的学术思想产生了强烈的影响,尽管它也经常被批评为代表了一种相对主义的形式。

后现代社会学家认为,公众对某些技术的不信任不是由于知识的缺乏("赤字模式"),而是由于公众没有参与到关于技术和决策的讨论中(他们提倡"上游公众参与模式")。因此,为了处理与技术(转基因、纳米技术、合成生物学)相关的"争议",后现代主义者推荐科学中的"公民参与"和科学项目的"联合制作"(通常与对手合作)。他们还对将这些技术的科学风险评估及其与社会政治世界分离开提出了批评。对这种方法的一种批评是,目前没有令人信服的证据表明关于技术的争议已经通过遵循这些建议得到平息,特别是关于转基因的争议(Kuntz 2012a)。尽管如此,公共政策还是往往偏向于后现代主义("由多人一起参加")。科学机构向后现代主义的意识形态转变可以从美国国家科学院、美国国家工程院和美国国家医学院发表的一份关于"基因驱动"的报道中得到说明,该报道建议"将研究与公共价值保持一致",与"现代"观点形成对比,"现代"观点认为应该依靠专家的判断,而不是公众(见 Kuntz 2016)。

8.2.4 关于转基因生物的宗教观点

基督教、犹太教或伊斯兰教的宗教领袖对转基因没有明确的共识观点。

2009 年一项由罗马教廷科学院赞助的转基因研究得出了支持的结论,认为转基因技术有利于改善穷人的生活条件(见 Coghlan 2010)。然而,教皇们的立场是更加矛盾的。2000 年,教皇若望·保禄二世表示,"生物技术的应用……不能仅仅基于眼前的经济利益进行评估"。教皇本笃十六世的立场有着不同的解读,教皇方济各的立场似乎也没有本质上的不同,他说:"很难对转基因(GM)做出一般性的判断,无论是蔬菜还是动物,医学还是农业,因为它们之间的差异很大,需要具体考虑。所涉及的风险并不总是由所使用的技术决定,而是由它们的不当或过度应用而导致。"(Pope Francis 2015)。然而,教皇方济各也在同一通谕中写道,"科学和实验方法本身已经是一种占有、掌握和转化的技术",他的这个观点被批评为"后现代主义"和"一种悲观的后人文主义西方情绪,而不是更古老的、自信的人文主义"(Reno 2015)。

8.3 为什么在转基因问题上没有达成共识?

第一眼看上去,并不是上面总结的所有观点都是不相容的。很难想象有比黄金大米更"社会公平"的转基因。然而,这种人道主义大米却像孟山都种子一样,被激进的反对者盯上了。仅在欧洲，关于转基因的学术和政府研究项目就遭到了大约 80 次破坏（Kuntz 2012b）。这些试验大多是为了评估转基因生物的安全性。很明显，即使是这些试验，对于那些认为转基因生物的潜在影响尚未经过足够测试的人来说，也是不可接受的。因此，可以认为无论如何进一步提高转基因生物的安全性及其社会效益或者解决诸如农业多样化等合理问题，都不太可能让最坚定的反对者改变主意，这是因为他们的主要动机很可能并不在此。

要找到反对者的声明是比较容易的，这些声明具有明显的政治性质。例如，2002 年 2 月 2 日，法国绿色和平组织发言人布鲁诺·雷贝勒（Bruno Rebelle）在国务院的一次正式面试中解释说："我们并不害怕转基因生物。我们只是相信这是一个错误的解决方案……转基因生物可能是某种社会项目的一个极好的解决方案。但这种类型的社会正是我们不想要的。"对转基因生物的不同看法似乎反映了对自由市场经济及全球化经济中农业和粮食生产一体化的更普遍的价值判断，因此很难想象如何能真正达成共识。

因此，可以预见的是，植物生物技术仍将是善恶观念分歧的"战场"。工业化国家在这个问题上仍将存在分歧，贫穷国家只能选择其中一方。但是，如果政治力量平衡发生变化，不能排除一些国家改变立场（向任何方向）的可能性。

人们可能还想知道，为什么关于转基因生物的可靠科学数据的积累不能战胜政治观点。事实上，科学家、科学风险评估甚至科学本身都被拖进了这场政治斗争。广泛流传的后现代观点促成了这样一种观点，即科学可以被视为众多观点中的一种观点，而这些观点需要议程不同的"利益相关者"进行辩论。因此，事实证明，大多数人很难将真正的科学争议与政治争议区分开来。

关于真正的科学问题的讨论的例子是基因流动及其在农学或生物多样性方面应用的后果，而关于玉米地方品种的"纯度"的观点对于一些墨西哥农民来说往往是一个文化"认同"的问题。在一篇有趣的文章中，Bellon 和 Berthaud（2004）将科学问题与这一主题的价值判断区分开来。然而，这样的考虑很少被用于在"辩论"中。

其他话题，如农民的生活方式选择，或一些政府对国内市场的经济保护，与环境或食品安全问题截然不同。然而，后者经常被用来证明限制转基因营销的合理性。

最后，人们可能会想，为什么欧洲往往是限制生物技术（包括基因编辑）的源头。可以指出的是，这一现象有很深的根源，即在这片大陆更广阔的历史背景下（Kuntz 2020）。更确切地说，它的悲惨历史产生了一种新的意识形态（一般意义上的后现代），旨在避免这些悲剧的重演（如世界大战、极权主义国家等）。这种新的意识形态被转置到科学和技术中，其目的是不惜一切代价避免其他悲剧，即那些可能因使用技术而产生的悲剧。要改变这种意识形态是困难的，因为在欧洲这种意识形态被认为是伟大的美德。在这样的背景下，科学数据几乎没有什么价值。科学家应该证明，采用生物技术比限制这种技术更有好处。

本章译者：李帆[1]，孙远帆[2]，王继华[1]

1. 云南省农业科学院花卉研究所，国家观赏园艺工程技术研究中心，昆明，650200
2. 云南大学资源植物研究院，昆明，650500

参 考 文 献

Barnes B, Bloor D, Henry J (1996) Scientific knowledge: a sociological analysis. University of Chicago Press, Chicago

Bellon MR, Berthaud J (2004) Transgenic maize and the evolution of landrace diversity in Mexico. The importance of farmers' behavior. Plant Physiol 134:883–888

Coghlan A (2010) Vatican scientists urge support for engineered crops. New Sci https://www.new scientist.com/article/dn19787-vatican-scientists-urge-support-for-engineered-crops/

Jonas H (1984) The imperative of responsibility: in search of ethics for the technological age (Das Prinzip Verantwortung). University of Chicago Press, Chicago

Kuntz M (2012a) The postmodern assault on science. If all truths are equal, who cares what science has to say? EMBO Rep 13:885–889

Kuntz M (2012b) Destruction of public and governmental experiments of GMO in Europe. GM Crops Food 3(1–7):166

Kuntz M (2016) Scientists should oppose the drive of postmodern ideology. Trends Biotechnol 34(12):943–945

Kuntz M (2019) The Séralini affair—the dead−end of an activist science. Study for Fondapol, Sept 2019. https://www.fondapol.org/en/etudes-en/the-seralini-affair-the-dead-end-of-an-activist-science/

Kuntz M (2020) Technological risks (GMOs, gene editing), what is the problem with Europe? A broader historical perspective. Front Bioeng Biotechnols 8:557115

Minorsky PV (2001) The monarch butterfly controversy. Plant Physiol 127:709–710

Petrick JS, Bell E, Koch MS (2019) Weight of the evidence: independent research projects confirm industry conclusions on the safety of insect-protected maize MON 810. GM Crops Food 11(1):30–46

Pope Francis (2015) Encyclical letter Laudato si'. On care for our common home. https://w2.vatican.va/content/francesco/en/encyclicals/documents/papa-francesco_20150524_enciclica-laudato-si.html

Reno RR (2015) The return of catholic anti-modernism. First Things. https://www.firstthings.com/web-exclusives/2015/06/the-return-of-catholic-anti-modernism

Ricroch A, Harwood W, Svobodová Z, Sági L, Hundleby P, Badea EM, Rosca I, Cruz G, Salema Fevereiro MP, Marfà Riera V, Jansson S, Morandini P, Bojinov B, Cetiner S, Custers R, Schrader U, Jacobsen HJ, Martin-Laffon J, Boisron A, Kuntz M (2015) Challenges facing European agriculture and possible biotechnological solutions. Crit Rev Biotechnol Jul 1:1–9

Marcel Kuntz 是法国国家科学研究中心（CNRS）的研究主任，同时在格勒诺布尔-阿尔卑斯大学（法国）任教。作为一名植物生物学家，他在植物与细胞生理学实验室进行了研究，该实验室是法国国家科学研究中心，格勒诺布尔-阿尔卑斯大学，国家农业、营养与环境研究所（INRAE），以及能源与能源替代品委员会（CEA）的联合实验室。他还在科学期刊上发表了关于转基因生物的政治争议和与科学哲学（基础、方法、科学的含义）相关的文章，并从这场争议中选取了例子。

第 3 部分　可持续管理

第9章　抗虫作物的可持续管理

谢尔比·J. 弗莱舍 (Shelby J. Fleischer)　　威廉·D. 哈奇森 (William D. Hutchison)
史蒂文·E. 纳兰霍 (Steven E. Naranjo)

摘要: 可持续性是一个以目标为导向的过程，随着新知识的发展而进步。我们讨论了与抗虫作物和可持续性相关的因素: 作物采用模式、杀虫剂的使用模式及其对人类的影响、生物控制、区域效应及对转基因作物具有抗性的种群的进化。转基因抗虫作物是在杀虫剂的选择和使用模式发生变化时推出的。通过苏云金芽孢杆菌各种菌株的结晶孢子和营养阶段的蛋白质的组成表达，实现了对鳞翅目和鞘翅目害虫的治理。通过表达病毒外壳蛋白，实现了对蚜虫传播病毒的管理。在允许种植的地方，转基因作物采用模式普及很快。全球多个地区的棉花和玉米的害虫数量出现了大面积减少，害虫根除计划得以实施，并为非转基因作物带来了显著的经济效益。杀虫剂在棉花上的使用大幅减少，使生物防治得到改善，农药中毒事件减少，并改变了害虫的物种组成。积极的抗药性管理计划是第一个在所有农业中部署的项目，它减缓但并未阻止抗药性种群的进化，已有9种害虫进化出对一种或多种 Bt 蛋白的抗性。未来的转基因构建体可能会诱导或组织特异性表达或使用 RNA 来防治害虫。通过改变植物代谢以实现耐旱性、氮利用或生物质转化效率的构建体也可能影响昆虫种群和群落。转基因抗虫作物的可持续管理需要考虑昆虫种群的遗传和密度的区域效应。有害生物综合管理 (IPM) 的基本假设，即多种多样的管理策略更具有可持续性，对于保持转基因作物的效用，管理与农业生态系统相关的广泛物种群体，以及使农业适应变化，仍然具有高度相关性和必要性。

关键词: IPM、区域范围、苏云金芽孢杆菌、杀虫剂、抗性

9.1　引　言

自 1996 年以来，能够抗虫或含有昆虫载体病毒的转基因作物已在全球范围内使用 (Tabashnik et al. 2013)。商业种植的转基因作物包括棉花、玉米、马铃薯、大豆、茄子、水稻、木瓜、豇豆和南瓜；西兰花和李子也具有潜在的商业生产线 (如 ISAAA 2018; Romeis et al. 2019; Naranjo et al. 2020)。目前，全球范围内有

24 个国家种植较多的转基因作物包括玉米、大豆和棉花（ISAAA 2018）。现有的抗虫基因是针对鳞翅目和鞘翅目两类昆虫的，包括地上和地下食草昆虫，还成功控制了蚜虫传播的病毒。我们预计针对另外两种昆虫（异翅目和缨翅目）的抗性基因的利用也将很快商业化。事实上，植物表型的任何变化，都会改变种植制度，也会影响食用这些作物的昆虫的种群和群落。基于应用生态学和昆虫学的有害生物综合管理（IPM）实践，为我们描述对昆虫种群和群落的影响提供了背景，也为维持可持续的农业生态系统提供了基本框架。在这里，我们简要总结了 IPM 和应用昆虫学的概念及现有的转基因作物，然后讨论了它们在田间、景观和地区方面的可持续管理的机遇和挑战。

9.2 抗虫性特征

抗虫性分为抗生性、抗异源性和耐受性。抗生性直接降低了昆虫的适应性，如降低存活率、延长发育时间或降低繁殖力。植物抗性的表达可以是连续的，也可以是诱导的（通过对特定刺激的反应来表达）。目前商业上利用的表达苏云金芽孢杆菌蛋白的转基因作物表现组成型抗生性。然而，这些蛋白质的浓度在植物内部，随着植物发育和衰老时间的推移，以及根据采用模式的不同，在不同的地区都会有所变化（如 Hutchison et al. 2010）。蛋白质浓度与其影响昆虫适应性的程度之间的相互作用对于抗虫作物的有效性和可持续性都至关重要。具有诱导抗生素能力的转基因作物可能会在未来应用。诱导蛋白会影响昆虫暴露的时空动态，从而影响抗性的选择压力，只有在需要时表达才可能降低选择压力。

抗异源性和耐受性也能影响昆虫种群。抗异源性是指影响昆虫行为的表型性状，而耐受性是指影响植物分配资源的方式以补偿害虫攻击的性状，如与老的栽培品种相比，现代玉米栽培品种在受到鳞翅目昆虫（毛虫）的危害而产生茎部钻孔时，因广泛的结构和生化性状可以补偿损害，可能产生更高的产量。例如，能降低食草动物存活率的转基因，以及影响昆虫行为和植物资源分配的其他表型性状，在现代植物育种中都被整合到优良杂种中。此外，在考虑未来的抗虫作物时，要认识到，抗性可能不是直接针对昆虫的性状，如通过作物耐旱性或营养成分对昆虫行为和适应性的影响来改变昆虫种群和群落。

9.3 杀虫剂在综合防治中的应用

具有抗虫性状的转基因植物已被商业化，而商业杀虫剂的种类和可用性正在迅速变化。昆虫生理学、毒理学和制剂技术的进步使杀虫分子靶向和递送方式得到改进。开发选择性杀虫剂，在一定程度上提高了生态和人类安全。今天的杀虫剂被分为

32 个类别，并根据其作用模式在全球范围内定义了多个亚类（www.irac-online.org）。

由苏云金芽孢杆菌（*Bt*）制成的杀虫剂具有很高的选择性。这种微生物产生可生物降解的蛋白质晶体（称为 Cry 蛋白），在孢子形成过程中通常具有 3 种成分（称为结构域）；一些菌株在营养生长过程中还会产生额外的杀虫蛋白（称为植物性杀虫蛋白，或 Vip）。Cry 蛋白在昆虫肠道的微环境下分离成结构域亚基，这些亚基直接与昆虫肠内膜微绒毛上的蛋白质受体结合，有效的结合导致孔隙的形成和渗透冲击，致使昆虫出现败血症，这可能涉及苏云金芽孢杆菌以外的微生物。选择性是通过微环境的特异性及特定 Cry 蛋白与特定受体蛋白的结合实现的，所有这些都与昆虫肠道环境有关。由于抗性的选择程度各不相同，一些非目标物种可能会受到影响，但通常是在物种水平上，所以高度选择性仍很常见。因此，特定的 Cry 蛋白可能对一种毛虫有效，但对其他的毛虫种类无效。此外，有效性往往随昆虫的生命阶段而变化。许多杀虫剂的 *Bt* 材料需要在幼虫生命阶段获得，因此被视为杀幼虫剂。通过将蛋白质递送到靶位点，可进一步实现选择性，与通过接触递送的杀虫剂的作用模式相反，这必须通过摄取来实现。

许多源自细菌的杀虫蛋白，包括 Cry 和 Vip 蛋白，都是根据它们的结构相似性进行了数据库化和定义（https://www.bpprc.org/）。截至 2020 年，杀虫蛋白数据库中有超过 700 种 Cry 和 100 种 Vip 蛋白。例如，农业中常用的 Cry1Ab，在数据库中的分类是第一类下 A 亚组中的 b 亚组。一些含有 *Bt* 基团的喷雾制剂已在农业生产、谷物存储和保护、蚊虫控制领域上应用了 70 多年。当把在发酵培养中生产的 *Bt* 杀虫剂作为喷雾使用时，因为其中的微生物可能对太阳辐射敏感，需要被幼龄昆虫摄取，所以 *Bt* 杀虫剂需要有精确的靶向。1987 年已经创建出了可生产 Cry 蛋白的转基因植物，这使得能够通过幼龄昆虫对植物的摄取来有效地靶向昆虫。商业线路于 1995 年首次推出，目前的线路由 Naranjo 等（2020）进行了总结。

在 20 世纪后半叶，杀虫剂与其他昆虫防治策略（特别是生物防治）的结合是有害生物综合管理（IPM）计划出现的主要基础，这是由抗药性问题和其他物种达到害虫状态所驱动的。一个潜在的假设是，当作为一个整体时，多样化的管理策略比任何单独的策略都更具可持续性。经典的 IPM 金字塔（图 9.1）（Naranjo 2011）是建立在害虫生物学和生态学、生物防治、宿主植物抗性、栽培管理和区域效应的知识之上，旨在最大限度地减少害虫对作物的影响。IPM 中使用了监测、决策和杀虫剂，以应对尽管采取了避免策略，但仍然形成了具有经济威胁的种群密度。延缓抗性演变的昆虫抗性管理（IRM）现在也正式整合到 IPM 计划中。IRM 计划可能在田间规模或更大的地理范围内实施。区域性管理计划力求在广泛的地理范围内消除、减少或减缓害虫种群的地理扩张（如 Hutchison 2015）。关于使用 *Bt* 转基因的一个争论是，它们究竟是代表宿主植物的抗性，还是代表杀虫剂的抗虫性。

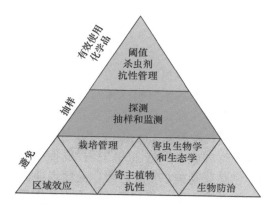

图 9.1　经典 IPM 金字塔（引自 Naranjo 2011，经许可）

9.4　抗虫作物、金字塔、堆叠和耦合技术的出现

在转基因杀虫植物的育种过程中，先把基因分离出来，与标记物连接，再插入植物中，成功插入后的最终构造称为构建体，随后政府会为其颁布注册信息。早期的构建体及至今仍在一些作物中使用的构建体，都包括编码单一蛋白质的单一构建体，如 Cry1Ab 或 Cry1Ac。构建体也可以与针对同一害虫（或一组相近害虫物种）的多个基因叠加，或与其他性状（如耐除草剂）叠加，以提高其活性并降低害虫产生抗性的可能性。金字塔构建体通常具有针对同一物种的不同作用模式，并且正在取代单基因植物。例如，MON89034 是一个金字塔构建体，它编码两种 Cry 蛋白，即 Cry1A.105 和 Cry2Ab，目标是一群鳞翅目昆虫。能提供植物杀虫性状的单一基因或金字塔构建体和赋予植物耐除草剂特性的构建体几乎总是叠加在一起利用。

甜玉米提供了一个简单的例子。在美国，自 1996 年以来，带有可编码 Cry1Ab 蛋白的 *Bt*11 载体的栽培品种一直在使用。到 2012 年，还出现了可编码 Cry3Bb 蛋白的栽培品种，该蛋白质对根虫幼虫具有抗性，另外还有 CP4，该蛋白质对草甘膦除草剂具有抗性。此外，2012 年开始产生可编码 Cry1A.105 和 Cry2Ab 蛋白的栽培品种，它们通过不同的作用模式提供对其他几种毛虫的抗性，包括 Vips 在内的品种也可商购获得（如 Shelton et al. 2013）。

大田玉米有更广泛的转基因品种。2010 年，来自 5 家商企的资料提供了 22 个性状组，其中一些涉及几家公司之间的许可协议。除一个品种外，其余品种都具有抗虫害和耐除草剂的特性。针对两个不同目的害虫，这些品种利用 9 种不同的蛋白质以不同的组合获得抗性。表达的 Cry 蛋白包括几种 Cry1A、至少一种

Cry1F 和一种 Cry2、几种 Cry3 及表达 Vips 的品种。早期栽培品种对草螟科飞蛾具有抗性，较新的品种通过 Cry3 蛋白增加了对夜蛾科中的几种蛾类和/或叶甲科甲虫的幼虫的抗性。早在 20 世纪 90 年代中期，Cry3 蛋白已经被引入马铃薯中，以抵抗另一种叶甲科昆虫（科罗拉多马铃薯甲虫），后来的马铃薯栽培品种又增加了对几种蚜虫传播病毒的抗性。

在棉花中发现了堆叠式和金字塔式结构。最初引入的构建体只表达单一的 Cry 蛋白（Cry1Ac），然后将 Cry1Ac 与 Cry1F 或 Cry2Ab2 聚合，以提供更好的抗性管理并增强对鳞翅目昆虫的效力，另外最近的一些栽培品种可以表达 Vips。中国和印度培育了一些独特的构建体，包括一个 Cry1Ab+Cry1Ac 金字塔和融合蛋白（Cry1A）与豇豆胰蛋白酶抑制剂结合的金字塔。值得注意的是，在玉米和棉花以外的抗虫作物中，中国还在开发具有堆叠和金字塔结构的抗虫水稻（Chen et al. 2011）。

除了从 Bt 蛋白中提取的构建体外，昆虫管理还受到从病毒外壳蛋白中提取的构建体的影响（见本书第 11 章）。这些外壳蛋白的表达导致由 RNA 小分子介导的植物免疫反应的激活，从而保护植物免受原生病毒的感染。自 1997 年以来，该策略已被用于控制木瓜环斑病毒，自 1994 年以来，已在南瓜或西葫芦上实现了对 4 种病毒的一个或多个株系的控制。蚜虫首先从受感染的宿主那里获取这些病毒，继而再进行传播，病毒粒子附着在蚜虫针状口器中的受体蛋白上，随后由蚜虫的取食探针将病毒粒子注射到新的植物中。在蚜虫构成病原体传播威胁的地方，农民对蚜虫的容忍度非常低，导致杀虫剂的使用率较高。相比之下，当蚜虫不构成病原体传播威胁时，蚜虫对杀虫剂的耐受性可能非常高，蚜虫的管理主要依靠天敌和病原真菌进行生物控制。还有许多例子表明，基因工程可以帮助控制由昆虫传播的植物病原体。

由 RNA 介导的抗性也被开发用于针对植物的直接害虫，以及危害蜜蜂的螨虫，这涉及一种不同于蛋白质的作用模式。尽管这种抗性的表达稳定性可能是一个限制性因素，但它可以产生高度的特异性，并可以干扰昆虫中特定基因的表达（称为 RNAi，即 RNA 干扰）。然而，截至 2020 年，没有一种抗虫性 RNAi 被商业化。

9.5　抗虫作物的可持续管理

引入转基因作物的农业生态系统是动态的，各组成部分并不是独立。转基因作物通常涉及耦合技术，像一些抗虫基因和一些抗除草剂基因的结合。转基因和一些非转基因栽培品种越来越多地（目前几乎在美国）与系统杀虫种子处理法相结合，可能包括种子包衣，以帮助机械化种植，防止土传病害，或作为生物刺激剂以诱导抗性基因的上调。我们认为可持续性是一个具有内在目标和价值观的过程，它受到所有这些技术及其与社会经济因素相互作用的影响。在此，我们说明了与抗虫作物和可持续发展的广义定义相关的因素：作物采用模式、杀虫剂的使用模式及其对人类的影响、生物控制、区域效应及对转基因作物具有抗性的种群的进化。

9.6 采 用 模 式

转基因作物的采用模式主要由社会、政治和经济因素决定（Naranjo et al. 2020）。到 2018 年，大豆、玉米和油菜的采用率在种植面积最大的 5 个国家接近饱和（ISAAA 2018）。2005 年，夏威夷对转基因木瓜的采用率达到约 80%，美国 12% 的南瓜利用了转基因（NAS 2016）。相比之下，美国的 *Bt* 马铃薯在推出约 6 年后就停止销售了。这些品种对科罗拉多马铃薯甲虫和几种病毒具有抗性，但加工商拒绝接受市场风险，而种植者则更倾向于使用同时引入的系统性新烟碱类杀虫剂（NAS 2016）。新烟碱类杀虫剂可以控制更广泛的昆虫，因此适用于更多的马铃薯品种。最近，具有其他特性的转基因马铃薯也不断在向前发展。用于控制螟虫的 *Bt* 茄子已在孟加拉国种植，预计将显著减少杀虫剂的使用量（Shelton et al. 2018）。在国际公私合作的背景下，多种 *Bt* 十字花科作物已发展为商业相关品种，尽管迄今为止还没有商业化生产[参见 Shelton 等（2008）对与昆虫管理相关的转基因蔬菜和水果的评论]。市场力量、政治和商业决策、禁令和标签要求是减缓或阻止抗虫转基因蔬菜和水果商业化的主要因素。虽然 Bt 蛋白可以喷洒到植物上，但在作物的有机生产中，通过基因工程实现抗虫性是完全禁止的。在棉花和玉米中，采用率受到种植者对诸如耐除草剂或对多种昆虫的抗性等堆叠性状的兴趣的影响。采用率也受到种子供应的影响：没有转基因性状或没有叠加性状的种子可能很难获得。未来，由于区域效应导致害虫数量减少，采用率可能会下降，如下所述。

9.7 杀虫剂的使用

在采用转基因品种之前，每英亩杀虫剂投入量较低的情况下，如玉米，杀虫剂投入量变化不太明显，也可能会增加，部分原因是新烟碱类种子处理与转基因作物的结合。这种结合是基因工程技术的一种常见特性，但不是其固有属性；在非转基因种子中也可以找到这种种子处理方法。杀虫剂使用模式的变化往往是由市场因素推动的，这些因素与推动农业集约化的因素相互作用。

转基因作物通过与新烟碱类种子处理方法相结合，直接或间接地影响了杀虫剂的使用模式。在引进棉花等转基因作物之前，严重依赖杀虫剂的种植系统中，杀虫剂的数量急剧下降。*Bt* 转基因棉花造成的减产幅度很大（Naranjo 2011；Brookes and Barfoot 2020a，2020b）。1996～2018 年，抗虫玉米、棉花和大豆的全球杀虫剂（活性成分）使用量分别减少了 1.12 亿 kg、3.31 亿 kg 和 1490 万 kg，相关的环境影响商数（衡量农药对环境和人类健康的影响）减少了 63%、34% 和 8.6%（Brookes and Barfoot 2020a，2020b）。然而，基于数量的指标并不考虑效力的变化。此外，在转基因玉米和大豆的种子中添加新烟碱作为种子处理剂，增加了接受新烟碱杀虫剂的种植面积。当同时考虑效力和种植面积时，潜在的蜜蜂毒性负荷可能会由于新烟碱类处理的转基因种子的增加而增加（Douglas et al. 2020），从而导致"效力悖论"，即杀虫剂对蜜蜂的剂量危害增加，而杀虫剂的数量，就活性成分而言是减少了。杀虫剂风险是危害（剂量效力）和暴露量的函数，未来的研究需要包括风险方程中的暴露量方面。

由于大多数杀虫剂都是以石油为基础的，因此最近人们还计算了"碳足迹"或温室气体（GHG）的减排量。仅在 2018 年，通过减少玉米、棉花和大豆的杀虫剂运输和使用而节省的燃料分别为 1.05 亿 kg、5200 万 kg、2.05 亿 kg 二氧化碳，相当于从道路上减少了约 24 万辆汽车（Brookes and Barfoot 2000b）。杀虫剂使用量的减少明显改善了对几种害虫的生物防治（Romeis et al. 2019）。然而，相比之下，玉米中的新烟碱种子处理由于减少了虫害生物防治而导致了虫害的增加。采用抗虫基因减少杀虫剂的使用，对人类健康的是大有益处的，在小农户生产系统中，有充分的证据证明这一点。在印度，*Bt* 棉花的农药应用减少了 50%，较大程度减少了毒性强的材料的使用，使得每年减少了几百万例农药中毒事件（Kouser and Qaim 2011）。研究还表明，中国和南非的人类农药中毒事件较少。减少农场工人的杀虫剂接触和杀虫剂中毒符合可持续发展的要求。在控制其他因素的情况下，社会经济研究也表明了种植 *Bt* 棉花的小农户的饮食质量和热量值的改善，减少了粮食不安全问题（Qaim and Kouser 2013）。与大田作物相比，蔬菜和水果作物的每英亩杀虫剂用量最高，体力劳动也更为普遍，与人类安全相关的杀虫剂问题往往最为严重。讽刺的是，这正是市场和监管部门减缓开发或采用转基因抗虫品种的原因。然而，最近在美国 5 个州开展的一项多年研究表明，与传统甜玉米相比，*Bt* 甜玉米的表现更好，使用更少的喷雾剂就能达到市场标准，从而减少了对农场工人和环境的危害（Shelton et al. 2013）。不幸的是，关于转基因作物的可持续性或可取性的辩论很少详细阐述对农场工人的影响。最近，Shelton 等（2020）记录了孟加拉国的 *Bt* 茄子的采用模式和农民对此的看法，由于药效高及有机会降低这种作物历史最高的杀虫剂使用率，这项技术正在迅速被采用；在该地区，农民普遍使用 35～45 种杀虫剂喷雾来防治主要害虫——果实和嫩枝蛀虫[茄黄斑螟（*Leucinodes orbonaris*）]。

9.8 区 域 效 应

雌虫在不同品种间的产卵量大致相同，如果转基因品种降低了存活率，那么转基因品种就成了一个群体库，它降低种群数量的程度取决于昆虫扩散的速度和所采用的转基因品种。对于棉红铃虫，一种专门的食草动物，Carrière 等（2003）认为种植约 65%的 Bt 棉花会使该害虫的区域种群数量下降。在美国东部的棉花田中，包括绿棉铃虫（*Heliothis virescens*）和棉铃虫（*Helicoverpa zea*）在内的多食性物种也出现了区域性减少。在中国，转基因棉花显著减少了棉花及周围的蔬菜、玉米、花生和大豆基质中的棉铃虫种群（Wu et al. 2008）。即使在复杂的周期性动态中，Hutchison 等（2010）记录了 Bt 玉米是如何降低破坏性极强的欧洲玉米螟的种群增长率的，这使美国中西部大片地区的种群数量降至历史最低水平。鉴于玉米螟的多食性，美国在 5 个州进行了 40 年的研究（Bt 玉米商业化前后收集的数据）。大西洋沿岸各州的研究证实，在 3 种主要蔬菜作物[即非 Bt 作物：辣椒、菜豆、甜玉米，Dively 等（2018）]中，在区域范围内抑制害虫具有"溢出效应"。区域范围内的抑制导致预计的杀虫剂使用量显著减少，因此对这些高价值粮食作物产生了额外的环境效益。

Bt 植物的区域效应正在以与可持续发展相关的价值观影响 IPM。对于粉色棉铃虫，利用转基因品种实现了一项有组织的根除计划，即通过信息素技术、无菌昆虫释放、栽培控制和必要的杀虫剂，将转基因品种与交配中断相结合。由此，2018 年 10 月，美国和墨西哥北部宣布根除粉色棉铃虫。在中国，由于 Bt 转基因棉花使杀虫剂使用减少，导致其他物种（盲蝽象）进入害虫状态，这项技术还显著增加了有益的节肢动物捕食者的数量，减少了棉花作物和周围的玉米、花生和大豆作物中食草性（蚜虫）猎物的数量（Lu et al. 2012）。结合其他 IPM 策略，美国西部的 Bt 棉花很好地实现了对粉虱和盲蝽等非鳞翅目害虫的生物防治，并推动杀虫剂的总体使用量下降了近 90%（Naranjo 2011）。对全球 5 种主要 Bt 作物进行广泛的、最新的分析，证实了该技术对作物害虫的有益捕食者和寄生蜂表现积极效果，证实了保护性生物防治和转基因作物之间的高度兼容性[Romeis et al. 2019，另见本书第 10 章]。

在美国中西部，经济分析考虑了对种植 Bt 玉米的土地和种植非 Bt 品种的土地的影响。5 个州的累计收益为 96 亿美元，其中非 Bt 玉米种植者的收益比例高达 66%，即 63 亿美元（Hutchison et al. 2010）。非 Bt 玉米种植者的收益归因于大面积的害虫（欧洲玉米螟）抑制效果，他们还不需要承担额外的技术费用。此外，Brookes 和 Barfoot（2020a）最近更新了对转基因作物累积经济效益的全球分析（1996～2018 年），发现抗虫作物为农民带来了约 1233 亿美元的净收入（所有转基因作物收益为 2251 亿美元）；惠及了 1600 万～1700 万发展中国家的农民，以及工业国家的种植者（ISAAA 2018）。

据估计，转基因作物的许多环境效益，在很大程度上是因为减少了杀虫剂的使用；在全球范围内，玉米和棉花的叶面和土壤施用的杀虫剂估计分别为 830 万 kg（-82%）和 2090 万 kg（-55%）（Brookes and Barfoot 2020b）。这一成果减少了对环境的影响，如减少了对石油基杀虫剂的依赖，减少了运输和施用农药所需的燃料消耗，同时减少了二氧化碳排放，减轻了对气候变化的影响。显然，区域效应——包括根除计划和减少杀虫剂的使用，增加生物控制，以及经济节约——远远超出了作物种植的范畴。

未来的转基因作物采用模式也可能受到区域效应的影响。从理论上讲，随着种群数量的减少，如果非转基因品种可以作为优良杂交品种（如具有高产遗传潜力），种植者可以转向种植非转基因品种，从而节省 *Bt* 种子的成本；然而，一些人质疑非 *Bt* 杂交品种是否能大规模推广。从理论上讲，抗性管理（下文讨论）和维持低种群数都可以通过景观和区域尺度上采用模式的时空变化来实现。

9.9　抗转基因作物群体的进化

杀虫剂或抗虫种质的运用从来都不是一成不变的。例如，为了防治黑穗病，已经发布了 60 多个具有抗生性的小麦品种。而这种害虫已经进化出 16 种以上的生物型，可以克服作物的抗生性，但管理计划还包括抗性种质的不同空间部署。昆虫的适应性极强，550 个物种中包括对一种或多种杀虫剂有抗性的种群。无论植物育种技术或杀虫剂的作用方式如何，仅仅依靠抗生性，往往会造成"跑步机"效应：在抗性进化和新性状开发与部署之间进行竞争。在种植转基因作物之前，已经建立了帮助管理这一进化过程的模型。这些模型可预计获得抗性的时间，即抗性等位基因频率的增加，是生活史、适应性和群体遗传的函数。模拟和实验考虑了不同的部署方案，关于 *Bt* 抗性初始基因频率的假设，以及它们如何影响获得抗性的时间。

只有在确定了抗性管理计划并被美国环境保护局接受之后，抗虫转基因作物才能在美国种植。尽管受到严重批评，而且经常缺乏执行，但据我们所知，这是在农业中部署任何技术之前，第一次也是唯一一次由监管授权使用耐药性管理计划。这些计划通常依靠非 *Bt* 宿主的庇护，并假定赋予抗性的等位基因是罕见的，因此很少有个体能在 *Bt* 作物上生存。非转基因宿主提供了一个易感群体，这些计划假定 *Bt* 作物上的罕见幸存者与易感个体交配的概率要高得多，从而产生抗性等位基因的杂合个体。*Bt* 的表达通常具有较高的靶向性，足以杀死杂合子后代。这被称为"高剂量庇护"策略（如 Tabashnik et al. 2013；Tabashnik and Carrière 2017）。

高剂量庇护策略的其他假设包括随机交配和产生抗性的单一等位基因。可能导致延迟抗性的其他因素包括寄生于 *Bt* 作物的个体较低的适应性或竞争能力。在实践中，从作为易感个体来源的作物（"结构化庇护所"）或非作物替代宿主（"非结构化庇护所"）的百分比及它们的空间位置来看，庇护所的设计有很多变化。种植非转基因玉米所需的面积从 5%到 50%不等。对于棉花来说，结构性庇护所面积从 5%到 20%不等。结构化庇护所的空间位置从附近的区块到被称为"袋中庇护所"的混合种子都有变化。在实施根除计划时，对棉红铃虫的庇护要求被暂停，因为假定不育的雄性释放会提供敏感的表型。在玉米嗜血杆菌的一个案例中，碳同位素研究表明，非作物植物存在易感个体，导致在某些情况下将"非结构化庇护所"纳入抗性管理计划。以 *Bt* 十字花科作物为模型的研究表明，在采用单一结构之前采用金字塔结构会延迟抗性，并且金字塔结构的运用正变得越来越常见。在得克萨斯州西部以东种植的某些棉花品种，非结构化庇护所提供了感病表型，并且含有金字塔抗性基因，所以对结构化庇护所的需求已降至 0%。针对多种昆虫的叠加构建体需要适合每个目标物种的庇护所设计，这可能是困难的，因为昆虫有不同的行为（如散布模式及这如何影响交配概率）。迁徙的物种可能在南方的地理区域经历选择压力，并将抗性表型带到北方地区。同样，多食性害虫可能在一种宿主作物中经历选择压力，并将抗性表型带到另一种宿主作物。昆虫的不同生命阶段可能对抗性性状有不同的敏感性，这种性状也可能在植物内部或植物发育过程中以不同的水平表达，所有这些都影响抗性持续达到杀死杂合体的剂量的能力。因此，随着新的转基因品种商业化，庇护所的设计也会发生变化，利益冲突的各方之间经常会发生相当激烈的争论。

Tabashnik 等（2013）提出，当赋予抗性的等位基因具有较低的初始频率，庇护所丰富，并且使用了聚合毒素时，田间进化的抗性已经被延迟了。他们将抗药性定义为"……由接触了田间毒素而导致的群体易感性的遗传性降低"，而不管预期的控制水平是否降低，或者昆虫是否为计划要控制的害虫。根据这一定义，以及自 2013 年以来的其他研究（Smith et al. 2017，2019），现在至少有 9 种昆虫的地方种群对转基因作物中的一种或多种 Bt 蛋白具有抗性，这对害虫控制的影响程度因种群和物种而异。在玉米中，现在有 7 个物种的某些种群对单一蛋白质表现出足够高的抗性，从而影响了害虫防治。就针对玉米根虫幼虫的 *Bt* 玉米而言，剂量不够高，无法满足实现"高剂量庇护所"策略的标准，交配可能不是随机的，抗性似乎由多个等位基因引起，其中一些可能并不罕见，而且最近农田发生意外虫害的频率越来越高。在棉花中，有两种昆虫已经进化出一定程度的抗性，从而在特定地区造成了重大的田间损失。除了西方玉米根虫（*Diabrotica virgifera virgifera*）外，含有金字塔状 Bt 蛋白的植物对其他昆虫目前是有效的，尽管当其中一种蛋白质的效力受到影响时，单独的作用方式所带来的简化的选择过程可能会受到影响；即 *Bt* 毒素之间的交叉抗性在几种抗 *Bt* 的害虫中很常见。在其他情况下，抗性等位基因的频率有所增加，但到 2020 年还没有达到影响害虫控制的水平。当抗性导致田间防治显著减少时，人们已采取各种策略来管理抗 *Bt* 草地贪夜蛾（*Spodoptera frugiperda*）的种群。在第一个明确的抗性导致田间防治失败的案例中，即加勒比海岛上的一个抗性案例，该转基因栽培品种在波多黎各被从市场上撤下。在另一个案例中，对于西方玉米根虫，人们越来越强调作物轮作，以及表达不同 *cry* 基因的品种之间的轮作。此外，还更加重视开发和利用金字塔结构，同时遵守规定的庇护要求。

9.10　总　　结

　　转基因作物影响了害虫和有益昆虫的种群密度、生物防治、杀虫剂使用模式、人类农药中毒以及经济。抗虫转基因作物具有与可持续发展相关的价值，许多例子证明了在利用该技术的头 25 年中，环境和人类健康状况都得到了改善，在技术允许的情况下，这种改善速度非常快。抗性管理的需要表明，我们也在处理作物抗性对种群遗传的影响，这些影响往往发生在种植转基因作物的土地的范围之外。然而，许多讨论都没有提到对农场工人的影响，特别是使用较少的杀虫剂或使用对哺乳动物毒性较低的杀虫剂时对蔬菜和水果作物的影响。在未来，抗虫转基因作物的可持续管理将继续需要考虑和管理流动昆虫种群的密度及遗传的区域影响，以及更广泛的社会经济影响。

　　IPM 的基本假设，即为了更具可持续性，必须采取多种不同的管理策略，这之间仍然具有很强的相关性。大规模采用和过度依赖仅有的宿主植物抗性，特别是通过单一蛋白质赋予的抗性，会产生巨大的选择压力，而昆虫将通过其基因型和表型的可遗传变化来适应。昆虫抗性管理（IRM）是 IPM 的一个组成部分，也是转基因品种利用策略的一个组成部分。仅仅依赖具有转基因特性的单一策略是不可持续的，并且与杀虫种子处理的广泛结合会影响杀虫剂的使用模式。通过 IPM 将抗虫性状与多种害虫管理方法相结合，可使农业能够适应和发展，以管理转基因的目标物种，也能适应农业生态系统中广泛的害虫和有益物种群落，以及在农民所处的不断变化的市场、政策、社会和经济结构等广泛领域。

致　谢　作者感谢 T. Sappington（美国农业部农业研究所，美国艾奥瓦州）和 A. Shelton（康奈尔大学，美国纽约州）对本手稿早期版本的宝贵评论。

本章译者：袁慧娟[1]，蒋涛[2]，李帆[3]

1. 云南省农业科学院高山经济植物研究所，丽江，674199

2. 云南大学资源植物研究院，昆明，650500
3. 云南省农业科学院花卉研究所，国家观赏园艺工程技术研究中心，昆明，650200

参 考 文 献

Brookes G, Barfoot P (2020a) GM crop technology use 1996–2018: farm income and production impacts. GM Crops & Food 11(4):242–261. https://doi.org/10.1080/21645698.2020.1779574

Brookes G, Barfoot P (2020b) Environmental impacts of genetically modified (GM) crop use 1996–2018: impacts on pesticide use and carbon emissions. GM Crops & Food 11(4):215–241. https://doi.org/10.1080/21645698.2020.1773198

Carriere Y, Ellers-Kirk C, Sisteron M, Antilla L, Whitlow M, Dennehy TJ, Tabashnik B (2003) Long-term regional suppression of pink bollworm by *Bacillus thuringiensis* cotton. Proc Natl Acad Sci 100:1519–1523

Chen M, Shelton A, Gong-yin Y (2011) Insect-resistant genetically modified rice in China: from research to commercialization. Annu Rev Entomol 56:81–101

Dively GP, Venugopal PD, Bean D, Whalen J, Holmstrom K, Kuhar TP, Doughty HB, Patton T, Cissel B, Hutchison WD (2018) Regional pest suppression associated with widespread *Bt* maize adoption benefits vegetable growers. Proc Natl Acad Sci 115:3320–3325

Douglas MR, Sponsler DB, Lonsdorf EV, Grozinger CM (2020) County-level analysis reveals a rapidly shifting landscape of insecticide hazard to honeybees (*Apis mellifera*) on US farmland. Sci Rep 10:797. https://doi.org/10.1038/s41598-019-57225-w

Hutchison WD (2015) Integrated pest management and insect resistance management: prospects for an area-wide view. In: Soberon M, Gao A, Bravo A (eds) *Bt* resistance: characterization and Strategies for GM crops providing *Bacillus thuringiensis* toxins. CABI, Wallingford, UK, pp 186–201

Hutchison WD, Burkness EC, Mitchell PD, Moon RD, Leslie TW, Fleischer SJ, Abrahamson M, Hamilton KL, Steffey KL, Gray ME, Hellmich RL, Kaster LV, Hunt TE, Wright RJ, Pecinovsky K, Rabaey TL, Flood BR, Raun ES (2010) Areawide suppression of European corn borer with *Bt* maize reaps savings to non-*Bt* growers. Science 330:222–225

ISAAA (2018) Global Status of Commercialized Biotech/GM Crops in 2018: biotech crops continue to help meet the challenges of increased population and climate change. ISAAA Brief No. 54. Intern. Service for Acquisition of Agri-biotech Applications: Ithaca, NY. (https://www.isaaa.org)

Kouser S, Qaim M (2011) Impact of *Bt* cotton on pesticide poisoning in smallholder agriculture: a panel data analysis. Ecol Econ 70:2105–2113

Lu Y, Wu K, Jiang Y, Guo Y, Desneux N (2012) Widespread adoption of *Bt* cotton and insecticide decreases promote biocontrol services. Nature 487:362–365

Naranjo SE (2011) Impacts of *Bt* transgenic cotton on Integrated Pest Management. J Agric Food Chem 59:5842–5851

Naranjo SE, Hellmich RL, Romeis J, Shelton AM, Vélez AM (2020) The role and use of genetically engineered insect-resistant crops in integrated pest management systems. In: Kogan M, Heinrichs EA (eds) Integrated management of insect pests. Burleigh Dodds Publishing, UK.

National Academies of Sciences (2016) Genetically engineered crops: experiences and prospects. The National Academies Press, Washington, DC., 584 pp. https://doi.org/10.17226/23395.

Qaim M, Kouser S (2013) Genetically modified crops and food security. PLoS ONE 8(6):e64879. https://doi.org/10.1371/journal.pone.0064879

Romeis J, Naranjo SE, Meissle M, Shelton AM (2019) Genetically engineered crops help support conservation biological control. Biol Control 130:134–154

Shelton AM, Fuchs M, Shotkoski FA (2008) Transgenic vegetables and fruits for control of insects and insect-vectored pathogens. In: Romeis J, Shelton AM, Kennedy GG (eds) Integration of insect-resistant genetically modified crops within IPM programs. Springer Science+Business Media B. V.

Shelton AM, Olmstead DL, Burkness EC, Hutchison WD, Dively G, Welty C, Sparks AN (2013)

Multi-state trials of *Bt* sweet corn varieties for control of the corn earworm. J Econ Entomol 106:2151–2159

Shelton AM, Hossain MJ, Paranjape V, Azad AK, Rahman ML, Khan ASMMR, Prodhan MZH, Rashid MA, Majumder R, Hossain MA, Hussain SS, Huesing JE, McCandless L (2018) *Bt* eggplant project in Bangladesh: history, present status, and future direction. Front Bioeng Biotechnol 6:106. https://doi.org/10.3389/fbioe.2018.00106

Shelton AM, Sarwer SH, Hossain MJ, Brookes G, Paranjape V (2020) Impact of *Bt* brinjal cultivation in the market value chain in five districts of Bangladesh. Front Bioeng Biotechnol 8:498. https://doi.org/10.3389/fbioe.2020.00498

Smith JL, Rule DM, Lepping MD, Farhan Y, Schaafsma AW (2017) Evidence for field-evolved resistance of *Striacosta albicosta* (Lepidoptera: Noctuidae) to Cry1F *Bacillus thuringiensis* protein and transgenic corn hybrids in Ontario, Canada. J Econ Entomol 110:2217–2228

Smith JL, Farhan Y, Schaafsma AW (2019) Practical resistance of *Ostrinia nubilalis* (Lepidoptera: Crambidae) to Cry1F *Bacillus thuringiensis* maize discovered in Nova Scotia, Canada. Sci Rep 9:18247. https://doi.org/10.1038/s41598-019-54263-2

Tabashnik BE, Carrière Y (2017) Surge in insect resistance to transgenic crops and prospects for sustainability. Nat Biotechnol 35:926–935

Tabashnik BE, Brevault T, Carriere Y (2013) Insect resistance to *Bt* crops: lessons from the first billion acres. Nat Biotechnol 31:510–521

Wu KM, Lu YH, Feng HQ, Jiang YY, Zhao JZ (2008) Suppression of cotton bollworm in multiple crops in China in areas with *Bt*-toxin-containing cotton. Science 321:1676–1678

Shelby J. Fleischer 是宾夕法尼亚州立大学昆虫学教授。他的研究涉及基于生物和生态过程的昆虫的结构、动态和管理。研究重点放在经济上可行的管理上，以改善工人和环境安全。他撰写或参与撰写了 100 多部著作，在 30 多个地点担任特邀演讲者，并担任《环境昆虫学》的主编。弗莱舍博士与农民和农业行业人员一起开展教育项目，将科学原理与节肢动物的自然历史结合起来。

William D. Hutchison 是明尼苏达大学昆虫学的教授和推广昆虫学家。他主持了一项长期的研究，记录了 *Bt* 玉米对欧洲玉米螟的全域抑制及由此带来的经济效益。目前的工作包括评估转基因作物对昆虫种群和 *Bt* 玉米的抗性管理。他已经发表了 160 多篇期刊文章，若干书籍章节和推广出版物，内容涉及采样、将降低风险的杀虫剂与生物控制相结合、入侵物种及早期检测鳞翅目害虫的 *Bt* 抗性。他是 Radcliffe's World IPM 教科书的参编人员，这是一个在全世界范围内使用的互动教学资源，包括有害生物综合管理的概念、手段、策略和案例研究。他曾担任《经济昆虫学和作物保护》杂志的编辑，目前是新杂志《昆虫科学前沿》入侵昆虫部分的总编辑。他是《作物保护》、《昆虫》和《转基因作物与饲料》的编辑委员会成员。

Steven E. Naranjo 是美国农业部农业研究所亚利桑那州干旱土地农业研究中心的主任，也是亚利桑那大学的兼职教员。他的研究方向包括生物防治、综合防治、采样、种群生态学和转基因作物的环境风险评估。他对抗虫棉的非靶标效应进行了长期研究，重点是天敌的数量和功能，并开展了元分析，以量化全球范围内 *Bt* 转基因作物的非靶标效应。Naranjo 博士曾担任《作物保护》的联合主编，目前担任《环境昆虫学》的编委，涵盖了转基因植物和昆虫等方面。

第 10 章　转基因作物对非靶标生物体的影响

史蒂文·E. 纳兰霍（Steven E. Naranjo）

摘要：25 年来，转基因作物已经成为农业景观的一部分，是 26 个国家作物生产和有害生物综合管理的重要工具。大量的研究已经解决了许多的相关问题，包括环境、食品安全及经济和社会影响。非靶标效应一直是一个特别深入的研究领域，人们对转基因 *Bt* 作物进行了广泛的实验室和田间研究，这些作物会产生一种无处不在的苏云金芽孢杆菌杀虫蛋白。研究者通过试验并通过元分析与其他汇编对数据进行的定量和定性综合分析表明，*Bt* 作物对非目标大型无脊椎动物没有直接影响。这些数据还清楚地表明，与替代使用传统杀虫剂来控制 Bt 蛋白所针对的害虫相比，*Bt* 作物对非目标生物来说要安全得多。以 *Bt* 作物为食的食草动物数量减少或质量下降对节肢动物天敌产生了一些间接影响，但这些影响的后果尚不清楚，其他害虫控制技术也会产生同样的后果。作为 IPM 工具箱中的一种策略，*Bt* 作物为大幅减少杀虫剂的使用做出了贡献。虽然杀虫剂和除草剂用量的减少可能会导致 *Bt* 作物出现新的虫害问题，这也为另一种有害生物防治策略提供了应用机会。

关键词：转基因 *Bt* 作物、风险评估、元分析、生态类群、生物防治、有害生物综合管理

10.1　引　　言

基因工程（GE）作物成为农业景观的一部分已有 25 年，其地理范围和特征的广度仍在继续推进。截至 2018 年，有 26 个国家种植了近 1.92 亿 hm² 的转基因作物，其中发展中国家有 21 个。美国在采用转基因作物方面处于世界领先地位，巴西、阿根廷、加拿大和印度跻身前五名。西班牙和葡萄牙是欧盟仅有的两个种植转基因作物的国家，小面积（<12.1 万 hm²）种植抗虫玉米。另有大约 40 个国家允许进口用于食品、动物饲料和其他加工用途的转基因作物产品。

目前种植的主要转基因作物包括经过基因改造的作物，这些作物要么对几种广谱除草剂表现出耐受性，要么对特定的害虫群体表现出选择性抗性，主要是那

些属于鳞翅目和鞘翅目的害虫。转基因棉花、玉米和大豆通常包括兼具这两种性状的品种。主要的转基因作物包括大豆、玉米、棉花和油菜，许多国家种植的耐除草剂紫花苜蓿和甜菜、抗病毒木瓜和南瓜、抗虫茄子、甘蔗和豌豆的种植面积要小得多，在美国、加拿大、中国、孟加拉国、哥斯达黎加、印度尼西亚和尼日利亚等少数国家种植改良品质性状的苹果、马铃薯和菠萝。

25 年来，研究人员进行了大量研究，涉及许多相关问题，包括环境和食品安全、经济和社会影响及对作物生产和保护的影响。在环境和食品安全领域，转基因作物技术的潜在负面影响可能是最明显和最有争议的。在这方面审查最多的转基因作物是那些具有抗虫性的作物，这将是本章的重点。

10.2　抗 虫 作 物

目前，所有的抗虫作物都是基于一种普遍存在的革兰氏阳性菌——苏云金芽孢杆菌（Bt）的一种或多种晶体（Cry）蛋白和营养（VIP）蛋白的生产。这些所谓的 *Bt* 作物产量约占全球转基因作物产量的 54%，在 22 个国家种植。这种细菌的杀虫特性早在 100 多年前就已为人所知，基于这种细菌的商业产品自 20 世纪40 年代以来就已问世。Bt 喷雾产品占据了生物农药市场 90%以上的份额，是有机农业和储粮害虫防治及控制蚊子幼虫的重要工具。目前，转基因 *Bt* 棉花和转基因 *Bt* 玉米是全球转基因害虫控制技术的主导形式。自 2012 年以来，*Bt* 大豆已在几个南美洲国家种植，*Bt* 甘蔗于 2017 年获准在巴西生产，*Bt* 豌豆于 2019 年获准在尼日利亚种植，几个国家正在评估 *Bt* 水稻未来的潜在生产力。*Bt* 茄子最初于 2009年获准在印度种植，但不久后政府以需要更多测试和评估为由暂停种植。2014 年，孟加拉国允许种植 *Bt* 茄子，采用率迅速增长，2018～2019 年生长季，超过 2 万名农民种植了约 1200hm²（占总产量的 2.5%）。Naranjo 等（2020）提供了所有抗虫转基因作物的最新摘要、批准年份和采用率。

其他几种产生 Bt Cry 蛋白的作物正在世界不同地区被研究和开发。一种相对独特的作物是 *Bt* 棉花，它对植物害虫（异翅目）和蓟马（缨翅目）具有抗性，目前正在接受监管审查，预计 2021 年可供美国农民使用（Naranjo et al. 2020）。目前正在调查和开发几种害虫防治方法。其中之一是 RNA 干扰（RNAi），这是真核生物中的一种保守的免疫反应，通过生物本身产生的双链 RNA（dsRNA）抑制特定基因序列的表达。在作物生物技术中，这种方法识别控制目标生物体中具有重要生物功能的基因，然后在植物中产生相关的 dsRNA，目标昆虫通过取食将其摄取。由于基因的特异性，这一过程有可能对目标生物体产生非常高的选择性。这项技术的第一个商业活动于 2017 年获得批准，作为控制玉米根虫的另一种方法，但由于一些不可忽略的贸易问题，目前尚未进行商业种植。这种 RNAi 特性将被添加到已经产生多种 Bt 和抗除草剂特性的玉米上。最后，基于 CRISPR 的基因编辑方法有可能进一步革新虫害防治，但这项技术还处于开发的早期阶段，仍然存在许多生物学和监管挑战（Naranjo et al. 2020）。

10.3　有害生物综合管理的背景

不可否认，转基因作物技术在世界舞台上的广度和范围是很大的，因为面对迅速增长的人口，它们对农业的潜在解决方案也是如此。然而，在考虑作物生产力和作物保护时，特别是在种植 Bt 作物时，重点关注它们的作用是很重要的。无论人们认为 Bt 作物是宿主植物抗性的一种形式，还是作为提供选择性杀虫剂的一种方便方法，它们都只是有害生物综合管理（IPM）工具箱中的一种策略。有效和可持续的作物保护必须包括多种策略，这些策略必须仔细地结合起来，以管理农业景观中的多种有害生物。尽管如此，一些基于转基因 Bt 棉花和玉米的全球汇编表明，它们为经济和环境收益做出了重大贡献。例如，Brookes 和 Barfoot（2020b）估计，1996～2018 年，转基因 Bt 棉花和转基因 Bt 玉米分别使全球农业收入增加了 636 亿美元和 596 亿美元，发展中国家农民获得的收益占 55%。在减少杀虫剂使用方面，同一时期内相关的环境收益也很大。Brookes 和 Barfoot（2020a）进一步估计，在 Bt 棉花和 Bt 玉米中，Bt 作物的叶片和土壤杀虫剂使用量分别减少了 3.31 亿 kg 和 1.12 亿 kg（有效成分）。2013～2018 年，南美洲 Bt 大豆杀虫剂使用量的下降是 1490 万 kg。这些杀虫剂的减少带来了红利，特别是在棉花上，因为它有助于改进对非目标害虫的生物防治（Naranjo et al. 2020；Romeis et al. 2019）。

虽然不是 Bt 作物所特有的，但将以新烟碱类杀虫剂处理的种子用于苗期和植物早期病虫害防治已经几乎无处不在，特别是美国的玉米和棉花。虽然尚不清楚这项技术的非目标影响，但这一趋势有可能部分抵消因采用 Bt 作物而减少叶片和土壤杀虫剂使用量的一些积极成果。越来越多的目标害虫对几种 Bt Cry 蛋白的抗性也有可能侵蚀玉米和棉花在减少杀虫剂方面的一些成果（见第 9 章）。

10.4　什么是非靶标生物体？

本章的重点是考虑我们所知道的关于转基因作物对非目标生物的影响。什么是非靶标生物体？很简单，非靶标生物体被广泛定义为转基因技术不打算控制的任何生物体。考虑到 Bt 作物的预定目标相当少，如几种玉米根虫（Diabrotica spp.），对于 Cry3 Bt 玉米，以及对 Cry1、Cry2 和 VIP Bt 玉米与棉花的数十种毛虫（各种棉铃虫、食叶虫和钻杆害虫）（Naranjo et al. 2020），非目标生物可能相当广泛。在 Bt 作物中，非靶标生物体包括其他对 Bt 蛋白不敏感的节肢动物作物害虫和广泛的生物，其中许多生物提供重要的生态系统服务，如生物防治、授粉和分解。大部分研究重点放在节肢动物和其他无脊椎动物上，但也有一些关注脊椎动物，监管机构要求对包括鸟类、哺乳动物、鱼类和多个无脊椎动物群体在内的广泛生物进行测试，作为 *Bt* 作物登记过程的一部分，这是很常见的。例如，美国环境保护局认为，将 *Bt* 基因改造到作物中作为植物保护剂（PIP），能够监视杀虫剂的作用过程。这一过程通常涉及在分级测试系统中使用替代物种（见下文），从极端剂量、最坏暴露条件下的实验室试验开始，但越来越强调对农田中的非目标生物进行更广泛的评估。

本章将主要关注 *Bt* 作物对非目标节肢动物的影响。这些生物往往是农田中最丰富和最重要的生物之一，在那里它们具有广泛的生态系统功能，并代表着农业生态系统生物多样性的重要部分。对抗虫 *Bt* 作物的关注源于一个事实，即许多非目标生物研究都集中在这些作物上。人们能够认识到，与作为叶面喷雾应用的 Bt 蛋白相比，将 Bt 蛋白工程应用到作物中对非目标生物和整体生物多样性构成不同的风险。例如，Bt 蛋白不断地在 *Bt* 作物植株中产生蛋白质，这些蛋白质可防止环境退化（如雨水、紫外线照射），对植物使用 Bt 蛋白喷雾剂后导致环境退化是常见的。到目前为止，已经完成了 700 多项科学研究，以评估 *Bt* 作物对实验室和田间非目标无脊椎动物的影响。这些收集的数据已经成为数十篇评论文章的主题。这些数据还被用于更多的量化、综合性研究，称为元分析，这只是一种通过统计组合多项研究的结果来提高非靶标效应测试的严谨性和权威性的方法。最近一次综合研究多种 *Bt* 作物并检查田间和实验室研究的是 Naranjo（2009）。这项研究包括 24 个单独的和金字塔状（两种蛋白质）Bt Cry 蛋白，20 个国家的 8 种 *Bt* 作物，以及 3 个门（节肢动物门、环节动物门、软体动物门）的 300 多种的昆虫。其他的元分析也发表了，关注集中在单一的 *Bt* 作物或世界上受限制地区。本章将对这些元分析进行总结和讨论。对于与转基因作物相关的其他环境风险问题的报道，包括基因流、侵入性和土壤生态系统影响，读者可参考最近的几篇评论（Guan et al. 2016；Naranjo et al. 2020；Romeis et al. 2019）。

10.5　对非靶标生物体的影响

10.5.1　如何描述风险

在全球范围内，环境风险评估（ERA）通常是在任何转基因作物获得批准并放行田间生产之前进行的。虽然每个国家都有自己的一套程序，但它们之间有许多相似之处（Schiemann et al. 2019）。通常采用的办法包括制定问题的过程，以确定保护目标，评估现有知识，并查明令人关切或不确定的领域。生物多样性及其相关的生态系统服务是"环境风险评估"的典型保护目标。通过问题表达，开发风险假设并随后对其进行检验。大多数监管机构使用传统的分级测试，这种测试始于实验室中最糟糕情况下的暴露，只有在没有风险的零假设被拒绝或存在其他不确定性的情况下，才会逐步升级到更复杂和现实的级别。在确定要评估的非目标物种时，有几个重要的考虑因素，包括它们对转基因作物中杀虫化合物的潜在敏感性。这通常是基于系统发育方面的考虑，特别是对于 Bt，在那里对特定的分类群（如鳞翅目）有很长的已知影响的历史。另一个考虑是非目标群体的相关性，这是通过了解在农田及其周围可以找到什么分类群及它们是否有暴露的风险来确定的。相关性还可能基于对所提供的重要生态系统服务的考虑，如参与生物防治、授粉或分解的节肢动物。另一个实际的考虑是精选分类群的可用性及高质量的生物体是可以培育和维持的。这可能需要使用具有代表性的替代物种。最后，为支持风险评估而进行的研究必须是严格的，并且能够达到最低质量标准（Romeis et al. 2019；Schiemann et al. 2019）。归根结底，分层方法是生态现实性和实用性之间的平衡。无论这一进程如何，最终都要由每个司法管辖区的决策机构来确定整个社会的风险和利益的平衡。

评估新一代转基因作物（如基于 RNAi 的转基因作物）的非靶标风险的方法仍是一个发展中的领域。对 Bt 作物采用的许多考虑因素可能也适用，但该技术如何工作以实现控制虫害的细微差别需要仔细考虑（Schiemann et al. 2019）。对于迄今为止在美国获得批准的利用 RNAi 技术的一种作物（玉米根虫防治），ERA 类似于用于其他具有 PIP 的作物（如 Bt）的典型分级系统。可以增加的另一个辅助评估是使用生物信息学来确定非目标生物在受影响的基因组序列中是否与目标生物的基因组序列充分匹配，以确定最有可能处于危险之中的物种。

10.5.2　一般非靶标效应

尽管 Bt 作物的非靶标效应这一主题领域一直存在争议和辩论，但现有的研究支持这样的结论，即这些作物对非靶标生物体的负面影响最小，当然比替代使用杀虫剂来控制相同的靶标害虫的影响要小。在过去的 15 年里，从 Marvier 等（2007）开始，已经发表了 3 个广泛的和几个更具体的元分析。在美国环境保护局的资助下，该小组于 2005 年开发了第一个数据库，试图汇编关于 Bt 作物和 Bt Cry 蛋白对非靶标生物（主要是节肢动物，但也包括环节动物和软体动物）影响的研究。该数据库包括在实验室和田间进行的研究，尽管 Marvier 等（2007）只进行了实地考察。他们的分析表明，与非 Bt 作物相比，Bt 玉米和棉花中所有非目标无脊椎动物的丰度总和略低，但与经过杀虫剂处理以抑制 Bt 目标害虫的非 Bt 作物相比，Bt 作物的丰度要高得多。他们进一步得出结论，分类学上的从属关系不会改变这些一般性的研究结果，目前还不能清楚观察到 *Bt* 作物丰度减少是由于直接毒性，还是由于天敌的目标猎物/宿主可用性降低所造成的间接影响。

随后进行了两项更详细的元分析，包括 Naranjo（2009），他更新了 Marvier 数据库，并从生态学而不是分类学的角度审查了实验室（下文讨论）和实地研究。总体而言，对实地研究的分析表明，当杀虫剂既不适用于 *Bt* 作物，也不适用于非 *Bt* 作物时，各种生态群落的丰度几乎没有差异（图 10.1a）。这种比较验证了这样一种假设，即植物本身直接或间接地影响非目标生物的丰度。值得注意的是 *Bt* 玉米中昆虫寄生生物的丰度大幅下降。这种比较检验了植物本身直接或间接影响非靶标生物体丰度的假设，这种模式的发现完全是基于美国的大量研究，其考察了一种专门攻击欧洲玉米螟的外来寄生虫的密度，欧洲玉米螟是 *Bt* 玉米的主要攻击目标。随着对宿主的有效控制，*Bt* 玉米田的丰度预计会降低。这是间接生态效应的一个例子，因为寄生生物需要宿主生存，但不一定直接受到 Bt 蛋白的影响。任何降低目标害虫（害虫管理的目标）的策略都会产生这种间接的生态影响，而不是种植 *Bt* 作物所特有的。另一个值得注意的结果是 *Bt* 马铃薯对捕食者和食草动物的影响（图 10.1a）。在这里，这两类作物的丰度在 *Bt* 作物中更高。这是另一个间接生态效应的例子，在 *Bt* 马铃薯中，较高的食草动物种群，主要是吸食昆虫（通过将其稻草状的口器插入植物进食的昆虫）从而导致捕食者相应增加，以应对更高的猎物可用性。吸食昆虫数量增加的原因尚未被研究，但有人认为这与 *Bt* 马铃薯在其主要靶标害虫被控制时缺乏诱导植物防御，和/或缺乏以前由杀虫剂提供的附带控制（见下 10.5.3 节）有关。与未经处理的非 *Bt* 对照相比，*Bt* 玉米、棉花或马铃薯中的其他功能性群落（食草动物、杂食动物和食腐动物）没有受到影响。在这项早期的元分析中，对 *Bt* 水稻和茄子进行的研究较少，但结果表明 *Bt* 作物对任何生态系统都没有影响（图 10.1a）。当比较非 *Bt* 作物被各种杀虫剂处理以控制目标害虫时，*Bt* 玉米、棉花和马铃薯中的大多数生态群更加丰富（图 10.1b）。对 *Bt* 玉米害虫的研究结果提供了另一个间接生态影响的例子，即当使用杀虫剂时，土壤栖息的捕食性甲虫将系统中的主要有害动物弹尾虫释放出来。为什么没有喷洒 *Bt* 玉米的杂食动物比喷洒了非 *Bt* 玉米的杂食动物数量要少，这一点还不完全清楚。异质性分析表明，这种格局是由杂食性蚂蚁造成的。当 *Bt* 玉米或非 *Bt* 玉米不含杀虫剂时，蚂蚁不会受到 *Bt* 玉米的影响，这表明这不是 Bt 蛋白的直接影响。当杀虫剂同时用于 *Bt* 作物和非 *Bt* 作物时，这在棉花中是一种常见的情况，因为棉花中有多种害虫，可用于分析的生态类群的丰富度相同。虽然不同的害虫复合体将成为 *Bt* 棉花和非 *Bt* 棉花的目标，但这两个系统都依赖相对广谱的杀虫剂进行非目标害虫控制，尽管 *Bt* 作物通常需要较少的应用（图 10.1c）。

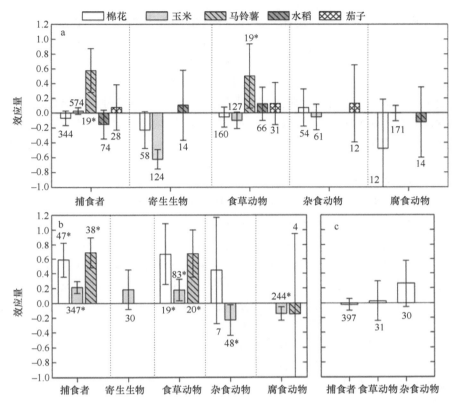

图 10.1　对实地进行了元分析，主要研究了 *Bt* 作物和非 *Bt* 作物中非靶标无脊椎动物的相对丰度。元分析使用一种称为效应量的指标来定量地结合多项研究的结果，该指标考虑了个别比较研究中的可变性、样本大小和差异的大小。这些数据被绘制成这样的曲线图，负值大小表示与非 *Bt* 作物相比，*Bt* 作物的丰度较低；正值大小则相反。在这里，数据可理解为代表不同生态系统功能的生态类群。a. 无论是 *Bt* 作物还是非 *Bt* 作物都没有接受任何杀虫剂处理。这些分析验证了这样一种假设，即 Bt 蛋白或 *Bt* 植物中的任何其他差异直接或间接地影响非标靶丰度。b. 非 *Bt* 作物被喷洒了杀虫剂，这些分析检验了用于控制 Bt 目标害虫的方法影响非目标丰度的假设。c. *Bt* 作物和非 *Bt* 作物都用杀虫剂处理，以控制靶标和非靶标害虫，这些分析检验了 *Bt* 作物和非 *Bt* 作物害虫管理影响非靶标丰度的现实假设。柱状图上方或下方的数字表示样本大小，星号表示效应大小的统计意义，即显著低于或高于从 Naranjo（2009）修改的零数据，以包括直到 2013 年的其他研究

　　随后还进行了其他几项针对作物和地区的元分析。Comas 等（2014）重点研究了西班牙玉米系统中常见的节肢食草动物、捕食者和寄生生物，没有发现转基因 *Bt* 玉米的影响。尽管转基因 *Bt* 水稻在中国尚未获得广泛种植的商业批准，但已经进行了大量的实验室和田间研究，以检验潜在的非靶标效应。使用与 Naranjo（2009）类似的生态类群方法，Dang 等（2017）对中国转基因 *Bt* 水稻的实验室和

田间研究进行了元分析。这是在之前涉及水稻的元分析的基础上扩展的，补充新的研究以中英文出版。他们综合分析发现，在田间 *Bt* 水稻中，食草动物和寄生生物的密度较低，有害动物的丰度较高，但捕食者的情况没有差异。除了寄生生物，这些结果与以前的元分析不同。不幸的是，这项研究缺乏方法论细节，如不清楚它们是否包括涉及杀虫剂使用的研究，以及这些研究是否在分析中被解析。此外，研究者没有对造成这种差异的根本原因进行任何明确的讨论。对转基因 *Bt* 玉米的全球元分析普遍支持先前的分析，发现除与欧洲玉米螟有关的寄生生物数量预期下降外，大多数非目标群体普遍缺乏差异（Pellegrino et al. 2018）。Krogh 等（2020）发表了一篇关于转基因 *Bt* 玉米土壤无脊椎动物的系统综述和全球元分析。与之前对玉米的研究一样，他们通常没有发现转基因 *Bt* 玉米对非目标动物的影响，它们包含的土壤无脊椎动物扩展和补充了现有的综述。

元分析还被用于检验实验室研究和实地研究之间的关系。如上所述，许多监管转基因作物的机构使用分级系统来测试安全性和评估风险。通常，实地研究是在不考虑早期层级测试结果的情况下进行的，特别是由学术和其他公共研究组织进行的。作为登记过程的一部分，监管局也越来越多地要求工业界进行实地研究。因此，实验室和实地都有稳健的数据集，这使得可以用一种方法来测试分级系统的有效性。一项这样的研究发现，"对转基因杀虫作物的实验室研究显示出与田间研究一致或更保守的效果"（Duan et al. 2010）。这些发现表明，分级系统可以识别环境中是否存在危害因素。

10.5.3　非靶标害虫

目前在转基因作物中发现了 Bt 蛋白的独特生理效应，这一特征取决于毛虫或甲虫肠道中允许激活 Bt 蛋白的特定受体和条件，将它们的活性限制在相对较少的作物节肢动物害虫上。因此，通常还有许多其他不受 *Bt* 作物影响的害虫和螨虫，特别是在种植在较低纬度的棉花和大豆等长季作物上。其中许多害虫物种的管理与 *Bt* 作物出现之前的情况大致相同，对 *Bt* 作物和传统的非 *Bt* 作物构成同样的威胁。正是这些害虫迫使人们更多地关注 IPM 原则，这需要一套综合策略来提供有效的整体作物保护。

总体而言，对转基因 *Bt* 棉花、玉米、水稻和茄子的田间丰度研究的元分析表明，在没有杀虫剂的情况下，*Bt* 作物中的非靶标食草动物，包括非靶标害虫，并不比非 *Bt* 作物丰富（图 10.1a）。也就是说，*Bt* 作物本身并不会改变食草动物群落。实验室元分析进一步支持了这一结论，这些分析清楚地表明，*Bt* 作物对非靶标害虫没有毒性（Naranjo 2009）。或者，当在非 *Bt* 作物中使用杀虫剂，并将节肢动物的丰度与未经处理的 *Bt* 作物进行比较时，食草动物，同样包括非目标害虫，在

Bt 作物中要丰富得多（图 10.1b）（Naranjo 2009）。这并不意味着所有这些害虫在 *Bt* 作物中一定更有问题，但可能需要额外的管理策略来抑制它们的数量，如上所述。

　　然而，在一些生产系统中，一些非目标害虫（在这种情况下是次生或诱导害虫）在转基因 *Bt* 作物中变得更成问题。一些最明显的例子出现在吸吮昆虫身上。例如，这包括中国、澳大利亚和美国的棉花种植害虫。记录最好的案例来自中国，在中国，多种植物害虫在棉花上变得更加有害，对在同一地区种植的其他一些作物也变得更加有害（见第 9 章）。在美国中南部和东南部的部分地区，盲蝽象和蝽象作为棉花害虫的重要性也有所上升。这些增长的原因尚不完全清楚，但在中国和美国等一些地区，具有讽刺意味的是，这个问题似乎与广谱杀虫剂的普遍减少有关，这些杀虫剂曾被用于控制毛虫害虫，现在已被 *Bt* 棉花有效控制。这些杀虫剂通常会对这些非靶标害虫提供间接控制。同样，在澳大利亚，人们认为减少对棉铃虫的杀虫剂使用使植物臭虫、臭虫、叶蝉和蓟马变得更加突出。现在用在这些害虫身上的喷雾反过来又扰乱了天敌的复合体，并导致了蜘蛛、蚜虫和粉虱等害虫的二次暴发。印度的种植者也面临着类似的问题，如粉蚧、蓟马和叶蝉。

　　与转基因 *Bt* 棉花相比，转基因 *Bt* 玉米的非靶标害虫增加的情况相对较小。地老虎（一种毛虫，但在 *Bt* 玉米中只对某些 Cry 蛋白敏感）在引进至少产生两种 Bt 蛋白的金字塔品种后问题较小，但它已被负面地用作采用 *Bt* 作物产生副作用的一个例子。虽然 *Bt* 玉米的使用和相关杀虫剂使用量的减少有助于扩大这种害虫的范围，但还有许多其他因素需要考虑。其中包括基础昆虫生物学、害虫和玉米物候学、耐除草剂玉米提供的保护性耕作的增加、扩大范围内的土壤特性、昆虫遗传学、昆虫病原体、害虫替代和气候变化（Hutchison et al. 2011）。像线虫和幼虫（甲虫）这样的小害虫的问题主要是通过杀虫剂处理的种子来解决的，如前所述，这在美国现在是一种普遍的做法。

　　一些非靶标害虫在 *Bt* 作物中的重要性日益提高，这可能与以前用于控制 Bt 目标害虫的杀虫剂的大幅减少有关。杀虫剂的减少和对天敌的相关保护并没有加强对这些非目标害虫的控制，这一事实表明，生物防治对这些害虫并不会起很大的作用。另一个可能起作用的因素是诱导植物的天然防御。众所周知，玉米和棉花都能产生防御性化合物，以应对某些类型的食草动物。例如，众所周知，对于玉米和棉花来说，毛虫取食会导致挥发性化合物的释放，这些化合物作为天敌的引诱剂，从而促进生物防治。除了这种不稳定的信号，草食，特别是通过咀嚼食草动物，也会诱导植物产生防御性化合物，这些化合物可能会对以植物为食的其他食草动物产生负面影响。在 *Bt* 作物中，这种由咀嚼食草动物（毛虫）引起的诱导作用明显减弱。在棉花上的研究表明，在毛虫取食的情况下，一组称为萜类化合物的化学物质在转基因 *Bt* 棉花中的诱导水平低于非转基因 *Bt* 棉花。这种差异

使得 *Bt* 棉花中的其他害虫，如蚜虫和植物臭虫，能够更好地存活和生长。减少来自目标害虫的竞争也可能起到一定作用，使非靶标害虫在 *Bt* 作物中表现更好。

10.5.4 有价值的非靶标生物体

尽管出于多种原因，所有非靶标生物体都可以被认为是有价值的，但有几个群体具有特殊的意义，因为它们受到农业和公众的重视。这类群体包括传粉者（如蜜蜂）、有魅力的蝴蝶（如黑脉金斑蝶）和具有特殊经济价值的飞蛾（如蚕蛾）。提供生物防治服务的天敌也属于这一类，但由于在作物保护中发挥的关键作用，它们将在下文中单独予以讨论。一种极具魅力的昆虫比其他所有昆虫都更能代表有关转基因作物安全性的辩论，那就是北美洲知名"居民"黑脉金斑蝶。1999 年，发表在著名科学杂志《自然》上的一项实验室研究表明，来自美国 Bt11 事件的 *Bt* 玉米花粉在大量应用于蝴蝶的马利筋宿主植物表面时，可能会导致幼虫死亡。有趣的是，Bt11 的花粉含有很低水平的 Bt 蛋白，但花药中含有高水平的 Bt 蛋白。一些人推测，在研究过程中，花粉受到了花药的污染。除了大量负面的大众媒体报道外，这项研究还促使美国中西部的多个科学团体在实验室和现场研究中对这一问题的许多方面进行了大量研究。这些研究和其他研究的数据随后被用来构建一个强有力的风险评估，该评估考虑了许多变量，包括与危险（毒性）和暴露有关的因素。最终，风险被发现是低的，特别是在生产中的主要 *Bt* 玉米事件中，它们的花粉中含有非常少的 Bt 蛋白，再加上暴露的可能性非常低（从玉米传播花粉的时间和程度、转基因 *Bt* 玉米在蝴蝶繁殖栖息地的比例等）。对蝴蝶栖息地中的毒素的研究最终得出了野外风险可以忽略不计的结论（Sears et al. 2001）。这与美国环境保护局在 1996 年之前的登记过程中对有价值的非靶标蝴蝶得出的结论相同。黑脉金斑蝶对 Bt 蛋白的敏感性从未受到怀疑，因为它与靶标在分类学上有亲缘关系，鳞翅目昆虫的实验室研究进行的元分析表明了这一点（Naranjo 2009）。最近的一些研究表明，与 *Bt* 玉米的花粉相比，大豆病虫害防治常用杀虫剂的漂移对黑脉金斑蝶幼虫的毒性可能更大。目前更重要的是在耐除草剂的玉米上广泛使用草甘膦和其他除草剂，导致玉米田内和与之接壤的玉米田内蝴蝶宿主植物（马利筋）的丰度大幅下降。

传粉者是另一个重要的非靶标群体，目前围绕蜜蜂健康下降和蜂群崩溃的问题，人们的认识更加深刻。一项基于 25 项实验室研究的元分析表明，针对毛虫或甲虫害虫的 Bt 蛋白对成虫或幼虫阶段的蜜蜂的生存都没有影响（Duan et al. 2008）。一项包括蜜蜂和大黄蜂在内的独立元分析得出了基于实验室生存和发育的相同结论（Naranjo 2009）。相对较少的实地研究总体上检查了传粉者，但对几种蜜蜂的实验室研究表明，Bt 蛋白不会对蜜蜂造成危害。

10.5.5　节肢动物天敌的非靶标效应

　　节肢动物天敌是另一类有价值的生物，在评估转基因作物的风险时需要加以考虑。它们有可能提供对控制目标和非目标害虫至关重要的生物防治服务，可能有助于改善对 *Bt* 作物的抗性进化，并代表整个自然和管理生境中的重要群落成员。由于 *Bt* 作物的重要性，在评估 *Bt* 作物对生物特性（如生存、发育、繁殖）、丰度和在更有限的程度上对生物防治功能的影响方面，已有相当多的研究。有多种途径可以使天敌潜在地暴露于 Bt 蛋白（图 10.2）。首先，大多数捕食者和寄生生物直接以营养与生殖植物组织或植物产品（如花蜜和花粉）为食；一些物种，如食蚜蝇和某些草蛉，成虫以花蜜和花粉为食。这样的接触途径被称为植物对天敌的双营养作用。其次，捕食者和寄生生物可以通过直接以植物为食的猎物或宿主接触 Bt 蛋白。这种途径被称为植物-猎物-天敌三营养途径。第三种途径与三营养途径有关，但涉及天敌捕食某些植物吸食昆虫产生的蜜露。生活在土壤中的天敌可能会接触到 Bt 蛋白，这些蛋白质通过根分泌物、腐烂的植物材料或死亡的节肢动物进入土壤——双营养途径和三营养途径的组合。作物边界或邻近生境的天

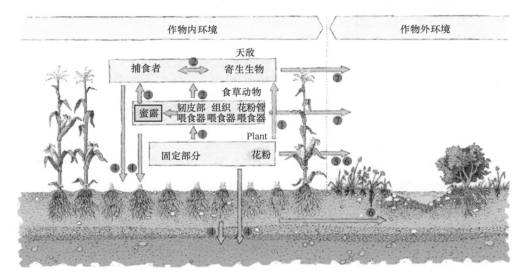

图 10.2　*Bt* 作物天敌的潜在途径概念图：①食草动物和天敌可以直接取食花粉和其他植物部分；②捕食者和寄生生物可以通过捕食以植物为食的食草动物而暴露于植物中的 Bt 蛋白；③天敌可以摄食各种以 *Bt* 植物为食的昆虫分泌的蜜露；④土壤中的天敌可能通过根分泌物、腐烂的植物物质或死亡的节肢动物进入土壤中接触 Bt 蛋白；⑤、⑥作物外的天敌可能暴露在通过土壤或空气中的各种机制离开田间的 Bt 蛋白中；⑦营养相互作用可能通过起源于作物的生物发生在农田外。来自 Romeis 等（2019），Ursus Kaufmann 绘制，瑞士联邦农业科学院

敌可能会接触到 Bt 蛋白，这些蛋白质通过土壤或空气中的各种机制离开田间，如地下水运输或花粉和植物碎片的传播，也是双营养途径。最后，当作物在农业生态系统内移动时，捕食者、寄生生物和食草动物可以在农田外进行营养相互作用。

许多研究已经在实验室中对一些物种的双营养途径和三营养途径进行了研究。元分析和其他数据审查表明，直接以含有 Bt 的植物或人工饲料喂养的双营养途径对发育/生长、存活或繁殖等重要生物参数没有影响（Naranjo 2009；Romeis et al. 2019）。

对三营养体相互作用的接触或以摄入 Bt 蛋白的猎物为食的研究结果进行了解释。在对研究结果的解释中始终没有考虑到的一个问题，易受 Bt 蛋白影响的猎物（如目标毛虫或甲虫）即使没有因接触 Bt 蛋白而死亡，也会经常受到这种喂食的影响。存活下来的细菌通常较小，生长速度较慢，这是 Bt 蛋白亚致死效应的迹象。反过来使用这些受损猎物的天敌通常也会遭受损失。这是 Bt 蛋白的直接影响还是间接影响的问题很重要，但有时会令人困惑。为了确定影响是直接的，即毒理学影响，有必要对猎物质量影响进行控制。已经采用了两种方法，包括使用不受 Bt 蛋白影响的猎物，因为它们在分类学上与目标昆虫无关，或者使用已选择对 Bt 蛋白具有抗性的目标昆虫。这两种策略已经被有效地用来消除对猎物质量的影响，并能够清楚地测试 Bt 蛋白的直接影响。元分析比较了使用不敏感或抗性猎物对猎物质量影响明显或消除的研究（图 10.3）（Naranjo 2009；Romeis et al. 2019）。分析表明，使用易感猎物会导致寄生生物发育较慢，繁殖和寄生减少，捕食者的存活率降低。如果通过使用不敏感或抗 Bt 的猎物来消除猎物质量的影响，那么在寄生繁殖的情况下，这些参数要么不受影响，要么受到积极影响（即在含有 Bt 蛋白的猎物上表现更好）。这些结果表明，Bt 蛋白本身对节肢动物天敌没有任何毒理作用。然而，就像上面讨论的基于现场的结果一样，这也有间接的影响，因为如果天敌使用受损的猎物，生物属性可能会受到负面影响。这些间接影响对环境的影响尚不清楚，而且并不局限于使用 *Bt* 作物的情况。影响目标猎物的任何策略（以前的寄生、杀虫剂、其他宿主植物抗性因素等），可能会对相关的天敌产生同样的间接影响。目前也不清楚这种影响是否会对天敌种群提供的生物防治服务产生任何影响（如下所述）。一个关键的问题是，是否有足够多的这样的方法在控制策略（Bt 或其他）采取行动后，猎物或宿主对天敌在田间的动态产生实质性影响。

对三营养研究的数据有不同解释的问题在科学界引起了争论。最广为人知的案例之一涉及绿草蛉，它是许多种植系统中常见的重要捕食者。20 世纪 90 年代末，一个研究小组发现，在摄食接触了某些 Bt 蛋白的毛虫猎物时，绿草蛉幼虫的某些生物学特征受到了负面影响。他们还发现，双营养途径会产生负面的生物效

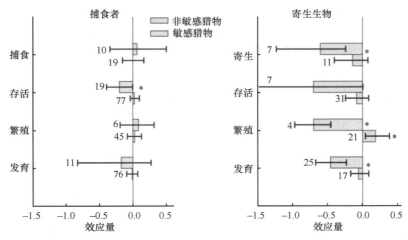

图 10.3　实验室元分析研究考察了 *Bt* 作物对节肢动物天敌的非靶标效应，这些天敌通过以 *Bt* 植物为食的猎物或宿主接触 Bt 蛋白（三营养途径）。易受 Bt 影响的猎物通常会受到亚致死效应的影响，从而降低其作为天敌食物的质量，而不易受影响或有抗性的猎物则正常。在绘制数据时，如果数值为负数，则表示与非 *Bt* 作物相比，*Bt* 作物的表现受到负面影响；如果数值为正数，则表示相反的情况。柱状图旁边的数字表示样本大小，星号表示效应大小的统计显著性，即显著低于或高于零。改自 Naranjo（2009）和 Romeis 等（2019）

应。在这些研究中发现了许多实验设计问题，自这份初次报告发表以来，在同一实验室进行的研究及许多其他实验室进行的研究都未能重复这些对几种 Bt 蛋白的直接负面研究结果（Romeis et al. 2014）。另一场辩论涉及一项基于实验室的元分析，该分析报告了各种 Bt 蛋白对节肢动物捕食者和寄生生物的直接负面影响。这一结果令人惊讶，与许多其他综述和元分析不一致，包括这里讨论的内容。一项反驳发现了该研究的一些统计和逻辑问题，但最重要的因素之一，是研究者在审查三营养研究时未能考虑到猎物质量问题（Romeis et al. 2019）。图 10.3 中的数据显示了当不考虑猎物中介的影响时，结果可能会有很多不同。目前正在进行的大多数实验室研究都认识到猎物/宿主的质量问题，并使用适当的控制措施来消除其虚假影响。

10.5.6　对生物防治功能的影响

Bt 作物对节肢动物天敌的影响已经讨论过（图 10.1、图 10.3）。丰度减少的案例与间接生态影响有关，如猎物稀缺，或者可能与捕食受危害的、Bt 敏感的猎物产生的间接影响有关。虽然测算丰度和一般生物多样性是衡量该领域非目标影响的一种简单手段，但对天敌来说，更关键的问题是它们提供的生物防治服务是否受到了损害。与其他研究相比，相对较少的研究考察了某些功能指标。这类研

究使用了各种技术，包括现场样本的简单寄生率测量，以及对人工放置在野外的猎物的捕食率或寄生率的测量，以更全面的生命表量化自然猎物种群的捕食率和寄生率。除了少数情况下寄生生物攻击目标害虫的寄生减少外，没有证据表明 *Bt* 作物和非 *Bt* 作物的生物防治能力不同。即使在天敌可能较少的情况下，*Bt* 作物也没有证据表明生物防治减少。例如，对 *Bt* 棉花的长期研究表明，在 *Bt* 作物中，一组常见的捕食者减少了约 20%，但天敌导致两种关键害虫的死亡率与非 *Bt* 作物相比，棉红铃虫和粉虱的数量保持不变（图 10.4）。总体而言，在几个系统中已经证明了在 *Bt* 作物中加强生物防治的机会（见第 9 章）。这些好处不是来自 *Bt* 作物的任何特殊之处，而是通过 GE 技术提供的对关键害虫的选择性控制，该技术允许天敌种群在整个 IPM 战略中蓬勃发展并提供关键的生态系统服务。

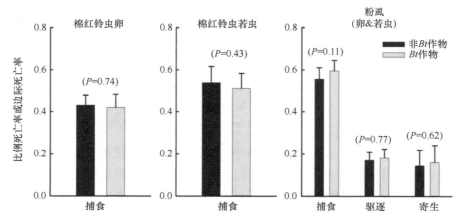

图 10.4　棉田使用棉红铃虫卵和蛹或粉虱若虫自然入侵的生物防治功能的比较测量。转基因 *Bt* 抗虫棉和非转基因 *Bt* 抗虫棉均未喷洒杀虫剂。棉红铃虫的试验结果是在每两年的 4 次试验中总结出来的；粉虱的结果是根据每三年的 2 次试验得出的。提供了统计 *P* 值，误差条表示 95% 的置信区间。棉红铃虫的死亡表现为消失和咀嚼捕食，两个生活期均未观察到寄生。对于粉虱来说，由于天气或咀嚼捕食，被赶走的若虫从叶表面消失，捕食表明有吸口的捕食者死亡，寄生是由几种本地和外来的寄生生物造成的。引自 Naranjo（2005）

10.6　结　　论

在许多国家，转基因作物已经成为作物生产和保护的重要工具，并对整个 IPM 计划做出了重大贡献。为评估这些作物的生态风险，特别是针对 *Bt* 作物中的非目标生物，已经产生了大量的实验室和田间数据。这一证据及通过元分析和其他汇编对数据进行的定量和定性综合分析表明，*Bt* 作物及其产生的杀虫蛋白对非目标无脊椎动物没有直接影响。数据还清楚地表明，在控制 *Bt* 作物所针对的害虫方面，

Bt 作物比替代使用传统杀虫剂要好得多。对自然环境的一些间接影响与 Bt 目标食草动物丰度或质量下降有关的天敌已经被证明,但这些影响的后果尚不清楚。利用基于 RNAi 基因沉默和 CRISPR 基因编辑新技术开发的作物具有进一步革新病虫害防治的潜力,但这些技术,特别是 CRISPR,还处于作物改良的早期开发阶段,仍然存在许多生物学和监管挑战。作为 IPM 工具箱中的一种策略,*Bt* 作物对杀虫剂的使用模式产生了深远的影响。虽然减少杀虫剂的使用可能会导致 *Bt* 作物出现新的害虫问题,但这也扩大了部署生物防治的机会。

致　谢　感谢 Joerg Romeis、Richard Hellmich 和 Bill Hutchison 审阅了这份手稿的早期草稿。

本章译者:袁慧娟[1],侯志江[1],王继华[2]

1. 云南省农业科学院高山经济植物研究所,丽江,674199
2. 云南省农业科学院花卉研究所,国家观赏园艺工程技术研究中心,昆明,650200

参 考 文 献

Brookes G, Barfoot P (2020a) Environmental impacts of genetically modified (GM) crop use 1996–2018: impacts on pesticide use and carbon emissions. GM Crops Food 11:215–241

Brookes G, Barfoot P (2020b) GM crop technology use 1996–2018: farm income and production impacts. GM Crops Food 11:242–261

Comas C, Lumbierres B, Pons X, Albajes R (2014) No effects of *Bacillus thuringiensis* maize on nontarget organisms in the field in southern Europe: a meta-analysis of 26 arthropod taxa. Transgenic Res 23:135–143

Dang C, Lu ZB, Wang L, Chang XF, Wang F, Yao HW, Peng YF, Stanley D, Ye GY (2017) Does Bt rice pose risks to non-target arthropods? Results of a meta-analysis in China. Plant Biotechnol J 15:1047–1053

Duan JJ, Lundgren JG, Naranjo SE, Marvier M (2010) Extrapolating non-target risk of *Bt* crops from laboratory to field. Biol Let 6:74–77

Duan JJ, Marvier M, Huesing J, Dively G, Huang ZY (2008) A meta-analysis of effects of Bt crops on honey bees (Hymenoptera: Apidae). PLoS ONE, p e1415

Guan Z-J, Lu S-B, Huo Y-L, Guan Z-P, Liu B, Wei W (2016) Do genetically modified plants affect adversely on soil microbial communities? Agric Ecosyst Environ 235:289–305

Hutchison WD, Hunt TE, Hein GL, Steffey KL, Pilcher CD, Rice ME (2011) Genetically engineered Bt corn and range expansion of the western bean cutworm (Lepidoptera: Noctuidae) in the United States: a response to Greenpeace Germany. J Integr Pest Manage 2:B1–B8

Krogh PH, Kostov K, Damgaard CF (2020) The effect of Bt crops on soil invertebrates: a systematic review and quantitative meta-analysis. Transgenic Res, https://doi.org/10.1007/s11248-11020-00213-y

Marvier M, McCreedy C, Regetz J, Kareiva P (2007) A meta-analysis of effects of Bt cotton and maize on nontarget invertebrates. Science 316:1475–1477

Naranjo SE (2005) Long-term assessment of the effects of transgenic Bt cotton on the function of the natural enemy community. Environ Entomol 34:1211–1223

Naranjo SE (2009) Impacts of *Bt* crops on non-target organisms and insecticide use patterns. CAB Reviews: perspectives in agriculture, veterinary science, nutrition and natural resources 4, No.

011 (DOI:010.1079/PAVSNNR20094011)

Naranjo SE, Hellmich RL, Romeis J, Shelton AM, Vélez AM (2020) The role and use of genetically engineered insect-resistant crops in integrated pest management systems. In: Kogan M, Heinrichs EA (eds) Integrated management of insect pests: current and future developments. Burleigh Dodds Science Publishing Limited, Cambridge, UK, pp 283–340

Pellegrino E, Bedini S, Nuti M, Ercoli L (2018) Impact of genetically engineered maize on agronomic, environmental and toxicological traits: a meta-analysis of 21 years of field data. Sci Rep 8:3113

Romeis J, Meissle M, Naranjo SE, Li Y, Bigler F (2014) The end of a myth-Bt (Cry1Ab) maize does not harm green lacewings. Front Plant Sci 5:391

Romeis J, Naranjo SE, Meissle M, Shelton AM (2019) Genetically engineered crops help support conservation biological control. Biol Control 130:136–154

Schiemann J, Dietz-Pfeilstetter A, Hartung F, Kohl C, Romeis J, Sprink T (2019) Risk assessment and regulation of plants modified by modern biotechniques: current status and future challenges. Ann Rev Plant Biol 70:699–726

Sears MK, Hellmich RL, Stanley-Horn DE, Oberhauser KS, Pleasants JM, Mattila HR, Siegfried BD, Dively GP (2001) Impact of Bt corn pollen on monarch butterfly populations: a risk assessment. Proc Natl Acad Sci 98:11937–11942

Steven E. Naranjo 是美国农业部农业研究所亚利桑那州干旱土地农业研究中心主任，也是亚利桑那大学的兼职教员。他的研究方向包括生物防治、综合防治、采样、种群生态学和转基因作物的环境风险评估。他对抗虫棉的非靶标效应进行了长期研究，重点是天敌的数量和功能，并开展了元分析，以量化全球范围内转基因 *Bt* 作物的非靶标效应。Naranjo 博士曾担任《作物保护》的联合主编，目前担任《环境昆虫学》的编委，涵盖了转基因植物和昆虫等方面。

第11章　抗病毒作物和树木

克里斯蒂娜·罗莎（Cristina Rosa）

摘要： 植物病毒病和其他植物微生物病每年造成巨大的经济损失，限制世界范围内的粮食供应。为了控制病毒性疾病，我们可以采用各种策略，包括各种形式的遗传抗性。利用一种被称为 RNA 干扰或基因沉默的天然真核防御系统，可以通过操纵遗传抗性来控制病毒。这个系统还可以用来控制昆虫传播病毒的媒介，扩大转基因技术的影响。本章对植物防御、植物病毒和转基因技术在抗病毒作物中的整合进行了综述。

关键词： RNA 干扰、基因沉默、植物病毒、植物防御、病毒诱导的基因沉默

11.1　引　　言

在自然环境中，植物被定植在包括病毒、细菌和真菌在内的各种生物体组成的微生物区系（微生物群落）中。这些微生物大多数是非致病性的，不会伤害宿主。相反，它们是植物健壮生长所必需的，并参与对自身和植物宿主有利的互惠互动。例如，一些植物病毒具有对胁迫的耐受性，如高温胁迫或干旱胁迫（Márquez et al. 2007；Xu et al. 2008），使受感染的植物能够在极端环境中生存（如美国黄石公园的极热土壤），并在环境突然变化（如潮汐引起的水波动）中存活下来。

病毒是一种古老的微生物，通过宿主与病毒间相互作用及在物种之间传递遗传物质影响所有生物的进化。如今，许多病毒被用于有益的方面，包括在医学上对抗细菌感染，在森林生态系统中杀死落叶毛虫，以及在纳米/生物技术中作为遗传信息的载体，将药物运送到正确类型的细胞或者在植物、昆虫细胞或细菌中表达蛋白质。相比之下，尤其是在农业领域，一些植物病毒及细菌和真菌可以引起疾病，最终导致宿主死亡，最重要的是可能导致对粮食和纤维至关重要的作物大幅减产。有害病毒似乎是随着农业的出现而进化的，与自然景观中发现的病毒相比，它们在进化上相对较新。植物病毒病的负面影响甚至会限制粮食供应，这就是我们关注作物健康生长的原因。据估计，植物病害每年导致农作物总产量损失高达 14%，这一百分比相当于数千亿美元的收入损失。这些损失中有 10%～15%

可以归因于病毒，但对于特定的作物和特定的地点，如在粮食供应已经有限的亚洲和非洲大陆，这种损失可能会对人类健康产生严重的影响。为了控制病毒性疾病，我们经常采取各种策略，包括使用杀虫剂以减少传播病毒的昆虫媒介的数量、采用有害生物综合管理（旨在以对环境无害的方式使用多种病虫害管理方法的系统）、建立动植物检疫区、使用经认证的种质材料（如种子和块茎等遗传资源集合）和各种形式的遗传抗性。

11.2　什么是植物病毒？植物病毒与动物病毒有什么不同？

植物病毒通常比动物病毒和细菌更小、更简单。病毒颗粒的大小在 20～200nm，通常它们的化学成分很简单。病毒颗粒通常有一个由蛋白质组成的外壳，这些蛋白质以几何形式排列，可以是棒状的，也可以是等长的衣壳（图 11.1）。

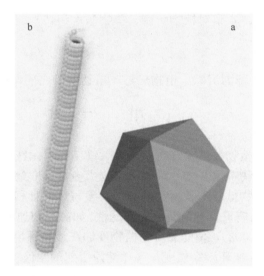

图 11.1　从受感染的叶片中纯化的具代表性的植物病毒。a. 一种烟草条纹病毒（等边体）；b. 豌豆花叶病毒（棒状）

病毒外壳由重复的小蛋白亚基组成（图 11.2），对于一些植物病毒来说，外壳被来自宿主细胞的脂质（脂肪）膜所包围。病毒基因组被保护在外壳内，可以由RNA 或 DNA 组成。

病毒基因组可以是环状或线状的，可以由一个或多个"染色体"组成，也可以包含在单个或多个病毒颗粒或病毒粒子中。植物病毒基因组很小，通常由 3000个到 30 000 个核苷酸组成（构成 RNA 和 DNA 的区块），而动物病毒基因组可以由 80 万个核苷酸组成，编码多达数百种蛋白质。少数病毒的病毒粒子可能含有启

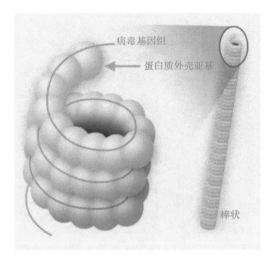

图 11.2　病毒外壳结构。①**衣壳**是包裹核酸的蛋白质外壳，它是由结构子单元构成。②**衣壳蛋白质**是衣壳中最小的功能等效构建单元。③衣壳及其核酸称为**核衣壳**。④核衣壳可由**包膜**保护。⑤**病毒粒子**是具有感染性的病毒颗粒

动病毒复制或繁殖所必需的病毒蛋白，但病毒不能在没有宿主细胞机制的情况下复制；它们是细胞内分子专性寄生虫。它们利用和劫持宿主细胞进行繁殖，但它们不能在活细胞外完成这一任务。由于植物病毒很小，它们只能表达几种蛋白质，因此考虑到它们有限的基因组库，它们的复制和对植物防御的反应能力令人惊讶。病毒依赖于多功能蛋白质、蛋白质修饰及时调节的蛋白质表达和基因组复制来成功完成其生命周期。

11.3　植物能抵御病毒吗？

首先，让我们来看看植物防御是如何发挥作用的，以及它们与动物防御有何不同。

植物是多细胞有机体，它们的细胞通过被称为胞间连丝的通道相互连接（图 11.3）。胞间连丝起着"高速公路"的作用，允许小分子在细胞之间甚至整个植物中传输。植物病毒利用胞间连丝在受感染的植物中传播。

植物对昆虫、微生物和其他应激源具有结构性和诱导性的防御能力（Dangl and Jones 2001；Howe and Jander 2008）。构成防御总是存在的，它们包括物理屏障，如细胞壁成分的改变或叶毛（毛或附属物）的存在，以及化学屏障（如产生化学阻遏剂）。诱导型防御是指只有在病原体攻击时，植物细胞的先天性免疫系统识别到病原体编码的效应物时才"开启"的防御。免疫系统识别病原体编码的效

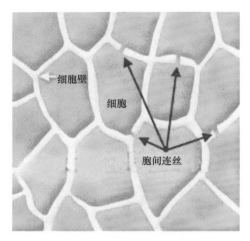

图 11.3 植物细胞由细胞壁保护，并由胞间连丝连接

应物，这些效应物是一类生物特有的标志性分子。过敏反应、活性氧释放和细胞程序性死亡是与抗性（R）基因介导的抗性相关的植物反应的名称。在这里，一旦识别出病原体，植物细胞就会释放化学防御并"自杀"，试图遏制感染扩散到健康组织。表达这些反应的植物叶片显示出坏死点，与攻击开始的点相对应（图11.4）。

图 11.4 病原体被植物感知，并在受攻击的植物中激活局部反应和系统反应

从感染部位发出的信号刺激植物的远端部分产生茉莉酸、乙烯或水杨酸依赖或独立的防御途径（图11.5）。这些途径是启动和关闭其他基因及其产物以帮助植物对抗病原体的连续事件。病毒和其他植物病原体已经进化出对抗植物防御的手段，因此植物抗性和病原菌对抗防御代表着一场正在进行的进化"军备竞赛"。

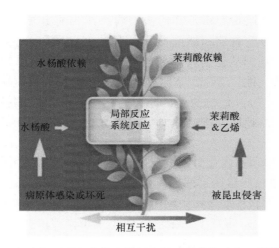

图 11.5　病原体感染、细胞坏死或昆虫伤害激活水杨酸或茉莉酸和乙烯途径，导致局部和系统
的植物反应，这些防御途径是相互联系的

最后，植物缺乏动物典型的体细胞适应性免疫系统（抗体），也没有淋巴细胞（白细胞）。

11.4　栽培植物比它们的野生近亲更容易感染病毒吗？

自然种群中的单个植物在基因上并不相同，它们对病原体的抵抗力通常也不同。相比之下，在单一栽培中种植的农业物种（所有植物属于同一物种，基本上完全相同）对特定病原体同样敏感或具有抵抗力。因此，如果能够识别出对同一病原体表现出一定程度的抗性或耐性的野生近亲，这些亲缘关系就可以作为栽培作物的遗传抗性来源。抗性可通过单个宿主基因（R 基因）或多个基因的获得，植物育种者通常试图通过传统育种或转基因将野生植物中发现的抗性基因导入（移动）栽培品种。

11.4.1　天然抗性实例

许多植物表现出由 R 基因介导的对病毒的天然抗性。例如，在许多拟南芥材料（来自同一地点的植物集合）中，一些限制性烟草蚀刻病毒（restricted tobacco etch virus）运动蛋白 RTM1、RTM2 和 RTM3 限制了被称为马铃薯 Y 病毒的植物病毒的长距离运动。这种抗性不存在于表现出 RTM 蛋白氨基酸变化的拟南芥材料中。由于病毒外壳蛋白是 RTM 蛋白识别的效应器，自然表现出外壳结构变化的马铃薯 Y 病毒不被拟南芥识别，可以感染 *Rtm* 基因的植物。

很多番茄物种对冠状病毒及其他植物病原体表现出天然的抵抗力。将秘鲁番茄、智利番茄、多毛番茄和醋栗番茄作为抗性基因源，导入栽培番茄中。一个名为 *Sw-5b* 的单基因从秘鲁番茄导入茄子的栽培品种中，表现出对番茄斑萎病毒属病毒的广谱抗性。*Sw-5b* 基因属于一类特殊的植物抗病基因，与番茄线虫和抗蚜虫基因 *Mi* 等其他抗病基因相似。由 *Sw-5b* 产生的抗性似乎可以在接种病毒的组织中引发超敏反应，从而阻止病毒的传播，但在番茄果实中不存在这种抗性。

一些被称为运输所需内体分选复合体（ESCRT）的植物蛋白参与了核内体成熟。核内体是帮助蛋白质运送到细胞内的不同目的地及进出细胞表面的细胞小泡。大多数病毒在其复制和移动过程中利用 ESCRT 系统，ESCRT 的损害直接干扰病毒的复制和移动的能力。事实上，缺乏 ESCRT 的拟南芥植株显示出了对病毒复制和对一组被称为番茄丛矮病毒属病毒感染的抑制。

烟草对烟草花叶病毒（TMV）的抗性源于对"TMV 感染的坏死型反应"。这种基因产物还会干扰病毒复制，顾名思义，它会诱导植物细胞坏死（自杀），以阻止病毒感染。

11.4.2 转基因抗性实例

在缺乏天然抗性的情况下，如今我们可以利用转基因将病毒抗性特征整合到农作物中。在某些情况下，我们可以将天然的 *R* 基因从一种作物转移到另一种作物，但并不是所有的转基因都能有效转移，可能部分是由受体作物的遗传背景所致。在 20 世纪 80 年代末，科学家们开始探索这样一种想法，即将病毒基因注入植物中可以触发转基因植物对病毒产生"免疫力"，这是一种自我延续的植物疫苗。1986 年，Powell-Abel 等提出了一种新的方法，成功获得了第一株表达 TMV 外壳蛋白的转基因烟草植株。1988 年，Nelson 等利用转基因番茄整株表达烟草花叶病毒外壳蛋白。部分转基因株系对烟草花叶病毒具有部分抗性。从那时起，许多植物（大麦、油菜、玉米、燕麦、水稻、小麦、菊花、石斛、唐菖蒲、葡萄柚、葡萄藤、酸橙、甜瓜、木瓜、菠萝、李子、树莓、草莓、树番茄、核桃、西瓜、紫花苜蓿、甘蔗、大豆、苜蓿、坚果、豌豆、花生、大豆、生菜、辣椒、马铃薯、南瓜、甜菜、甘薯和番茄）已被转化为抗病毒植物。然而，在所有在实验室或温室环境中培育并测试其抗病毒能力的植物中，以下列出的是少数几种进入市场的植物。

抗西瓜花叶病毒和西葫芦花叶病毒的转基因南瓜品系 ZW-20 和抗黄瓜花叶病毒、西瓜花叶病毒和西葫芦花叶病毒的转基因南瓜品系 CZW-3 分别于 1994 年和 1996 年在美国商业化推广（Tricoli et al. 1995）。1998 年发布了抗木瓜环斑病毒（PRV）的转基因木瓜（Gonsalves et al. 1997）。转基因青椒品种和抗黄瓜花叶病毒的番茄也已于 1998 年在中国发布。如今，转基因青椒品种和抗黄瓜花叶病毒的番茄已在中国上市。加拿大（1998 年）和美国（1999 年）取消了两个抗马铃薯病毒 Y 的马铃薯品系的管制。但后来由于公众舆论极度负面而放弃（Kaniweski and Thomas 2004）。在投放市场的转基因植物中，最成功的案例来自夏威夷使用 PRV 转基因木瓜。这一事件挽救了木瓜产业，使其免于因 PRV而彻底毁灭，并允许在转基因种植园区种植非转基因木瓜品种，增加岛屿上的品种多样性。

2011 年美国解除管制的抗病转基因植物是抗李痘病毒 'HoneySweet' 李子。确定该品种的安全性和特性花了 20 多年的时间，最重要的是，目前还没有发现欧洲李、黑刺李、乌荆子李，只有樱桃李才接种超敏感的栽培品种，并且这种栽培品种的幼苗在接触病毒后自然死亡。'HoneySweet' 李子的果实质量和产量都很高。如今，'HoneySweet' 李子已与其他李子品种杂交，因为它们可以作为单个基因座传播显性抗性性状。Scorza 等在 2013 年撰写了一篇关于 'HoneySweet' 李子解除管制过程的评论，非常引人注目。

这些转基因植物对病毒的抗性机制并不总是为人所知，但在大多数情况下，这种抗性是由一种称为基因沉默或 RNA 干扰的自然防御系统引起的。

11.4.3　一种新的基于核苷酸序列的诱导防御机制

真核生物针对病毒进化的可诱导的防御机制，称为 RNA 干扰（RNAi）或基因沉默（Voinnet 2001；Waterhouse et al. 2001），它针对特定的核苷酸序列，因此与上述经典的效应器介导的植物防御系统相比是非典型的。

11.5　RNAi 是如何工作的？

当病毒在真核细胞中复制时，病毒基因组的双链 RNA（dsRNA）形式由依赖病毒酶 RNA 的 RNA 聚合酶产生，该聚合酶以 RNA 基因组为模板并将其复制到相反极性的 RNA 分子中。由于这两个 RNA 分子是互补的，它们可以相互退火，形成 dsRNA 螺旋。dsRNA 也可以由同一分子上互补的 RNA 片段配对产生，并不总是与病毒复制有关。在健康细胞中没有发现大的 dsRNA 分子，如在病毒感染期间产生的 dsRNA 分子，它们的存在被认为是外来的，是真核生物（如植物）RNAi途径的触发因素。一种名为 Dicer 的植物酶将 dsRNA 裂解成 21 个核苷酸长的小片段，称为小干扰 RNA（siRNA）。Dicer 有一个大小正好是 65Å 的口袋，这个距离相当于 21 个核苷酸。这个口袋充当分子尺子。siRNA 双链被 Dicer 分解成两条链，其中一条链（正义链）被同一种酶降解。第二条链（反义链）被结合到一种酶复合体中，称为 RNA 诱导沉默复合物（RISC）。RISC 以反义链为模板，发现并与具有互补核苷酸序列的 RNA（更多是病毒 RNA）杂交，并对其进行降解（图 11.6）。通过这种方式，细胞能够发现并摧毁病毒 RNA，并将其与其他细胞信使 RNA（mRNA）区分开来。

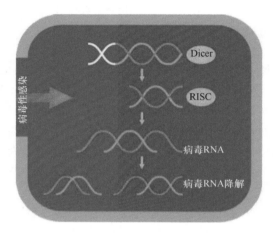

图 11.6　病毒感染后，真核细胞中会产生病毒 dsRNA。dsRNA 被细胞酶 Dicer 识别，并被加工成 21 个核苷酸长的 siRNA 分子，这些分子被结合到细胞 RISC 中，用于寻找互补的病毒 RNA 序列以供其降解

虽然动物已经进化出了其他防御系统，如基于干扰素的信号来提醒健康细胞注意病毒攻击，以及产生抗体来识别特定的病毒和其他微生物，特别是植物，但也包括昆虫，它们严重依赖 RNAi 途径来防御病毒。

11.6　我们如何操纵 RNAi 来诱导植物对病毒的抗性？

如果我们通过转基因植物来表达双链 RNA，植物 RNAi 机制将识别 dsRNA 并启动反应。如果转基因植物表达了植物病毒的 dsRNA 序列，植物的 RNAi 反应就会识别病毒 RNA，这一策略已被用于培育病毒免疫植物（图 11.7）。

因此，回到转基因植物表达病毒序列的例子，如那些编码病毒外壳蛋白的植物，植物在识别和摧毁入侵的病毒 RNA 方面非常有效。如果分析这些转基因植物的基因组，我们可以找到插入的病毒序列，以及相应的 21 个核苷酸的 siRNA，这些 siRNA 来自插入的序列，但产生于 Dicer 活性。在实验室试验中利用 RNAi 抗病毒的其他转基因植物包括：核桃、黑麦草、番茄、烟草、甘薯、大豆、马铃薯、水稻、杨树、虞美人、玉米、观赏作物、苹果。

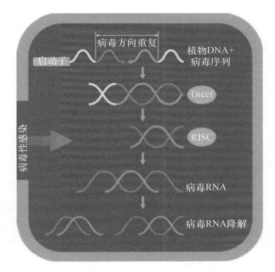

图 11.7　转基因植物可以在植物或病毒启动子的控制下插入一部分病毒序列及其互补序列。植物将表达双链形式的病毒序列，这将触发植物针对这些特定病毒序列的 RNAi 途径。如果植物受到同样包含该特定序列的目标病毒的挑战，植物将使用启动的 RNAi 途径来破坏病毒 RNA 并阻止感染

11.7　RNAi 是否总是涉及转基因植物的使用？

病毒诱导的基因沉默（VIGS）被用来引入特定的核苷酸序列，这些序列可以通过非致死性的重组病毒在植物中诱导 RNAi 效应。这些病毒被用作载体来表达与我们希望通过 RNAi 靶向的互补核苷酸序列，但这些病毒不整合到植物基因组中，因此产生的植物不是转基因植物。这些病毒通常被机械地接种（或转移）到它们的宿主植物中。例如，巴西、澳大利亚、南非和日本使用了一种 VIGS 来对抗柑橘果园中的柑橘衰退病毒（CTV）。在那里，一种温和的 CTV 毒株被接种在树木中，并作为针对严重 CTV 毒株的疫苗（Costa and Muller 1980）（图 11.8）。

2020 年，美国农业部（USDA）动植物健康检验局（APHIS）向美国佛罗里达州 Southern Gardens 公司发放了环境释放许可证，允许在佛罗里达州境内释放 "CTV-SoD"。这一许可将允许释放表达菠菜防御素蛋白的 CTV 克隆，以控制黄龙病，这是世界上最具破坏性的柑橘病害之一。虽然这些 CTV 克隆是转基因的，但接种它们的植物却不是，这给 VIGS 在农业上的采用带来了一个有趣的转折。

图 11.8　最左边的植物是一棵健康的柑橘植株。最右边的植株感染了一种严重的 CTV 毒株（用蓝色叶子描绘），而中间左边的植物感染了一种轻微的 CTV 毒株（红叶）。如果先接种轻度感染 CTV 株系，然后接种重度感染 CTV 株系（分别为红叶和蓝叶）（右中），植物将得到部分保护，生长将比受重度 CTV 株系感染的植物更好

11.7.1　与 VIGS 和 RNAi 相关的问题

由于植物病毒具有逃避植物 RNAi 反应的能力，所以使用 RNAi 对抗植物病毒存在几个问题。第一，植物病毒迅速进化，可以使其核苷酸序列发生突变。如果它们的核苷酸序列与 RNAi 靶向的核苷酸序列相比发生变化，它可能不再被 RISC 识别。第二，在 RNAi 靶区存在差异的新病毒株总是不断出现，不会受到 RNAi 的影响。第三，植物病毒编码的蛋白质可以使病毒逃避 RNAi 机制。这些蛋白质被称为"基因沉默抑制剂"（Qu and Morris 2005），其他表达基因沉默抑制剂的病毒有时可以保护作为 RNAi 目标的病毒，如果它们共同感染转基因植物的话。混合感染，即多种病毒感染相同的植物，在自然界中很常见。

11.7.2　RNAi 策略的修改：例如，可以使用 RNAi 或基因沉默来影响昆虫媒介的性能

自然界中的病毒既可以通过受感染的花粉和种子垂直传播，也可以通过病毒媒介（最常见的是昆虫）水平传播（Nault 1997）。一些病毒可以通过两种方式传播，但在农业上具有重要意义的病毒主要通过它们的昆虫媒介传播。当昆虫以感染病毒的植物为食时，昆虫被病毒感染，然后昆虫从一株植物转移到另一株植物时，病毒被引入健康的植物，并在取食时在新遇到的植物中排出含有病毒的汁液。

新的研究集中在通过基因转化或 VIGS，利用 RNAi 来激发植物控制昆虫媒介及其相关的病毒疾病。许多研究表明，RNAi 效应可以在昆虫细胞中诱导，甚至在以这种植物（通过转化或 VIGS 表达 RNAi 序列的植物）为食的整个昆虫中都可以诱导。人工 dsRNA 可以用来触发 RNAi 途径。如果人工合成（人工组装）的 dsRNA 核苷酸序列与特定的昆虫 mRNA 相同，那么该 mRNA 就会成为 RNAi 机制破坏的目标，有效地使相应的基因沉默并阻止蛋白质翻译。例如，如果一种植物被转化产生一种 dsRNA 分子，其序列与昆虫基因相对应，该植物将产生针对昆虫 RNA 靶标的 siRNA，该植物可能会对昆虫和病毒产生抗性。怎么做呢？当昆虫以转基因植物为食时，它们会摄取植物产生的 siRNA，由于昆虫也有 RNAi 机制，它们的防御系统将使用摄取的 siRNA 来找到并破坏相应的靶 RNA 序列，在这种情况下就获取了 RNA。

最近的一项研究报道了在玉米根部使用 RNAi 来控制西方玉米根虫（Baum et al. 2007）。转基因玉米植株在其根部表达了针对西方玉米根虫的 dsRNA（ATPase 在昆虫的肠道中表达，是许多生命过程所必需的），并且这些植物被证明对根虫的伤害具有高度的抗性。例如，这项技术可以用来提高抗 *Bt* 转基因玉米的耐久性。

除了针对昆虫，RNAi 还可以用于针对产生不利作物性状的内源植物基因。例如，通过 RNAi 技术使苹果中负责果实褐变酶的基因沉默，获得了不褐变苹果新品种'北极'（Arctic®），该品种已在美国解除管制并在市场上销售。

11.8 未 来 展 望

植物转基因和 RNAi 技术的使用一直是人们热议的话题。最近，科学家们推翻了 Zhang 等（2012）发表的一项研究，这项研究中作者发现以大米为食的哺乳动物（人和小鼠）的血液中可以发现植物 microRNA168，并且这种 microRNA 可以调节哺乳动物肝脏中的基因表达。microRNA 属于一类与 siRNA 组成的小 RNA 分子非常相似的小 RNA 分子。microRNA 是由每个生物体产生的，被用来调节基因表达，特别是在生物体的生长和发育过程中。由于 miRNA 的结构与 siRNA 相似，这项研究间接地对转基因植物产生的 siRNA 在哺乳动物消化系统中的稳定性提出了一个问号，引起了激烈争议。这一点并不令人惊讶。在节肢动物的消化道中，siRNA 似乎是稳定的，植物产生的 siRNA 和昆虫摄入的 siRNA 在某些情况下会影响远处的器官，但还没有研究证明在哺乳动物中也有同样的稳定性。与此同时，我们每天都会接触到自己的 miRNA，并大量摄取由植物、其他动物甚至微生物产生的 miRNA。需要进一步的研究来检验 miRNA 在哺乳动物消化系统中的稳定性和潜在作用。

纽约州立大学（SUNY）美国板栗研究和恢复中心的研究人员于 2020 年 1 月

向美国农业部（USDA）提交了一份申请，要求解除对转基因欧洲板栗（*Castanea dentata*）品系（名为'Darling 58'）的管制（USDA-APHIS 2020）。这些树的设计是为了耐受破坏性的板栗枯萎病，目的是让因栗疫病而灭绝的欧洲栗树重新繁衍到美洲森林中。插入的基因来自小麦，会产生一种草酸氧化酶，可以抑制腐烂病的形成，迫使疫病的病原真菌保持萎缩状态（Powell et al. 2019）。这些转基因树尚未获得批准（截至 2020 年夏天），美国国内已经出现了强烈的反对意见，以避免这些树被放生，因为它们本来是要与野生的本土栗树杂交的。

　　一项正在迅速发展并应在未来受到监测的新技术是使用基因或基因编辑，即通过插入、缺失、修改或替换来修改生物的基因组 DNA（Maeder and Gersbach 2016）。这项技术利用了序列特异性核酸酶，如兆核酸酶、锌指核酸酶（ZFN）、类转录激活因子效应物核酸酶（TALEN）和成簇规律间隔短回文重复序列（CRISPR）/CRISPR 相关蛋白（CAS）。在这些核酸酶中，CRISPR/Cas 可能是最灵活和最受欢迎的，它已经在实验室环境下应用于赋予对植物病毒的抗性（Ji et al. 2019；Mahas et al. 2019；Zhang et al. 2019；Ahmad et al. 2020）。

本章译者：袁慧娟[1]，杨少华[1]，王继华[2]

1. 云南省农业科学院高山经济植物研究所，丽江，674199
2. 云南省农业科学院花卉研究所，国家观赏园艺工程技术研究中心，昆明，650200

<h1 style="text-align:center">参 考 文 献</h1>

Ahmad S, Wei X, Sheng Z et al (2020) CRISPR/Cas9 for development of disease resistance in plants: recent progress, limitations and future prospects. Briefings Funct Genomics 19(1):26–39

Baum JA, Bogaert T, Clinton W et al (2007) Control of coleopteran insect pests through RNA interference. Nature Biotechnol 25:1322–1326

Costa AS, Muller GW (1980) Tristeza control by cross protection: a U.S.-Brazil cooperative success. Plant Dis 64:538–541

Dangl JL, Jones JDG (2001) Plant pathogens and integrated defence responses to infection. Nature 411:826–833

Gonsalves C, Cai W, Tennant P, Gonsalves D (1997) Efficient production of virus resistant transgenic papaya plants containing the untranslatable coat protein gene of papaya ringspot virus. Phytopathology 87:S34

Howe GA, Jander G (2008) Plant immunity to insect herbivores. Annu Rev Plant Biol 59:41–66

Ji X, Wang D, Gao C (2019) CRISPR editing-mediated antiviral immunity: a versatile source of resistance to combat plant virus infections. Sci China Life Sci 62:1246–1249

Kaniweski WK, Thomas PE (2004) The potato story. Agric Biol Forum 7:41–46

Mahas A, Aman R, Mahfouz M (2019) CRISPR-Cas13d mediates robust RNA virus interference in plants. Genome Biol 20(1):1–16

Márquez LM, Redman RS, Rodriguez R, Roossinck MJ (2007) A virus in a fungus in a plant: three-way symbiosis required for thermal tolerance. Science 315:513–515

Nault LR (1997) Arthropod transmission of plant viruses: a new synthesis. Ann Entomol Soc Am 90:521–541

Powell-Abel P, Nelson RS, De B et al (1986) Delay of disease development in transgenic plants that express the tobacco mosaic virus coat protein gene. Science 232:738–743

Powell WA, Newhouse AE, Coffey V (2019) Developing blight-tolerant American chestnut trees. Cold Spring Harb Perspect Biol 11(7):a034587

Qu F, Morris TJ (2005) Suppressors of RNA silencing encoded by plant viruses and their role in viral infections. FEBS Lett 579:5958–5964

Scorza SR, Callahan A, Dardick C et al (2013) Genetic engineering of Plum pox virus resistance: 'HoneySweet' plum—from concept to product. Plant Cell Tissue Organ Cult (PCTOC) 115:1–12

Tricoli DM, Carney KJ, Russell PF et al (1995) Field evaluation of transgenic squash containing single or multiple virus coat protein gene constructs for resistance to cucumber mosaic virus, watermelon mosaic virus 2, and zucchini yellow mosaic virus. Bio/Technology 13:1458–1465

USDA-APHIS (2020) Petitions for determination of nonregulated status. USDA-APHIS petitions for determination of nonregulated status. https://www.aphis.usda.gov/aphis/ourfocus/biotechnology/permits-notifications-petitions/petitions/petition-status

Voinnet O (2001) RNA silencing as a plant immune system against viruses. Trends Genet 17:449–459

Waterhouse PM, Wang MB, Lough T (2001) Gene silencing as an adaptive defence against viruses. Nature 411:834–842

Xu P, Chen F, Mannas JP et al (2008) Virus infection improves drought tolerance. New Phytol 180:911–921

Zhang L, Hou D, Chen X et al (2012) Exogenous plant MIR168a specifically targets mammalian LDLRAP1: evidence of cross-kingdom regulation by microRNA. Cell Res 22:107–126

Zhang T, Zhao Y, Ye J et al (2019) Establishing CRISPR/Cas13a immune system conferring RNA virus resistance in both dicot and monocot plants. Plant Biotechnol J 17(7):1185

Cristina Rosa 是美国宾夕法尼亚州立大学植物病理学和环境微生物学系的副教授。她致力于利用 RNA 干扰来控制"这只长着玻璃翅膀的神枪手"。她的研究方向是植物病毒、植物和昆虫媒介之间的复杂相互作用。

第 4 部分　可持续发展的环境

第 12 章 改善氮素获取效率的根系特征

汉娜·M. 施耐德（Hannah M. Schneider）　　乔纳森·P. 林奇（Jonathan P. Lynch）

摘要： 全球的农业生产需要发展高效获取养分的作物来增强食品安全，同时降低对环境的污染。在发展中国家中，土壤中较低的氮素可利用性及受限的肥料使用是限制作物产量的主要因素。然而在发达国家中，高强度的氮肥施用是作物产量中最主要的经济、能源及环境消耗。在这样的背景下，选育具有超强根系特征的作物从而加强对氮素的吸收显得十分必要。发展氮素吸收加强的作物品种不但可以增加作物产量、增强农业的可持续性，还能降低环境污染。目前已知作物根系表型中有大量具有改善氮素获取及降低氮素需求潜力的基因变异。在本章中，我们探索在全球农业生产中急需的能够加强氮素获取的根系表型，从而预测增强氮素获取的根系表型的构建，为更高效生产和可持续的作物农业系统服务。

关键词： 农业、根系、表型、氮素

12.1 N-高效作物在全球农业中的必要性

全球农业面临的一个主要挑战是在提高作物产量供养持续增长的人口的同时，可以减少其对环境的影响。随着全球人口及粮食需求的日益上涨，可持续的作物生产也成为一个日益严峻的挑战。在农业生态系统中，营养高效的作物对于其产量十分重要。这是因为次优的氮素可利用性是作物生长的主要限制因子。在低投入的农业系统中，营养元素的缺乏是限制农作物产量的主要因子，进而威胁粮食安全。在高投入的农业生态系统中，密集的氮素施用造成的能源和经济的消耗及环境污染，共同造成不可持续的农业生产。化肥的广泛施用是为了丰富土壤中的养分从而提高作物产量。然而，这样的措施也会极大提高成本并成为环境污染的主要来源之一。此外，仅有 50%的施用肥料能够被作物根系捕获并利用（Pask et al. 2012）。肥料的生产很大程度上依赖于有限的化石燃料及矿产储量。因此，实现粮食安全必须尽量减少对于肥料的依赖。发展营养高效的作物的关键是利用根系表型的遗传变异加强对土壤资源的获取（phene 对应表型正如 gene 对应基因型）（详见方框 1）。全球粮食安全迫切需要了解植物表型的功能应用及其遗传结构。

　　氮素是植物中仅次于碳、氧和氢的丰度最高的矿质元素。它是植物中蛋白质、核酸及叶绿素的重要组成部分。氮素是农业生产中最主要的限制因子之一，这也造成了氮素是农业生态系统中最重要的投入资源之一。因此，氮素获取是作物育种目标中最重要的一项。一般来说，氮素以 3 种形式存在于土壤中，包括有机氮化合物、无机铵根离子（NH_4^+）及硝酸根离子（NO_3^-）。任何给定的时间内，土壤中潜在的可利用氮素都是以植物和动物残体及土壤生物的有机氮的形式存在。有机氮化合物一般不能被植物直接利用，但是可以通过微生物转化成为植物可利用的氮形态（如硝酸盐）。硝酸盐是农业系统中最丰富的可利用的氮形态，能够被作物大量吸收。无机氮肥已经成为现代农业作物产量中不可或缺的一部分。过去50 年中，增长了近两倍的粮食产量，这主要归功于氮肥的使用。在高投入的农业系统中，密集的氮肥施用有增加作物产量的潜能，但这是以牺牲环境为代价换来的。大多数施用的氮肥无法被植物吸收利用，这些残余的氮肥或与土壤中的有机质结合，或通过侵蚀、淋溶及地表径流流失，或挥发流失，造成环境污染。此外，通过 Haber-Bosch 工艺生产无机氮肥耗能巨大，造成的碳足迹也很大。无机氮肥的价格提升主要受化石燃料价格上涨的推动，降低了发达国家的利润率。在拥有世界上绝大多数人口的发展中国家，获取化肥的机会有限且农民往往因贫困购买不起化肥。因此，开发具有增强土壤营养获取能力的作物品种是全球农业的一个重要目标。

　　改善氮素利用效率（nitrogen use efficiency，NUE）对于低投入或高投入的农业生态系统都是增强作物性能及产量的重要策略。NUE 又称每单位土壤氮素生产的粒重，是植物对氮素吸收和利用过程的结果，包括吸收、同化和再迁移。发展吸收和利用效率均提高的植物是理想化的。由于超过一半施用的氮肥会因浸出或其他因素从农田中流失，因此高效吸收氮素显得十分重要。根系是连接植物和土壤的界面，能够为植物提供重要的功能，包括资源吸收、储存和土壤锚固。因此，根系在增强氮素吸收上具有巨大潜力。通过植物吸收改善 NUE 的巨大潜力凸显了通过根系理想表型育种改善 NUE 的潜力。在本章中，我们主要讨论增强氮素吸收的根系表型，遗传结构及作物育种计划中的潜在应用。

12.2　氮素吸收的生理机制

　　氮素被认为是一种流动的土壤营养元素并主要通过质量流体在土壤中流动。养分通过水分运动（如渗滤、蒸腾及蒸发）输送到根系表面的过程是质流，流速决定了输送到根系表面的养分量。硝酸根离子具有高溶解度，因此植物在蒸腾高峰期对其具有最大的吸收量（Lebot and Kirkby 1992）。硝酸盐的溶解度也能影响其在土壤中的流动性，因为氮素能够迅速地渗入更深的土壤区域和地下水，通过地表径流流失，或在干旱期间暂时固定在土壤里。一般而言，氮素在更深层的土壤区域的可利用性更大，特别是在生长期的后期，这是由于生产期中作物的吸收及自身的下渗浸出。

高亲和运输系统（HATS）及低亲和运输系统（LATS）均能协助作物获取以硝酸盐形式存在的土壤氮素。HATS 活动可能通过在低投入农业生态系统中上调 HATS-N 来增强在次优氮素条件下对氮素的获取。LATS 活动主要受限于高浓度氮素，当植物遇到高浓度氮素的土壤斑块或流量脉冲时，LATS 可能会增强对氮素的获取。然而，LATS 对于氮素吸收的贡献往往可以忽略不计。这主要是因为在大多数的农业生态系统中，硝酸盐的浓度在土壤溶液中较低。很多农业生态系统中，由于浸出、矿化及反硝化等作用造成的次优氮素含量及波动性的氮素可利用性，HATS 及其动力学参数成为根系养分吸收系统中最有意义的组成部分。Michaelis Menten 方程量化阐明了氮素吸收的动态变化。

Michaelis Menten 方程中有两个关键参数：V_{max}（最大摄取速度和最大摄取率的测量值）及 K_m（达到最大摄取速度一半的底物浓度和对营养元素摄取位点的亲和性的测量值）（图 12.1）（Griffiths and York 2020）。转运蛋白、同化机制和解剖形态的类型及数量被推测均能影响营养元素的吸收动力学。

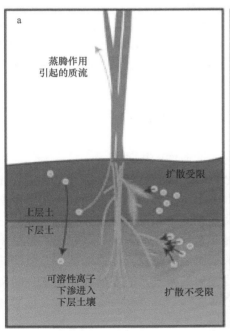

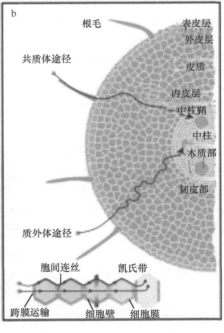

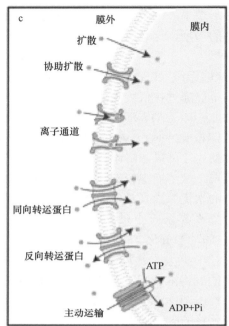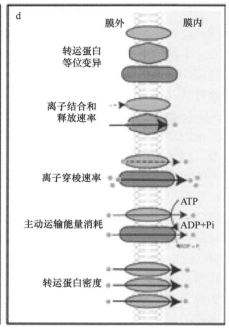

图 12.1　从土壤环境到转运蛋白水平的根系吸收动力学。a. 土壤养分的流动性和生物有效性决定了养分离子在根表面的截留；b. 营养元素可以通过质外体途径（通过细胞壁）或共质体途径（通过细胞质）穿过根部到达木质部进行运输；c. 离子通过土壤溶液进入根部存在多种机制；d. 转运蛋白的特性会受到遗传变异的影响并引起养分获取效率的变化（引自 Griffiths and York 2020）

12.3　增强氮素获取的根的理想表型

土壤资源在时空上均具有异质性，因此适应性的根系对于土壤资源的获取及植物适合度都显得十分重要。根系的表型具有通过增强对土壤资源觅食的代谢效率的潜力，从而改善在次优氮素可利用性的土壤中植物表现。通过优化资源配置及特定土壤区域根系觅食，可以实现代谢高效的土壤资源探索。根组织的构建和维护需要来自植物对于资源（如碳和营养元素）的分配。减少或取消不必要的根组织的投入或资源分配至代谢效率更高的根组织，有益于创造能够更有效捕获土壤资源并提高植物在氮素胁迫条件下植物表现的根系。根系的代谢成本（即碳和营养成本）巨大，可能超过每天光合产物的 50%（Lambers et al. 2002）。土壤资源探索的代谢成本可以显著影响土壤相关胁迫下的植物表现和产量。每单位的根系生长需要每单位的叶面积可以维持相对更多的非光合作用的组织。能够在较低的代谢成本下获取氮素的植物也能够保证更多代谢资源用于进一步的根系生长，从而提高土壤资源探索、养分获取及植物生产的能力。植物资源的战略投资会导致更高效的根系功能及资源捕获。

玉米在高投入和低投入农业生态系统中捕获土壤氮素的一个重要的概念表型是由 Lynch（2013）开发的"陡、廉和深"的理想表型（图 12.2、图 12.3）。"陡、廉和深"的概念表型是由若干通过降低代谢成本、改善深层土壤中对资源的探索，从而加强对氮素及水分的获取的根结构、解剖和形态特征组成。"陡"特征是指节根的更陡峭的生长角度，增强深层土壤区域中的根系觅食。"廉"特征是指根系的解剖和结构特征降低了土壤探索的代谢成本，从而允许根系在更深的土壤区域生长。"陡"及"廉"根系表型的重要自然遗传变异能够允许根系向更"深"的土壤区域探索资源。根系表型的遗传变异结合田间高通量的表型筛选的植物育种方法，可以帮助我们理解和利用改良后的根系理想型，并应用到作物改良计划中去。理解根系表型的适合度的范围、表型之间的交互作用、根系表型组可塑性的响应及它们的遗传调控，可以提高在高/低投入系统中作物对氮素的获取及产量。在下面的章节中，我们将简单地探讨一些"陡、廉和深"的根理想型的表型组成成分。

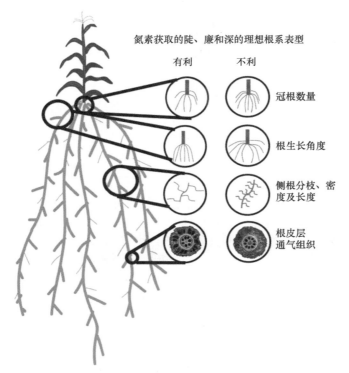

图 12.2　增强植物在氮素缺乏胁迫条件下的性能的"陡、廉和深"的理想根系表型。在氮素缺乏条件下，具有陡峭生长角度的较少节根，以及较少、较长的次级分枝及根皮层通气组织的形成是植物适应性响应胁迫耐性的表现（改自 Schneider and Lynch 2020）

陡、廉和深型　　　　　　标准型　　　　　　表层土觅食型

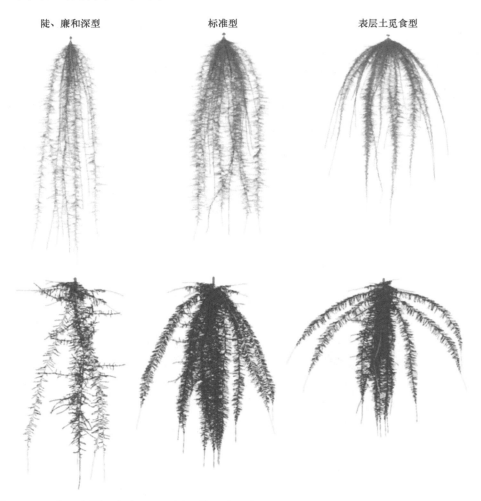

图 12.3　玉米（上图）和大豆（下图）的"陡、廉和深"型及"表层土觅食"型根系表型。通过 OPENSIM-ROOT 模拟发芽 42 天后的根系。中间的根系类型为玉米和大豆的标准根系表型类型。玉米根系代表非分蘖的单子叶植物根系构型，大豆根系代表一年生双子叶植物根系构型。"陡、廉和深"型理想型根系可以加强对下层土壤资源的获取并有利于氮素的捕获。与此相反的是，"表层土觅食"型根系表型有利于捕获表层土的磷、钾、钙、镁及刚矿化的硝酸盐等营养元素（引自 Lynch 2019）

12.4　增强氮素获取的根系构型的理想型

根系构型是指根系在土壤基质中的空间格局。根系表型对于土壤资源的获取，特别是在养分利用率低的土壤环境中的资源获取具有重要作用。根系表型决定了植物根系在特定土壤区域中的时空分布及其资源获取。由于氮素在深层土壤中更

容易获得，根系分布在土壤剖面更深层次且降低代谢成本的根系表型将更有益于对氮素的获取。

单子叶植物和双子叶植物在其根系构型上具有显著差异（见方框2），然而许多显现出的对氮素获取加强的根系表型是相似的。例如，玉米的根生长角度对于氮素获取具有重要作用（图12.4）。根系生长穿透土壤的角度会影响根系生长的深度，而较陡的根生长角度会形成扎根更深的植物。更深的根系能够保证植物在深层土壤区域中的氮素获取，从而加强植物表现（Trachsel et al. 2013）。在双子叶植物中也与此类似，拥有较陡或扇形生长角度根系的植物相比浅表型根系的植物在氮素胁迫的条件下表现更好（Rangarajan et al. 2018）。玉米中老节根的生长角度通常较浅而在新生节根中生长较陡。生长角度逐渐变陡的根系的出现建立了起初浅表型的根系构型，这与幼苗生长初期的表层土中更多可利用性的氮素相吻合。新生节根随时间变化更陡的生长角度，也与随着生长周期的进展氮素随浸出及作物吸收导致深层土壤中氮素可利用性的增加相吻合（York and Lynch 2015）。

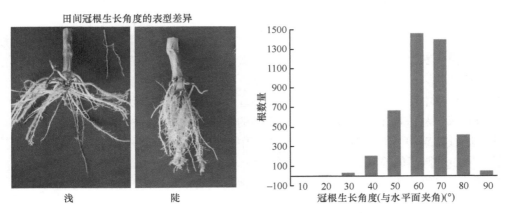

图 12.4　根系的生长角度影响植物对氮素的获取。玉米冠根的生长角度在田间及温室均具有广泛的自然遗传变异。具有陡峭冠根生长角度的玉米植株在氮胁迫下具有更深的根系及更好的生长

细根（如侧根）的形成对于植物吸收土壤中的资源同样起到重要的作用。在给定比例的同化物的供给下，通过降低根直径，即比根长或每单位质量根生物量的根长，可以获得更大的根长。降低每单位根长的形成和维护的成本可以在降低代谢成本的情况下进行更大量的土壤资源搜寻。从主根形成的侧根的长度和密度在氮素获取和植物表现上起到一定的作用。在玉米中，从冠根长出的少而长的侧根有利于氮胁迫下的植物生长（Zhan and Lynch 2015）（图12.5）。与此类似，在大豆中，降低侧根形成的密度可以保证植物在低氮的环境下积累更大的地上生物量（Rangarajan et al. 2018）。更少的侧根可以降低同一种植物不同根型间（即种内竞争）及不同植物间的根系（即种间竞争）对营养元素的竞争。更少且更长的侧

根可以降低植物在土壤搜寻资源的代谢成本并保证根系在深层土壤中的进一步生长从而改善在低氮环境中植物的表现及产量。

田间侧根分枝及长度的表型差异

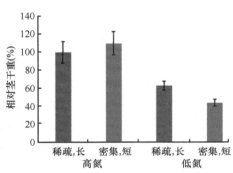

图 12.5 侧根的分枝密度及长度与氮胁迫的耐性相关。玉米表现出对于侧根密度及长度的遗传差异。具有稀疏且长的侧根分枝的玉米品种在田间及温室氮胁迫下，相比拥有短而密集的侧根的玉米品种，生物量可提高 35%（改自 Zhan and Lynch 2015）

主根的数量同样也影响植物对土壤氮素的获取。在一项田间研究中，具有较少冠根的基因型玉米具有更大的根生深度，能够获取更多的深层土壤氮素，因此在低氮环境中生长更好、产量更高（图 12.6）。较少的冠根能够确保对深层土壤中营养的探索及作物生长期浸出至深层土中的氮素的获取。具有更少节根的玉米植株，通过将碳和资源重新分配给深层土壤中生长的侧根、胚根和第一节冠根的生长，增加对氮素的捕获，提高植物性能和土壤觅食效率（Saengwilai et al. 2014b）。在双子叶植物中也一致，即更少的轮生基部根数及下胚轴产生的根可以增加根生

田间冠根数及根皮层通气组织的表型差异

较少冠根数　　　　　　较多冠根数

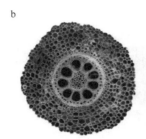

无根皮层通气组织　　　　　　根皮层通气组织

图 12.6　自然遗传变异存在于冠根数量（a）和根皮层通气组织（b）。更少的冠根及根皮层通气组织的形成均能改善植物对氮素的获取

长的深度并更好地获取氮素（Rangarajan et al. 2018）。较少主根的构成和维护将确保已形成的主根深入深层土壤区域的生长。

12.5　增强氮素获取的根解剖学理想型

根的解剖学特征会影响根系组织的代谢成本。一些解剖学特征会降低皮层组织的数量，从而降低根系呼吸及养分含量。这样的变化会导致更多的资源被允许分配至其他的生理生化过程，包括生长和繁殖。各种对解剖表型的研究报道证实了呼吸和非呼吸组织间的比率变化对根系的代谢成本有很大的影响。例如，根皮层通气组织（RCA）的形成将空气间隙（即腔隙）替代了部分皮层通气组织。降低根系代谢成本的形态学、解剖学及构型的表型特征，均有可能加强根系对氮素获取的能力。

根皮层通气组织（RCA）主要作用是在缺氧条件下增加氧气运输，然而 RCA 的形成却是由次优可利用的氮、磷、硫及水分诱导产生的。RCA 的形成是通过细胞程序性死亡将活的皮质薄壁组织转化为大的细胞间隙（即腔隙）。在低氮环境下，玉米 RCA 的形成能够通过降低根组织的代谢消耗增加根系在深层土壤中的根深，增加叶片中氮素及叶绿素含量，从而增加生物量及产量（图 12.6b）。与此 RCA 类似，温带小粒谷物作物中的根皮层衰老（root cortical senescence，RCS）也是通过细胞程序性死亡达成的。RCS 能够降低根组织的呼吸及营养含量从而降低代谢消耗，这样的变化有益于增加植物在低氮环境中的植物性能。

过去的一百年间，发达国家在农业投入及管理实践上发生了巨大的变化，从低肥料投入和低种植密度到集约施肥和密集的种植密度。相比古老的玉米品系，现代玉米品系的根生长角度较小、节根较少，并且节根出苗与侧根出苗的距离更大。RCA 的形成随着种植密度的增加而变多。这些在根系构型及解剖结构上的变化有可能使玉米在高氮素供给的高种植密度条件下增加地上部分 16% 的生长量（York et al. 2015）。玉米根系的解剖及构型表型在过去一个世纪的进化与更高效的氮素获取是一致的。

12.6　氮素获取的根系表型协同效应

　　根系构型和解剖学特征并不是孤立地发挥作用。理想表型或是基于特定性状的育种是一种能够把有益于增产的性状结合起来的育种策略。理想表型的育种并不是孤立地考虑某种表型，而是考虑到表型间的相互关系。这是因为这些性状的集合决定整株植物的功能。最有效的根系表型协同效应（即由各种表型的交互产生的植物整体性能响应高于预期加性效应）取决于植物根系在土壤剖面的位置及降低根组织的代谢消耗的表型。例如，大豆根毛的效用受根生长角度的影响，这是因为根生长角度决定了根毛在土壤剖面中的位置（Miguel et al. 2015）。RCA 与侧根形成具有表型协同作用。侧根跟长的分枝密度的增加确保了根系在更大范围的土壤中搜寻营养元素。然而，由于存在资源上的竞争，增加的侧根分枝长度及密度会增加根系的代谢需求，从而可能影响其他类型根的生长。这样在资源利用上的权衡，可以通过形成 RCA 减少根的代谢需求而缓解。植株在中等氮素供给条件下，侧根具有 RCA 的植物，其地上生物量增加了 220%（Postma and Lynch 2011）。RCS 对分蘖较少的植物在资源获取即植物性能上具有更大的效用。当处于次优氮素供给条件下，同时具备少分蘖和 RCS 的植物的地上部分生长提高了 20%。分蘖的生长与相应的节根的生长吻合。在次优氮素条件下，分蘖的节根能够更快地消耗土壤中有限的资源，降低了生长后期土壤中的元素，从而限制了植物的后续生长。因此，分蘖数的降低带动节根生长，从而降低根内竞争，加强植物在次优氮素供给下的生长。与此相似，在低氮环境下具有 RCS 的植物，其地上部分生长量提升了 12%。这是由于在降低的根内和根间竞争条件下，这些植物的侧枝数也相对较少（Schneider et al. 2017）。对于理想表型育种而言，表型的交互作用的适合度的范围是十分重要的考量。

12.7　氮素获取的二态根系表型

　　在田间的植物可能暴露在动态、多种且共存的环境胁迫下。例如，在低投入的农业生态系统中，深层（即氮素和水分）和浅层（即磷素和钾素）资源的可利用性往往共同限制了作物的生长。"陡、廉和深"的理想根系表型可能最大化对流动性强的资源（如氮素）的获取。然而，这可能并不适用于对浅层资源的获取。例如，根生长角度陡峭或呈扇形且基部节根数较少的大豆植物能够增强对氮素的吸收，但这样的表型并不适应于磷素的吸收。针对磷吸收优化的根系增加了表层土壤区域的根系长度，通过浅生长角度及更多的基部和下胚轴根系来增强对表层土的资源探索（Rangarajan et al. 2018）（图 12.3）。浅层土壤中根数量的增加会导致根组织的代谢成本增加，从而降低根深及在氮素获取权衡上的资源投入。

能够有效获取深层及浅层土壤资源的二态根系表型将有利于共同优化获取在次优土壤环境中的氮、磷、钾及水分资源（如低投入系统）。以大豆为例，成功的二态根系表型是基部轮生根系数量增加的植株。更多数量的基部轮生根系能够产生更大范围的生长角度，因此根系分布及探索的土壤垂直范围更大，从而改善植株对表层及深层土壤区域的资源获取（Rangarajan et al. 2018）。模型模拟研究表明，综合众多解剖及构型的根系表型能够推导出适应众多动态变化胁迫的根系理想表型。基于获取土壤资源而优化的综合表型可能在单子叶植物及双子叶植物中表现不同。

12.8　根系表型对于氮素的可塑性响应

表型可塑性是生物体响应环境改变其表型的能力（见方框 3）。土壤通常是一致性的且资源的可利用性也是时空上动态变化的。这可能会改变根系表型的表现状态。例如，玉米在次优氮素供给的环境下，其根系生长角度变陡从而加强深层土壤的资源探索及氮素的获取（Trachsel et al. 2013）。氮素缺乏条件下 RCA 的形成，确保了代谢资源直接导向深根根长、生物量及增殖（Saengwilai et al. 2014a）。与此类似，矿质营养的缺失，包括次优氮素可利用性，会加速 RCS 的形成。加强的 RCS 形成及后续在根系代谢损耗上的降低，会引起更多根系在深层土壤中的生长并增强对氮素的捕获能力（Schneider et al. 2017）。

在多变的环境下，表型可塑性往往是具有优势的。然而，在高投入环境中的集约化施肥及单作体系，表型可塑性则无法很好适应。作物物种的进化发生在一个具有各种生物和非生物胁迫的环境中，其根系生长及功能是基于土壤资源获取而进化的策略。然而在高投入系统中，随着作物施肥和灌溉的应用，土壤资源获取的限制得到了缓解。在大多数农业系统中，有助于深层土壤区域资源获取的根系表型，无论其是否具有可塑性，都能增强对于氮素的获取（Lynch 2019）。表型的可塑性取决于特定的环境类型及农业措施的管理实践。表型可塑性的遗传结构是复杂且多样的。在将表型可塑性整合至育种计划前，我们首先需要了解根系表型的效用及根系表型间的相互作用。以此来更好地了解在特定的土壤条件下根系的适应性或其不适应性上的可塑性。

12.9　根系表型的遗传变异及育种策略

在解剖学表型上的基因位点还很少被确定，目前已知的位点只有水稻的中柱及木质部直径（Uga et al. 2008，2010）、小麦中的木质部表型（Sharma et al. 2010）及玉米中的 RCA（Mano et al. 2005，2007）。在玉米中，通过重组近交系的数量性状位点（QTL）标记，已经确定了其根的横截面、中柱、皮层、通气组织和皮层细胞、根皮层通气组织和皮层细胞等基因位点（Burton et al. 2014）。此外，通过全基因组关联标记了玉米中根的横截面、中柱和皮层细胞、根皮层通气组织、侧根分枝密度及长度、根生长角度、根皮层细胞大小及细胞数量的遗传位点（Schneider et al. 2020a，2020b）。然而，将这些根系表型整合到育种计划中目前还很复杂，这主要是由根系表型的遗传位点的多样性决定的。

大量的基因位点对于单个表型的表达均只产生很小的影响。根系表型在非生物胁迫下的独特的遗传调控和表达及对这些胁迫的可塑性的响应使得对根系表型的遗传控制变得更加复杂。高度多变的性状可能对使用单性状育种策略和标记辅助选择构成挑战。采用传统育种方法则需要堆叠数百个基因来开发理想的根系表型。现代育种方法，包括基因组的筛选确保了对多个位点进行筛选。基因组筛选法应该包括各种表型及综合表型，而不是仅考虑对产量的筛选。筛选单个根系表型相比强行筛选产量性状在应对土壤胁迫时更具优势。地方品种和野生种质可能是表型变异的重要来源，可以应用于发展理想表型及作物改良计划中。基因组的筛选必须考虑野生资源和地方品种，因为它们会带来更多的表型组合的表达及更多极端的根系表型类型。作物育种计划因此必须包括在遗传学、植物病理学及农学方面的专业知识，还必须包括土壤科学、植物营养学及生态生理学方面的专业知识，用来指导开发具有增强氮素获取能力的理想型作物。我们需要齐心协力培养和支持能够跨学科工作的科学家，以开发出更多高效利用氮素的作物。

尽管目前将植物表型整合在育种计划中的努力相对受限，但仍有一些值得注意的案例。在小麦中，培育较小直径的木质部是用作提高小麦水分利用效率的一种手段。在干旱环境中，具有狭窄的木质部直径的植物相比起对照在谷物产量上提升了 3%～11%（Richards et al. 1989）。此外，皮质外皮层中的木栓质含量被检测为一种潜在的大豆抗疫病的育种目标（Ranathunge et al. 2008）。改善磷吸收的"表层土觅食"理想型植株，拥有更长、更密的根毛及一些将根系生长于拥有较高可利用性磷的浅层土壤中的根系构型特征（Lynch 2019），已经被用于培育在低肥土壤中显著增加产量的新的大豆变种（Burridge et al. 2019）。根系表型平台的持续发展及根系表型相关基因的鉴定应该有助于将根系表型整合至作物育种计划中。

12.10　未　来　展　望

发展高效利用营养元素的作物对于解决越发紧急的全球挑战具有一定的潜力。理解植物的进化及生物学需要理解植物对营养限制的适应。然而，这样的课题在基础植物生物学和应用植物生物学领域没有受到足够的重视。科学界目前对于理解和编辑植物基因组有了很大的进步。但是，大多数的根系表型都具备基因及生理的复杂性，因此无法与传统的以基因为中心的植物生物学相恰。表型可塑性及异质性的土壤环境，使全基因组图谱中与根系表型相关的定量基因的准确识别复杂化。未来的研究必须集中在理解根系表型在一系列环境及表型的组合下如何影响作物表现，即作物适合度的范围。根系表型的适合度范围及其可塑性的响应目前还未得到充分研究。在控制环境下及大田环境中的作物生长的差异经常被我们忽视。控制环境，即温室和生长箱，不能代表异质性的大田环境（如种植密度、光照、温度、土壤容重、营养元素分布等）。因此，对于识别和理解植物表型及其响应存在一定的挑战。大田的表型在作物生理及育种项目上属于瓶颈。高通量的表型研究一般不能保证对复杂表型状态的测量。大田的环境大多是异质且动态变化的，并且在复制、测量及检测上存在困难。模拟生物学确保了对根系表型范围的复杂交互作用的研究，这些交互作用并不是在经验上可能的组合，且很多环境和表型的组合在自然界并不存在。研究加强对氮素获取的根系表型的使用，需要众多学科的参与，包括生态学、生理学、形态发育学、遗传学及模拟生物学。

12.11　结　　论

总体而言，发展氮素高效利用的作物还有许多潜力。一些高通量的方法能够用来快速识别重要的氮素获取的根系表型。正如以上讨论，许多增强氮素获取的根系表型已经被很好地表征且其基因位点已经被识别以便于对理想表型的育种。对于氮素获取重要的根系表型表现出显著的基因差异。许多表型，在各自明显差异的遗传调控下，与彼此和环境交互作用，共同决定了根系系统的适合度。然而，未来的研究仍旧需要理解表型的协同效应、与其他植物功能的平衡，以及表型间的交互作用在不同的环境及管理措施下如何影响植物适合度等。发展氮素高效利用的作物可以让农民在低投入的系统中增加植物产量，走出低投入、低产出的贫困陷阱。氮素高效利用作物可以在低投入系统中更易被采用，这是因为它们应用起来几乎没有壁垒并能够潜在地影响作物产量。在高投入系统中，发展氮素高效利用作物，可以降低环境污染并且增加农业的可持续性。

方框 1　什么是一个表现？

表现之于表型正如基因之于基因型。表现是一个生物表型的独特的元素。一系列表现的集合组成了表型，正如一系列独特基因的集合组成了基因型。基因有其差异被称为等位基因，相似的，表现的差异被称为表现状态。植物表现的一个案例是根系的生长角度。根生长角度至少具有两个表现状态，即"陡"和"浅"。对土壤资源获取的利用率取决于表现状态。例如，更陡的表现状态对于淋溶环境下氮素的获取十分重要。

方框 2　根类别

一年生作物，一般是单子叶植物的根系主要有 3 个根类别，包括主根、胚根（起源于种子）、节根（起源于枝干），这些都能产生一级或二级侧根（起源于根系）。地下萌发的节根又被称为冠根，地上萌发的节根被称为支撑根。双子叶植物根系与单子叶植物根系具有显著差别。例如，大豆的根系包括了主根、下胚轴发育根及基根，这些根系也都能产生侧根。

方框 3　表型可塑性

表型可塑性是指生物体能够通过改变其表型来响应环境变化。表型可塑性可能包括了生理、形态、解剖、发育、资源分配并且是表型特异性的，并不是生物体作为一个整体的一个特征。生物体的可塑性响应对于其适合度可能是适应性的、非适应性的或中性的。一个适应性改变的可塑性响应是植物对于次优氮素环境下根系生长角度的响应。在低氮素环境下，玉米根系会有更陡峭的生长角度，能够探索更深层次的土壤环境从而加强对氮素的捕获。

本章译者：张佩华[1]、李帆[1]、王继华[1]

1. 云南省农业科学院花卉研究所，国家观赏园艺工程技术研究中心，昆明，650200

参 考 文 献

Burridge JD, Findeis JL, Jochua CN, Mubichi-Kut F, Miguel MA, Quinhentos ML, Xerinda SA, Lynch JP (2019) A case study on the efficacy of root phenotypic selection for edaphic stress tolerance in low-input agriculture: common bean breeding in Mozambique. Field Crops Res 244:107612

Burton AL, Johnson J, Foerster J, Hanlon MT, Kaeppler SM, Lynch JP, Brown KM (2014) QTL mapping and phenotypic variation of root anatomical traits in maize (Zea mays L.). Theor Appl Genet 128:93–106

Griffiths M, York LM (2020) Targeting root ion uptake kinetics to increase plant productivity and nutrient use efficiency. Plant Physiol 182:1854–1868

Lambers H, Atkin OK, Millenaar FF (2002) Respiratory patterns in roots in relation to their functioning. In: Waisel Y, Eshel A, Kafkaki K (eds) Plant roots, hidden half, third edit. Marcel Dekker Inc, New York, pp 521–552

Lebot J, Kirkby E (1992) Diurnal uptake of nitrate and potassium during the vegetative growth of tomato plants. J Plant Nutr 15:247–264

Lynch JP (2019) Root phenotypes for improved nutrient capture: an underexploited opportunity for global agriculture. New Phytol 223:548–564

Lynch JP (2013) Steep, cheap and deep: an ideotype to optimize water and N acquisition by maize root systems. Ann Bot 112:347–357

Mano Y, Omori F, Muraki M, Takamizo T (2005) QTL mapping of adventitious root formation under flooding conditions in tropical maize (Zea mays L.) seedlings. Breed Sci 55:343–347

Mano Y, Omori F, Takamizo T, Kindiger B, Bird RM, Loaisiga CH, Takahashi H (2007) QTL mapping of root aerenchyma formation in seedlings of a maize × rare teosinte "Zea nicaraguensis" cross. Plant Soil 295:103–113

Miguel MA, Postma JA, Lynch J (2015) Phene synergism between root hair length and basal root growth angle for phosphorus acquisition. Plant Physiol 167:1430–1439

Pask AJD, Sylvester-bradley R, Jamieson PD, Foulkes MJ (2012) Field crops research quantifying how winter wheat crops accumulate and use nitrogen reserves during growth. F Crop Res 126:104–118

Postma JA, Lynch JP (2011) Root cortical aerenchyma enhances the growth of maize on soils with suboptimal availability of nitrogen, phosphorus, and potassium. Plant Physiol 156:1190–1201

Ranathunge K, Thomas RH, Fang X, Peterson CA, Gijzen M, Bernards MA (2008) Soybean root suberin and partial resistance to root rot caused by phytophthora sojae. Biochem Cell Biol 98:1179–1189

Rangarajan H, Postma JA, Lynch JJP (2018) Co-optimisation of axial root phenotypes for nitrogen and phosphorus acquisition in common bean. Ann Bot 122:485–499

Richards RA, Passioura J (1989) A breeding program to reduce the diameter of the major xylem vessel in the seminal roots of wheat and its effect on grain yield in rain-fed environments. Crop Pasture Sci 40:943–950

Saengwilai P, Nord EA, Chimungu JG, Brown KM, Lynch JP (2014a) Root cortical aerenchyma enhances nitrogen acquisition from low-nitrogen soils in maize. Plant Physiol 166:726–735

Saengwilai P, Tian X, Lynch JP (2014b) Low crown root number enhances nitrogen acquisition from low nitrogen soils in maize (Zea mays L.). Plant Physiol 166:581–589

Schneider HM, Lynch JP (2020) Should root plasticity be a crop breeding target? Front Plant Sci 11:546. https://doi.org/10.3389/fpls.2020.00546

Schneider H, Klein S, Hanlon M, Brown K, Kaeppler S, Lynch J (2020a) Genetic control of root anatomical plasticity in maize. Plant Genome In Press

Schneider H, Klein S, Hanlon M, Nord E, Kaeppler S, Brown K, Warry A, Bhosale R, Lynch J (2020b) Genetic control of root architectural plasticity in maize. J Exp Bot In Press

Schneider H, Postma JA, Wojciechowski T, Kuppe C, Lynch JP (2017) Root cortical senescence improves growth under suboptimal availability of N, P, and K. Plant Physiol 174:2333–2347

Sharma S, Demason DA, Ehdaie B, Lukaszewski AJ, Waines JG (2010) Dosage effect of the short arm of chromosome 1 of rye on root morphology and anatomy in bread wheat 61, 2623–2633

Trachsel S, Kaeppler SM, Brown KM, Lynch JP (2013) Maize root growth angles become steeper under low N conditions. F Crop Res 140:18–31

Uga Y, Okuno K, Yano M (2008) QTLs underlying natural variation in stele and xylem structures of rice root. 14:7–14

Uga Y, Okuno K, Yano M (2010) Fine mapping of Sta1, a quantitative trait locus determining stele transversal area, on rice chromosome 9 9, 533–538

York LM, Galindo-Castaneda T, Schussler JR, Lynch JP (2015) Evolution of US maize (Zea mays L.) root architectural and anatomical phenes over the past 100 years corresponds to increased tolerance of nitrogen stress. J Exp Bot 66:2347–2358

York LM, Lynch JP (2015) Intensive field phenotyping of maize (*Zea mays* L.) root crowns identifies phenes and phene integration associated with plant growth and nitrogen acquisition. J Exp Bot 66:5493–5505

Zhan A, Lynch J (2015) Reduced frequency of lateral root branching improves N capture from low N soils in maize. J Exp Bot 66:2055–2065

Hannah M. Schneider 是美国宾夕法尼亚州立大学植物学系博士后。她取得了宾夕法尼亚州立大学园艺学博士学位。她的研究聚焦于识别并理解根系解剖特征在改善对土壤水分、营养元素的获取上的利用。通过使用遗传学及生理学等手段，她的工作致力于理解植物对于干旱及低肥环境的适应性。

Jonathan P. Lynch 是美国宾夕法尼亚州立大学植物学系知名教授。

第 13 章　可持续土壤健康

玛丽·安·布伦斯（Mary Ann Bruns）　　埃丝泰尔·古哈多（Estelle Couradeau）

摘要：土壤是自然界中支撑植物生长的介质，但只有 12%的地球土地面积上的土壤具有像农田那样长期发挥功能的与生俱来的物理条件。1/4 的地球土壤已经发生了中度至重度退化，目前人们正在努力寻求通过改善土壤健康来提高生产力的最佳方法。土壤健康是衡量通过土壤水分保持和养分循环以支持植物健康生长的功能的一个指标。如果作物继续在退化的土壤上种植，用于改善作物生长的生物技术的效果将会大打折扣。即使有可利用的水肥资源，退化土壤的农业利用往往导致效率低下的资源利用和场外污染问题。土壤质量，有时与土壤健康互换使用的一个术语，专门用于表明土壤健康的可观察或可测量的土壤属性。尽管世界各地的耕地土壤在决定潜在生产力的固有属性方面有所不同，但每一种土壤都有可改变并被管理以保持未来高产力的特性。这些可变的性质包括土壤有机质含量、根系和微生物密度及宏观孔隙度，所有这些都高度依赖于保持土壤中的生物多样性和活性。因作物生产导致的当地植被破坏和土地受到的干扰，会导致土壤可变的性质发生剧烈变化，可持续的土壤健康涉及通过适当的管理恢复生物完整性。本章描述了土壤是如何形成的，为什么土壤生产力不同，以及如何在实地、实验室和先进的研究设施中评估土壤质量。最后讨论了如何通过多样化种植、使用微生物技术和促进有益的根系-微生物相互作用的土壤管理实践来改善土壤健康。

关键词：土壤质量、有机质、土壤团聚、根际、微生物生物量、微生物组

13.1　引　　言

　　土壤是一个动态的，由矿物质、有机质和有机体组成的自然体，是生命体赖以生存的位于地壳和大气之间的介质。土壤是在根系和微生物活动、水体下渗和矿物风化作用的影响下缓慢形成的。据估计，土壤形成速率为每年 0.04～0.08mm，导致每公顷每年自然堆积 0.5～1t 土壤（Brady and Weil 2007）。能够支持粮食生产的土壤是经过了几个世纪的发展才形成的，不能被"泥土"或"灰尘"等概念取

代和混淆。

只有 12% 的地球土地面积上的土壤具备在多个人类世代中发挥农田功能的条件（如足够的土壤深度、足够的水分、适宜的温度、适度的坡度），而在大于 26% 的土地上更陡、更浅的土壤发挥着草场或牧场的功能（FAO 2013）。然而，我们的土壤资源受到侵蚀、森林砍伐、过度放牧和管理不善的威胁，土壤流失速度估计比自然土壤形成速度快 10～30 倍。全球平均每年每公顷土壤流失 5～40t，风和水携带的颗粒最终进入河流、水库和海洋（Pimentel 2006）。世界人口预计在 2050 年达到 90 亿，粮食安全取决于维持和提高这些土壤的农业生产力。

本章讨论了土壤作为粮食生产自然资源的重要性，并解释了"土壤健康"作为提高农业生产力的综合管理目标。尽管政府支持了几十年的土壤保护计划，但发达国家的农业土壤仍在继续遭受严重退化。发达国家可以通过增加使用化肥和灌溉来部分补偿土壤流失，但发展中国家的大多数农民却无法获得这类资源，因为那里的原生土壤往往不太适合农业。只注重将水土流失保持在"可容忍的水平"的土壤保护做法不会提供粮食安全。相反，管理措施必须以恢复土壤健康的生物物理完整性和生物多样性为目标。为此，本章还描述了农民、顾问和科学家可以采用的评估土壤健康的方法。

13.2　土壤健康的定义

土壤健康被定义为土壤为植物茁壮成长提供条件的同时保护环境免遭水土和养分流失的特定能力。健康的土壤能够支持有益的生物活性，使它们具有弹性的适应力，能够为生命体提供一个可自我调节、低胁迫的栖息地。虽然"土壤健康"和"土壤质量"这两个术语有时可以互换使用，但土壤质量更准确地指的是可以测量的个别土壤特性，这些特性可能会也可能不会随管理而改变（Brady and Weil 2007）。可观测或可测量的性质包括土壤颜色、有机质含量、土壤团聚、孔隙度和生物活性，这些均可作为土壤健康指标。土壤健康是一种相对性的评估，它取决于土壤的使用方式（如用于行播作物、牧场、果园）。土壤健康是基于特定的土壤进行评估的，因为世界各地（甚至在某一特定区域内）的天然土壤在支持植物生长的内在能力方面差异很大。

原生植被的移除和自然土壤结构的破坏使农业土壤更容易退化。土壤的退化，无论是由于有机质的耗尽、穷尽式耕作，还是过度放牧，都与土壤健康的建立背道而驰。退化的土壤不能像具有生物活性的健康土壤那样提供同样范围的"生态系统服务"。健康土壤提供的生态系统服务包括：土壤吸收和储存水分、通气和促进根系生长、保留和循环营养元素、支持多种生物群落以战胜病虫害，以及防止水径流和土壤侵蚀。

13.3　土　壤　资　源

自然土壤的农业用途的适宜性在很大程度上是由 5 个土壤形成因素综合作用而产生的固有属性决定的：气候（温度、降水）、植物和其他生物（地上和地下）、母质（基岩或其他底层）、地势（地形或景观位置）和年龄（发育时长）。对土壤进行专业评估以确定其是否适合使用，包括对其周围景观的评估，以及对土壤进行至少 1m 深的挖掘。这使得观察和测量不同颜色、厚度、渗透性和其他性质的土层（"地层"）成为可能。

"土壤剖面"是对开挖表面到底部平面的二维描述，而"土壤样体"是给定土壤的实际三维水平面的组合。单个土体代表可被称为土壤的最小体积，在土壤制图中用多边形或单位描述土壤类别时用作参考。原生表层土（称为"表土层"）由于富含植物残体分解后的腐殖质，最直接地受到植物覆盖层的影响。它们通常比下层土颜色更深，更有凝聚力。底土层受植被影响较小，但其厚度和物理化学特征反映了当地的地形、水流、母质组成和矿物风化率。石灰岩或风积尘等母质比富含石英但缺乏植物所需的矿物质的砂岩等材料更能为"原生"土壤提供肥力。

土壤的相对年龄和土壤发育所处的气候强烈地影响着土壤的 pH 及植物可利用的"产碱"和"产酸"矿物库。几千年来受热带温度影响的土壤可能几乎拥有所有必需的、被强降雨淋溶出的碱基矿物质（如钙、钾和镁），留下生成酸的对植物生长有不利影响的矿物质（如铝、铁等）。另外，暴露于较弱降雨的土壤在温和的气候条件下，特别是当地表植被凋落物中的养分返回土壤中时，往往会保留更多的基本矿物质。因此，气候决定了促进土壤发育的植被类型和数量，而地形影响着土壤随时间变化的矿物和有机质的净积累和损失。这些因素的差异及其对土壤形成的相对贡献解释了土壤的巨大空间变异性。

13.4　全球土壤分类

土壤分类基于能够反映广泛差异的 5 类土壤形成因素。国际土壤分类的两个框架是联合国粮食及农业组织（FAO）土壤资源世界参考数据库（WRB）（IUSS Working Group WRB 2006）和美国土壤分类系统（USDA-NRCS 1999a）。WRB 系统使用两级别分类，第一级别包括 32 个参考土壤组（RSGs），第二级别包括经过可测量或可观测的特定描述属性修改的参考土壤组。美国土壤分类系统包括 12 个土壤目，进一步分为 20 000 多个土壤系列。

表 13.1 列出了参考土壤组及其大致对应的土壤目，以及按每个土壤目分类在全球无冰陆地中的百分比。最适合农业的土壤（表 13.1 中黑体部分）包括暗沃土、

淋溶土和始成土。这些土壤具有最大的天然肥力，但只占全球土地面积的26.4%。新成土（16.3%）及干旱土（12.7%）是分布最广的土壤，土壤肥力低，且降雨量不足。冻土（8.6%）受低温影响，而高度风化的老成土（8.5%）和氧化土（7.6%）含铝量高，主要支持耐酸植物的生长。因此，世界上大多数土壤用于粮食生产时都有至少一类严重的限制。

表 13.1　世界参考数据库（WRB）参考土壤组（RSGs）和美国土壤分类系统中的近似等效土壤目

RSG 诊断特征（在现场可观察或可测量的土层、质地或组分）	参考土壤组	土壤目（占全球陆地面积百分比）
有机层厚的土壤	有机土	有机土（1.2%）
受人类强烈影响的土壤		
农业长期集约使用的土壤	人为土	
含有许多人工制品的土壤	人工土	
由于浅层永久冻土或石质而限制生根的土壤		
受冰影响的土壤	冻土	冻土（8.6%）
浅层或砾石较多的土壤	薄层土	
受水影响的土壤		
干湿交替的条件，富含膨胀黏土	膨转土	
泛滥平原、潮汐沼泽	冲积土	
碱性土壤	碱土	膨转土（2.4%）
蒸发后富含盐	盐土	
地下水影响土壤	潜育土	
Fe/Al 化学影响土壤		
水铝英石或铝腐殖质复合体	火山灰土	火山灰土（0.7%）
螯合作用	灰壤	灰土（2.6%）
水态条件下富集铁	聚铁网纹土	
固磷、结构性强的低活性黏土	黏绨土	氧化土（7.6%）
以高岭石和倍半氧化物为主	铁铝土	
有滞水的土壤		
间歇性结构不连续	黏磐土	
结构上的或适度结构上的不连续	黏滞土	
有机质的积累，高碱性状态		
一般为松软	黑钙土	
向干旱气候过渡	栗钙土	暗沃土（6.9%）
过渡到更潮湿的气候	黑土	
低可溶性盐或非盐物质的积累		
石膏	石膏土	
硅	硅质结核土	
碳酸钙	钙积土	

续表

RSG 诊断特征（在现场可观察或可测量的土层、质地或组分）	参考土壤组	土壤目（占全球陆地面积百分比）
底土富含黏土的土壤		
淋溶到包气带水体中的缺乏黏土及铁化合物的物质	漂白红砂土	
低盐基值，高活性黏土	高活性强酸土	老成土（8.5%）
低盐基值，低活性黏土	低活性强酸土	
高盐基值，高活性黏土	高活性淋溶土	淋溶土（9.6%）
高盐基值，低活性黏土	低活性淋溶土	
相对幼年的土壤或剖面发育很少或没有发育的土壤		
带有酸性深色表层土壤	暗瘠土	干旱土（12.7%）
砂质土壤	砂性土	
中等发育土壤	雏形土	始成土（9.9%）
无显著特征的土壤	疏松岩性土	新成土（16.3%）

注：土地面积的百分比不包括岩石或冰覆盖。黑体表示最适合农业的土壤类别。其他类别土壤均有某种限制（见第一栏所述），或必须在农业应用前加以解决，或在管理上构成挑战

按 1∶500 万比例尺（即地图上的 1cm 代表地面上的 50km）绘制的世界土壤地图为主要土壤类群在全球分布提供了概括的理解（Bai et al. 2010）。但为了向区域决策者提供足够的信息，需要制作更小尺度分辨率的地图来描绘景观水平上的土壤变异性。然而，可能需要绘制 1∶10 000 或更小比例尺的地图，以捕捉土壤深度、坡度和排水的局部变化，所有这些都影响土壤生产粮食的适宜性。虽然在大多数国家都可以获得附有详细土壤描述的更小比例的地图，但了解特定地点土壤的局限性通常需要直接观察和处理。

13.5　土壤退化

联合国环境规划署（UNEP）开展的全球土地退化与改善评估（GLADA）利用了 25 年期间的遥感归一化植被指数（NDVI）数据，评估了世界各地的植物覆盖活力（Bai et al. 2008，2010）NDVI 是根据叶绿素对红外辐射的吸收来衡量植物初级生产力的指标。值得注意的是，被全球土地退化与改善评估机构确定为正在退化的许多退化土地并不与土壤退化土地重叠，而土壤退化土地在联合国环境规划署 1988～1991 年进行的"人类诱发土壤退化全球调查"（GLASOD，图 13.1）中已经确定。后一项评估将土壤退化定义为"降低土壤当前和/或未来生产商品或服务能力的过程"。GLASOD 的研究得出结论，全球 38% 的农业用地的土壤已经因为风蚀、水蚀或盐碱化和化学污染等其他过程而退化。GLADA 和 GLASOD 之间缺乏空间重叠，证明了测量方法如何影响土壤退化评估，也反映了解释现有信息的决策者必须面临的挑战。

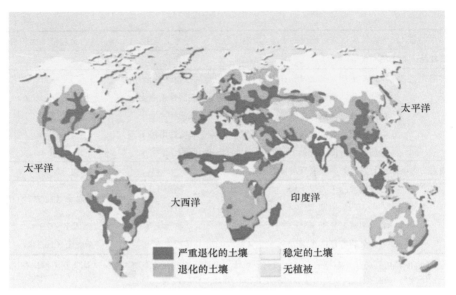

图 13.1 基于 FAO 人类诱导土壤退化全球调查数据合成的地图。数据源自 Philippe Rekacewicz，UNEP/全球资源信息数据库-阿伦达尔（GRID-Arendal），世界退化土壤地图，https://www.grida.no/resources/6338，授权使用

　　当土壤作为"永久"、密集植被（如天然草地和森林）覆盖的生物完整性地基时，它们对退化的抵抗力最强。可以说，这种将土壤转为农业用途本身就是退化的过程。植物的移除和土壤干扰破坏了地下完整的根系-微生物网络，这些网络可能需要很多年才能建立起来，但不被认为对农业生产力具有重要意义。由于本地的植物-土壤系统相互适应以抵御当地气候的破坏力，它们的干扰使表层土壤更容易受到干旱和风或水的影响。比深层土壤更富有营养的表层土壤的流失，会迅速降低土壤本身的肥力和持水能力。

　　GLADA 研究中较高的 NDVI 读数可以通过对退化土壤中植被生长提供高投入的肥料和灌溉获得。因为土壤健康状况降低的负面影响（即土壤结构不良，水分保持能力降低，营养利用效率低）对生产的影响会被不可再生资源的使用增加所掩盖。NDVI 数据的解释就需要在考虑农业生产中使用的所有资源的条件下以更完善的方式进行。与此类似，北美洲的土壤保育项目也正在从单一的集中于降低土壤侵蚀目标转向增加土壤碳库（土壤有机质）的措施，这样的举措可以帮助改善土壤结构并增加植物对营养元素和水分的利用（USDA-SARE 2010）。

13.6　土壤固有属性和可变性质在加强土壤健康中的作用

　　虽然土壤是否适合农业使用是由其固有属性决定的，但土壤的相对健康和生产力是由可变的特性决定的。固有属性的两个例子是土壤质地和基岩深度。这两者对农民来说都是"给定的",因为在物理上或经济上修改它们都是不可行的。土壤固有属性会限制可种植的作物类型,并影响土壤可变特性的范围。维持土壤的健康需要积极的管理,以保持高度有利于根系增殖和植物生长的可变特性。可变性质的一个例子是土壤结构。土壤质地和土壤结构之间的区别说明了固有的和可变的土壤特性如何影响土壤健康。

土壤结构是一种基于土壤矿物组分粗度或细度的固有属性。在野外,少量土壤的质地可以通过一些经验进行评估。通过将土壤完全分散,测量砂土(直径在 2~0.05mm)、粉土(0.05~0.002mm)和黏土(小于 0.002mm)颗粒的百分比,可以更准确地测定土壤质地。由于只有小于 2mm 的颗粒被认为是土壤,大于 2mm 的岩石碎片不被考虑在土壤结构分类内。根据颗粒大小的相对分布,一种特定的土壤可归纳到 12 种质地类型之一中。砂土(>90%的砂土)和黏土(>60%的黏土)是最不适合农业使用的两种结构类别,因为它们位于透水性和透气性的极端。中等质地的土壤,被划分为壤土(砂壤土、粉壤土、砂质黏壤土、黏壤土和粉质黏壤土),能够为农业作物的生长提供最佳的空气和水交换条件。其余结构类(壤砂土、砂质黏土和粉质黏土)的土壤适合农业使用程度则位于中间。

另一方面,土壤质地是基于有机质和矿物组分的一种可变的性质。土壤质地是矿物颗粒和有机质在不同大小的土壤团聚体和孔隙中的三维排列。土壤质地反映了土壤中植被生长的数量和类型,以及土壤受到的物理干扰程度。想象你自己站在一个管理良好的花园或农田,然后想象你脚下的 $1m^3$ 土壤。令人难以置信的是,大约一半的土壤体积是孔隙。另一半主要由风化矿物(砂土、粉土、黏土、卵石)和相对较少但功能重要的土壤有机质(1%~10%)组成,主要来自植物凋落物和根系-微生物碎屑的分解。在很大程度上,生物活动控制着土壤孔隙和固体的这种空间排列。

土壤细菌利用来自活根和腐烂有机质的有机碳来获取能量,用于生长和产生"胞外聚合物"(EPS)。细菌 EPS 促进细胞与土壤颗粒的黏附,并导致微团聚体的形成。在可降解有机质和足够的水分的存在下,细菌和真菌的活性作用于将较小的聚集体结合成更大的个体。在土壤中使用微生物抑制剂的实验表明,只有在活性微生物存在的情况下才会形成大团聚体(直径至少 0.25mm)(Bossuyt et al. 2001)。未被干扰的土壤中的微生物活动也因为团聚体分解和重新组合而能稳定有机质(Six et al. 2004)。在野外,土壤结构是由其"易碎性"证明的,即土壤容易被分解成碎屑,这有利于水的渗透和氧气的供应。在同一地区,含有较多有机质且很少被扰动的土壤(如长期多年植被覆盖下的土壤)比重度耕作的农业土壤有更多的大孔隙和团聚体。改善土壤结构最有效的方法是增加土壤的有机质含量(如通过耕作幼龄覆盖作物或者用堆肥或肥料对土壤进行改良)。

土壤结构的差异反映在实验室测量的土壤容重，它是由已知体积内的土壤固体的干质量决定的。虽然容重本身不能量化土壤结构，但它可以用来评估旨在提高有机质含量和改善土壤健康的管理措施的有效性。对于给定的土壤，容重越高，空气和水运动的孔隙度就越小。在多年生植被下，未开垦的土壤的容重为 0.8g/cm³，而在高度压实的土壤中，容重则为 2.2g/cm³。在大多数土壤中，1.0～1.4g/cm³ 的容重为植物生长提供了非常有利的条件。然而，土壤质地影响土壤用于农业的"理想"容重值，以及在限制根系生长之前增加容重的程度（表 13.2）。

表 13.2　土壤质地类别与容重值的关系

土壤质地	不同质地土壤的理想容重和根系生长限制容重（g/cm³）（国际科学单位以 mg/m³ 表示）		
	理想的容重	影响根生长的容重	可以限制根生长的容重
砂土、壤砂土	<1.60	1.70	>1.80
砂壤土、壤土、砂质黏壤土、黏壤土、粉土、粉壤土、粉质黏壤土	<1.40	1.60	>1.75
砂质黏土、粉质黏土、黏土	<1.10	1.50	>1.60

资料来源：USDA-NRCS（1999b）土壤质量检测试剂盒指南

土壤有机质是土壤的非均质组分，由新添加的植物物质，活的和腐烂的根系和微生物，部分分解的植物、动物和微生物物质，以及完全分解的腐殖质组成。土壤有机质含量，像其他可变的土壤性质，可以在分析实验室中测量，越来越深的表土颜色就是一个很好的测量有机质水平的指标领域。其他可变性质包括水可萃取碳、土壤团聚体稳定性、土壤孔径分布、持水能力、水分入渗率、碳和氮有效性、微生物生物量含量、pH 和盐含量。为农民和土地所有者提供相关的土壤理化信息的资源，可以帮助他们了解土壤健康指标、实地评估方法和有效改善土壤健康的管理实践（Moebius-Clune et al. 2016；USDA-SARE 2010）。

13.7　为什么有机质能促进土壤健康

粮食安全和可持续土壤健康取决于最大限度地减少侵蚀性土壤流失。为了实现这一目标，必须尽可能持续地保持耕地上的植被覆盖，以帮助重建能够使土壤保持原位的根系-微生物网络。存活植被覆盖可以维持植物根系产生和分泌有机化合物。存活植被下表层土壤中具有成比例增加的根际土壤，根际土壤是指紧邻植物根系的土壤（通常在根系表面 2mm 以内）。根际土壤比非植被土壤有机碳含量高、活性微生物种群密度大。因为有生命的根系将碳"泵"到土壤中，有植物的土壤比没有植物的土壤聚集得更好，抗侵蚀能力更强。

富含根系的土壤中有各种各样的细菌、古菌和真菌。这 3 种组分组成了"土壤微生物生物量”，负责有机残留物的分解和释放诸如铵、磷酸盐和硫酸盐等无机营养元素。当大量和微量营养元素与腐烂的植物组织中的有机化合物结合在一起时，在微生物及其降解酶将这些组织分解之前，根部是无法获得这些营养元素的。稍大一些的生物体，如原生动物和线虫，以微生物生物量为食。在消耗了微生物细胞后，这些"食草动物"会在废物中释放出无机营养元素，再次被植物吸收。与包括微节肢动物和蚯蚓在内的其他土壤生物群体一起，土壤的整个生物组合有时被称为"edaphon"，来自希腊语"土地"或"土壤"。因为土壤生物学是一门相对"年轻"的科学，关于土壤如何影响土壤生物组还有很多需要了解，反之亦然。然而，人们普遍认为土壤微生物与土壤有机质的数量和质量及有机质质量和添加频率高度相关。

就像植物的根系需要足够的营养、水和空气才能茁壮成长一样，土壤微生物生物量也是如此。虽然土壤微生物生物量吸收和分解的大部分有机碳以二氧化碳的形式通过有氧呼吸释放出来，但当微生物胞外多糖与黏土结合促进团聚体形成时，部分碳变得稳定。土壤聚集以正反馈的方式改善土壤孔隙度和微生物自身的栖息地。随着有机化合物变得"腐殖化"（即抵抗进一步的微生物降解），腐殖质碳和土壤矿物之间密切的化学相互作用有助于保护和稳定碳，特别是在微团聚体中。通过不断地向表土添加新鲜的有机质来源（即豆科植物覆盖作物、堆肥、肥料）使土壤微生物实现自我调节、稳定活性。如果这样的持续性添加丧失，无论是从活植物根系还是通过土壤改良剂，都将发生净土壤流失。

13.8　基于生物的土壤健康评估工具

每一种土壤都具有一种特定地点的固有的和可变性质的组合，支撑一系列有助于土壤健康的生物活动。例如，可耕种但从未耕种的土壤中含有适应本地植被和当地条件的生物群，它们表现出适应水平的生物活动，而这些活动在耕作时被打乱。土壤经过精耕细作和作物年复一年的收获后，由于不能用植物或其他有机残留物补充土壤，土壤有机质耗尽、多孔结构丧失、土壤微生物生物量降低、生物活性降低。即使是退化的土壤，每克土壤中也可能含有数百万微生物和数百种物种，关于微生物多样性和活动如何影响土壤健康状况，科学家仍有很多要了解。这里讨论了 3 种用于评估土壤健康的基于生物的工具，首先是简单的实地观察，然后是在商业和研究实验室采用的方法，最后是在专门研究机构中探索的先进生物技术。

13.8.1　实地目视和手动评估

熟悉其土壤的农民和其他土地所有者可以依靠经验和感官线索，特别是使用视觉和触觉来评估土壤健康状况。土壤颜色越深意味着有机质含量越高，这也意味着更强的持水能力和养分有效性。土壤结构越软，压实度越低，说明水分入渗和根系渗透性越好。蚯蚓和其他土壤动物表明，更丰富的微生物生物量可以支持土壤群落中更多样化和更大的生物。黏性土屑与表面尘土飞扬的结皮形成对照，表明抗风蚀和水蚀的能力更强，土壤保持原位的能力也更强。最后，在没有过量肥料、水和农药的情况下，实现无病作物的良好生长是土壤健康的最明显标志。虽然现场评估可以用铲子、桶和渗透仪等简单工具进行辅助，也许评价土壤健康的最有价值的工具是了解其固有属性及其种植和管理历史。

13.8.2　湿式实验室方法

因为能够影响有益生物功能的土壤微生物生物量并不能直接在现场观察，"湿式"实验方法被开发用于获取可量化测量的微生物生物量及其一般或特定活动。在实验室测试中，大量种植、连续种植的土壤预计比原生土壤表现出更低的微生物生物量和生物活性。另一方面，从不同作物的活根和其他有机改良物中有意识地补充有机质，再加上最小的物理干扰，应该会导致土壤微生物生物量和生物活性的增加超过稳态水平。然而，由于土壤、气候和管理历史存在很大的空间变异性，利用一种类型的实验室测试对土壤健康状况进行可靠的评估是难以实现的。因此，土壤健康状态与实验室测试结果会在长期比较相似的土壤中具有更好的相关性，正如农户通过使用一些测试方法常年评估同一块地农艺措施的改变对土壤的影响。康奈尔土壤健康评估是一个典型的项目，采用了各种生化、物理和以过程为基础的测试，以获得整体性的土壤健康得分（Moebius-Clune et al. 2016）。这里将讨论 3 种类型的实验室土壤健康检测，即生化特性、微生物生物量、生物活性。

13.8.2.1　生化性质

土壤肥力（大量营养元素、微量营养元素和 pH）是由商业实验室进行常规测试，但这种测试主要是为特定作物提供化肥和浸灰建议。当涉及确定土壤的生物状态时，大多数商业实验室提供的唯一测试是测量土壤有机质。虽然土壤的有机质含量是评估生物健康的一个特别有用的特征，但有机质含量取决于土壤类型和质地，可能需要多年时间才能发生可测量的显著变化。另一方面，总有机质分解为容易降解的、中间的和难以降解的组分，确实发生了更快的变化，可以表明土壤在不同农艺措施中的响应。评估土壤有机质组分（如可提取的、不稳定的碳源，新鲜的有机质颗粒）的程序通常在学术研究实验室进行，其中土壤微生物生物量碳作为一个特别关键的组分也被测量。

13.8.2.2 微生物生物量估算

细菌和真菌是最丰富的微生物,驱动土壤有机质周转和养分释放到植物根系和微生物区系。细菌和真菌的典型细胞宽度(分别为约 0.5μm 和 5μm)使其不可能被直接观察到,即使在显微镜下,土壤微生物在黏土和有机碎屑中缠绕时也很难分辨出来。通常来说,土壤微生物及其生理特性的研究都是在实验室中进行的,方法是将它们分散在土壤浆中进行稀释,然后在培养皿中的营养介质中培养。当使用好氧平板计数法计算可培养微生物时,人们早就知道最初存在于土壤样品中的活微生物中只有 1%~10%实际上能在平板中回收。通过在显微镜下对相同土壤的染色涂片并进行烦琐且主观的检查后,一致证实了这样的低重现率。由于微生物计数具有很高的变异性,一个更可量化的方法出现,它是通过用氯仿熏蒸土壤样品和测量细胞裂解时释放的微生物碳来估计微生物生物量碳总量。另一种可量化的方法是提取和测量微生物磷脂脂肪酸(PLFA),这也可以生成关于总脂肪酸、细菌脂肪酸和真菌脂肪酸多样性的信息。一些商业实验室进行 PLFA 测试,但 PLFA 数据与土壤健康状况之间的相关性尚未明确确立。

13.8.2.3 生物活性

土壤微生物从有机质中回收无机养分以供植物根系吸收的能力,反映在实验室控制条件下培养潮湿土壤样本在呼吸过程中释放 CO_2 的速率上(Franzluebbers 2018)。涉及添加底物或各种酶的呼吸作用和其他活性测量结果对土壤样品的取样、储存、制备和培养过程都高度敏感。土壤的物理化学性质变化很大,在实验室程序中可能出现小偏差,这使得开发通用的、标准化的土壤生物活性测试作为土壤健康指标具有挑战性。当相似的土壤经过一段时间的比较,并严格遵守一致的测试程序时,实验室测试结果与土壤健康状况的相关性是最可靠和令人满意的。

13.8.3 先进生物技术

土壤代表着地球上一些最多样化的微生物群落,每克土壤中有数十亿个细胞和数万种物种(Fierer 2017)。研究设施正在开发更先进的技术,以了解土壤有机质的性质及促进其形成和转化的微生物。通过对纯化的实验室培养物的研究,可以方便地了解微生物的代谢特性,并对其基因组 DNA 进行测序。这种方法对于了解微生物的生命至关重要,而且它仍然是一种使用先进的、高通量培养方法的途径。然而,尽管投入了所有的努力,只有一小部分(大约 1%)的现存微生物物种在实验室培养。除了未能培养出的大多数微生物外,在培养皿中生长的菌株我们也没有在准确描述其自然环境的生理环境中进行研究。对于土壤来说尤其如此，在培养皿中生长的过程中，土壤的物理化学性质无法再现，因此很难将从实验室学到的知识应用到实际的土壤系统中。这里将讨论 3 种不依赖培养的先进技术（即"独立培养"）：微生物组分析、稳定同位素探针及细胞标记和捕获。

13.8.3.1 微生物组分析

直接原位的研究微生物功能仍然是一个挑战，我们刚刚开始了解微生物过程如何在空间和时间上整合赋予土壤突显的健康指标属性（Baveye et al. 2018）。土壤微生物组（即特定土壤中微生物的总组合）的研究与其他微生物组科学（如人类和食物微生物组）等面临同样的挑战。这些限制从独立培养的方法被发展出以来就一直存在，在这种方法中，土壤微生物可以通过从土壤中提取它们的核酸（DNA、RNA）或其他细胞成分（PLFA）来分析。尽管与栽培无关的技术也有其自身的偏见，但毫无疑问，它们揭示了微生物组的组成和功能，导致最近其开发和使用迅速增加。这其中的佼佼者包括从土壤中提取总 DNA，然后通过 PCR 扩增具有良好分类标记的标记基因如 16S rRNA（细菌和古菌）和 18S rRNA（真核生物）的二代测序。从土壤提取物中产生大量的序列（rRNA 文库）帮助我们认识到土壤微生物的巨大多样性，通常包括几十个主要门及一些没有栽培的生物。二代测序技术的发展，尤其是 Illumina 平台，已经允许分析每个样本中数百万的 rRNA 基因，从而告诉我们土壤中存在哪些微生物。

然而，对于现存的微生物知识，并不能提供足够的信息来说明它们可以执行哪些功能。人们通常假设，健康的土壤将承载具有冗余功能的不同微生物物种，因此，随着环境条件的变化，每种关键微生物功能将由至少一种微生物物种执行。为了了解土壤中可能存在的微生物功能，使用 rRNA 基因扩增子文库描述群落多样性是不够的，我们需要采用可以告诉我们编码功能酶基因的方法。研究特定功能的一个例子，如 N_2 固定，是提取土壤 DNA（或转化为复制 DNA 的土壤 RNA），并使用定量 PCR（qPCR）来估计编码固氮酶一部分的 *nifH* 基因或转录物的数量。由于固氮酶只是土壤中数千种微生物酶中的一种，一个更全面的方法涉及使用二代测序从尽可能多的基因或转录物复制序列，上述的过程分别属于称为宏基因组和宏转录组测序的总 DNA 或 RNA 池。然后使用生物信息学工具组装序列，并使用多个数据库分配它们，以产生具有或不具有指定功能的基因列表。该列表可用于评估群落中存在的不同类别的功能。最近，已经开发出了允许从宏基因组数据组装基因组的分类算法。迄今已经产生了数以万计的宏基因组组装基因组（MAS），这使得可在其基因组环境中研究基因功能，即使是无法培养的生物体（Parks et al. 2017）。不需要培养有机体就能获得基因组，这显然是微生物组研究领域的一场革命，但随之而来的警告是，生物信息学中的基因组组装实际上可能并不存在于群落中，仍然需要对培养的有机体进行研究从而了解微生物生理学。因此，继续发展以培养为基础的方法和不依赖培养的方法似乎是至关重要的，这样从这两种方法获得的知识可以促进我们对微生物群落的理解。

另一个与土壤微生物组研究有关的警告是，从土壤中提取的总 DNA 中，多达 40%可能实际上来自自由 DNA，这是从死亡的微生物细胞释放的 DNA，并在吸附到土壤胶体时变得稳定（Carini et al. 2016）。由于死亡细胞的 DNA 测序显然不能提供有关活性功能的信息，因此可以提取总 RNA，因为它在细胞外的半衰期要短得多。尽管如此，土壤中高达 95%的细胞可以在任何时候处于休眠状态（Blagodatskaya and Kuzyakov 2013），因此大量提取物中的大部分 RNA 可能来自活性较低的细胞。因此，在分离非活性微生物的核酸之前对活性微生物的核酸进行标记的方法在评估对微生物组功能的实际贡献方面具有更大的价值。

13.8.3.2　稳定同位素探针（SIP）

这种方法涉及在添加了标有重同位素的基质后培养土壤样品，如 ^{13}C 或 ^{15}N 标记的底物将被纳入新合成的生物量，包括核酸。培养后提取 DNA，通过梯度超离心将已加入标记底物的生物体的"重"DNA 部分与其余 DNA 分离。然后可以收集这些 DNA 进行测序，使用如上所述的宏基因组学或扩增子测序。这项技术已经成功地应用于土壤中，并帮助我们了解整个群落的元素周转，如将其应用于固氮菌（Pepe-Ranney et al. 2016）或能够降解多芳香碳基质的物种的识别。最近，这种方法被用于重水（D_2O），这在理论上将是一个理想的标签，因为添加的底物（水）不应该改变细胞生理学。然而，分离 D_2O 标记生物一直很困难，需要以每天几百个细胞的通量使用光镊与拉曼光谱耦合（Berry et al. 2015）。考虑到在一克土壤中有数百万到数十亿个细胞，这种方法对于表征土壤微生物组的功能是不现实的。

13.8.3.3　细胞标记和捕获

其他的方法也被用来探测土壤中的活跃微生物，但没有一种方法在科学界获得了实质性的推进，因为它们通常很难执行且需要专门的设备。然而值得注意的是，一种被称为生物正交非规范氨基酸标记（BONCAT）的新方法可能是变革性的。这种方法依赖于将一种改性的水溶性氨基酸掺入新合成的蛋白质中。当改性氨基酸被添加到土壤样品时，它在孵育期间被活跃的微生物吸收。在氨基酸被吸收并加入蛋白质中之后，制备土壤悬浮液，并将微生物从土壤颗粒中分离出来，放在过滤器上收集。当过滤器上的细胞用"点击化学"试剂处理时，荧光探针与新蛋白质中修饰过的氨基酸结合，从而使活性细胞发出荧光，而在非活性细胞中不发生结合。流式细胞仪的荧光激活细胞分选（FACS）可以用来分离细胞组进行计数。对分离细胞的进一步下游分析可以包括上述讨论的任何高通量测序技术。

有趣的是，标记的蛋白质也可以通过将它们结合到蛋白质组学分析的柱上来捕获自己。与 SIP 不同，这种方法不依赖细胞分裂进行标记，因此可以标记生长缓慢的生物体，这在土壤中通常很重要。最近的研究表明，这种方法在土壤微生物群落研究中是可靠的和可重复的，为原位表征微生物过程和了解如何在土壤尺度上整合过程开辟了新途径（Couradeau et al. 2019）。

以实地和以实验室为基础的土壤评价方法分别由农民和实地顾问、"湿式"实验室和研究设施进行，但为了提供信息，它们都需要将测试结果与土壤管理和生产力知识联系起来。如果先进研究技术的结果与从成本较低的方法得到的预测一致，这将简化土壤健康评估，并使所有人更容易获得土壤健康评估。

13.9 改善土壤健康的管理措施

13.9.1 作物多样化与氮素营养

农业政策对农民施加压力，迫使他们生产玉米、小麦、大豆和水稻等少数几种商品粮中的一种。以商品粮种植面积为基础的补贴和灾害补偿，严重阻碍了农民将非商品作物纳入土壤轮作。在同一块土地上年复一年地种植同一种作物，导致土壤中有机碳化合物的范围很窄，从而使土壤生物区系多样性低，并选育出在可预测的食物来源上茁壮成长的病原体或害虫。更重要的是，连续的"单一种植"不允许使用造土作物，这些作物的根部和残渣是促进土壤健康的特别重要的有机碳来源。作物多样化不仅有助于改善土壤多样性，还可以提高氮的利用效率，这是当今农业系统的一个关键问题，因为平均有 50%的施氮量流失到环境中。

豆科植物是一种重要的造土作物，因为它们与根瘤菌的共生关系使它们能够从大气中吸收氮气。这种进化关系中，固氮根瘤菌在瘤状根瘤中增殖，只出现在豆科植物中，这对这些植物来说是特别偶然的，因为原核生物（细菌和古菌）是地球上唯一可以还原气态氮 N_2 和 NH_3（氨）的有机体。生物固氮不同于工业氮肥（即 NH_4NO_3，或硝酸铵），因为它直接固定在植物体内。

另一个区别是，生物固氮比工业固氮使氮更不容易从土壤中流失，因为它会立即与细胞内的蛋白质和氨基酸等有机分子中的碳结合在一起。有机氮在土壤中的循环比无机氮慢，因为在 NH_4^+ 释放到土壤中之前，它必须首先经过微生物分解。此外，土壤颗粒上的大部分离子交换位点都是带负电荷的，因此土壤中的 NH_4^+ 容易被离子力所保持。NH_4^+ 作为一种紧密结合的阳离子营养物，其流动性较低，因此强降雨后的淋溶损失比 NO_3^- 阴离子要小。

腐坏豆科植物秸秆中添加的碳也能刺激微生物生物量的再生长，导致无机氮在细胞内的再吸收。无机氮在微生物生物量中的穿梭有助于延长氮在土壤中的停留时间。大多数土壤微生物是异养生物（依赖有机碳获取能量和细胞材料）。当土壤 NH_4^+ 的异养竞争随着有机碳供应的增加而持续时，土壤中 NH_4^+ 含量较低，被一种特殊微生物——硝化菌氧化成 NO_3^-。

硝化细菌和古菌不需要有机碳，因为它们是"自养生物"，它们依赖于 NH_4^+ 或 NO_2^- 氧化产生能量和固定 CO_2 产生细胞材料。通过增加有机碳输入，异养吸收 NH_4^+ 使 NH_4^+ 更难被硝化细菌获得，阻止或延缓自养转化为更流动的 NO_3^- 形式。除了更容易淋溶，NO_3^- 也可以在潮湿的土壤中反硝化成 N_2O 或 N_2，然后流失到大气中。因此，在豆科作物耕作的农业系统中可见的更低的氮流失（Drinkwater et al. 1996），可能部分是由异养抑制硝化作用及超量的还原价态而非氧化价态的土壤氮引起的。

13.9.2　减少耕作

当永久性植被被移除后土壤受到干扰时，土壤有机质水平开始下降，除非有机碳以活的根系、覆盖作物秸秆、堆肥或动物粪便的形式重新添加回来。如果不将有机质归还土壤，特别是在采用传统（倒土）耕作方式的系统中，土壤有机质会迅速减少。在这种类型的耕作中，板犁被用来切开和翻转表土。而其他的设备，如耕作机和圆盘被用来进一步打破土壤，以便苗床可以用耙平整。重复的物理破坏可以提高土壤通气性和促进土壤微生物生物量与作物秸秆混合，导致有机质快速氧化，减少缓慢形成稳定的腐殖质的碳的含量。

随着土壤有机质的减少，土壤变得更容易受到侵蚀，加强了一个导致更多的土壤碳流失的反馈循环。由于在 20 世纪 20 年代和 30 年代，美国中西部大面积草原草皮的板犁式耕作导致了沙尘暴，美国土壤保持局和合作的农民开始研究耕作方法，以减少物理干扰，并在土壤上留下更多的作物残留物（Montgomery 2007）。这些最初形式的"保护性耕作"采用凿形犁，犁尖间距很窄，这样就可以在播种时开沟，而不需要翻遍整个土壤或掩埋所有作物残留物。后续的保护性耕作类型（即免耕、覆盖、垄作耕作）对土壤的扰动均小于常规耕作。

虽然保护性耕作的重点是留在土壤表面的作物残余量（必须至少为 30%），但减少耕作的另一个好处是土壤中有机质氧化的速度变慢。此外，减少耕作改变了土壤微生物生物量的组成，导致真菌占总生物量的比例更大。免耕减少了真菌菌丝的物理破坏，有利于真菌增殖，促进大团聚体的形成，提高了土壤孔隙率。减少耕作对内生菌根真菌的危害也较小。这些菌丝能产生清除营养元素的精细菌丝网络，延伸到根外几厘米的距离。这些菌丝的尖端可以利用植物根部无法获得的水和营养供应，并将富含营养的水带回植物。因此，减少耕作方法通过减缓有机质流失和保持根系-微生物共生体来改善土壤的生物完整性。

13.9.3 微生物增加

除了保持土壤的生物物理完整性外，许多微生物还以积极的方式与植物根系相互作用。"植物促生长根际菌"（PGPR）包括从植物根中获取的各种有益细菌，并已被研究了数十年。PGPR 的各种功能已经在实验条件下显现，但这些功能在野外可复制到何种程度尚不确定。PGPR 提供的有益功能包括产生影响根系生长的植物激素（如吲哚乙酸），以及释放磷酸盐溶解酶，使土壤矿物质中的磷变得对植物更有效。对 PGPR 的认识激发了人们对通过开发它们作为接种剂的兴趣，从而来增加它们在根际中的存在。

接种作为一种促进植物生长的技术已经应用了几十年，主要是用根瘤菌和豆科植物种子来促进固氮共生体的建立。大多数接种产物都含有根瘤菌的混合物，这些根瘤菌已被证明具有"根际适应能力"，或能够在根际土壤中生存并进入宿主植物的根部，后诱导宿主生长"有效"的根瘤。一个有效的共生关系的建立需要许多步骤，包括豆科植物和共生体之间的化学信号及其识别。导致 N_2 固定的有效结节，可以在现场通过观察结节切开时红色内部来确定。这种红色是由于豆血红蛋白的存在，这种蛋白质由植物产生，以防止 O_2 干扰负责固氮的根瘤菌酶。

在开发新型接种剂时，应考虑到根瘤菌接种剂所遇到的问题和陷阱。如果不能使用与特定豆科品种相容的合适的根瘤菌菌株，接种就会无效。由于特异性明显存在于豆科植物品种和其兼容的根瘤菌菌株（即"交叉接种组"）之间，类似的关系可能存在于其他植物宿主和微生物之间。即使存在合适的根瘤菌菌株，其他因素也可以干扰有效的共生。例如，土壤中高浓度的铵和硝酸盐使得植物没有必要投入能量和碳水化合物来支持有效的根瘤。土壤条件如磷或微量元素缺乏也会导致无效结瘤。

我们可以合理地预期，任何通过接种或土壤增肥引入的有益微生物将与本地微生物群落（即土壤微生物群落）相互作用并遭遇竞争。接种技术必须建立在认识到引进的生物将面临与已经适应土壤条件的当地微生物产生竞争的基础上。例如，前茬豆类作物的土壤根瘤菌会在土壤中持续存在，并与接种的菌株竞争。

考虑到开发新的接种剂所需的投资，促进有益的根系-微生物关系的一个更可行的替代方案是通过添加有机质和使用促进生物物理完整性的管理实践来增强整个土壤的广义活性。"植物微生物组"（生活在植物组织内外的一系列微生物）的概念类似于"人类微生物组"，但可能会受到"土壤微生物组"的强烈影响（Chaparro et al. 2012）。生物技术工具告诉我们，我们自身的健康如何受到居住在人体上和体内的微生物的影响，因此，同样的生物技术工具也可用于阐明与土壤和植物相关的微生物如何促进作物健康。

13.10 结 论

农业管理目标往往集中于在短期内实现最有利可图的作物的最大产量，而不是维持长期的土壤生产力。世界上多达 25%的农业用地被认为中度到重度退化（Bai et al. 2008，2010），但土壤破坏可以通过添加肥料和灌溉加以掩盖。发展中国家往往没有这种投入，但即使在水和肥料充足的地方，农业对退化土壤的利用也会导致资源效率越来越低。改善土壤健康取决于维持或增加有机质含量和减少干扰，以促进植物-土壤系统中已知的有益生物过程。农民、研究人员和决策者面临的一个关键挑战是确定作物生产实践如何补充或适应土壤中的这些过程。可持续土壤健康的政策创新将建立在明确认识到土壤有机质和生物群对控制侵蚀和保持土壤稳定至关重要的基础上。

本章译者：张佩华[1]，周杰[2]，王继华[1]

1. 云南省农业科学院花卉研究所，国家观赏园艺工程技术研究中心，昆明，650200
2. 云南大学资源植物研究院，昆明，650500

参 考 文 献

Bai ZG, Dent DL, Olsson L, Schaepman ME (2008) Global assessment of land degradation and improvement. 1. Identification by remote sensing. Report 2008/01. ISRIC—World Soil Information, Wageningen

Bai ZG, de Jong R, van Lynden GWJ (2010) An update of GLADA—global assessment of land degradation and improvement. ISRIC report 2010/08. ISRIC—World Soil Information, Wageningen

Baveye PC, Otten W, Kravchenko A, Balseiro Romero M, Beckers É, Chalhoub M, Darnault C, Eickhorst T, Garnier P, Hapca S, Monga O, Müller C, Nunan N, Pot V, Schlüter S, Schmidt H, Vogel H-J (2018) Emergent properties of microbial activity in heterogeneous soil microenvironments: different research approaches are slowly converging, yet major challenges remain. Front Microbiol. https://doi.org/10.3389/fmicb.2018.01929

Berry D, Mader E, Lee TK, Woebken D, Wang Y, Zhu D, Palatinszky M, Schintlmeister A, Schmid MC, Hanson BT, Shterzer N, Mizrahi I, Rauch I, Decker T, Bocklitz T, Popp J, Gibson CM, Fowler PW, Huang WE, Wagner M (2015) Tracking heavy water (D$_2$O) incorporation for identifying and sorting active microbial cells. Proc Natl Acad Sci 112(2):E194–E203. https://doi.org/10.1073/pnas.1420406112

Blagodatskaya E, Kuzyakov Y (2013) Active microorganisms in soil: critical review of estimation criteria and approaches. Soil Biol Biochem 67:192–211. https://doi.org/10.1016/j.soilbio.2013.08.024

Bossuyt H, Denef K, Six J, Frey SD, Merckx R, Paustian K (2001) Influence of microbial populations and residue quality on aggregate stability. Appl Soil Ecol 16:195–208

Brady NC, Weil RR (2007) The nature and properties of soils, 14th edn. Prentice-Hall, Upper Saddle River, p 980

Carini P, Marsden PJ, Leff JW, Morgan EE, Strickland MS, Fierer N (2016) Relic DNA is abundant in soil and obscures estimates of soil microbial diversity. Nat Microbiol 2:1–6. https://doi.org/10.1038/nmicrobiol.2016.242

Chaparro JM, Sheflin A, Manter DK, Vivanco JM (2012) Manipulating the soil microbiome to increase soil health and plant fertility. Biol Fertil Soils 48:489–499

Couradeau E, Sasse J, Goudeau D, Nath N, Hazen TC, Bowen BP, Malmstrom RR, Northen TR (2019) Probing the active fraction of soil microbiomes using BONCAT-FACS. Nat Commun 10(2770). https://doi.org/10.1038/s41467-019-10542-0

Drinkwater LE, Wagoner P, Sarrantonio M (1996) Legume-based cropping systems have reduced carbon and nitrogen losses. Nature 396:262–265

Fierer N (2017) Embracing the unknown: disentangling the complexities of the soil microbiome. Nat Rev Microbiol 15(10):579–590. https://doi.org/10.1038/nrmicro.2017.87

Food and Agriculture Organization of the United Nations (2013) FAO statistical yearbook 2013. World Food and Agriculture, Rome, 289 pp

Franzluebbers AJ (2018) Short-term C mineralization (aka the flush of CO2) as an indicator of soil biological health. CAB Rev 13, No. 017. https://doi.org/10.1079/PAVSNNR201813017

IUSS Working Group WRB (2006) World reference base for soil resources 2006. World Soil Resources Reports No. 103. FAO, Rome. ISBN 92-5-105511-4

Moebius-Clune BN, Moebius-Clune, DJ, Gugino BK, Idowu OJ, Schindelbeck RR, Ristow AJ, van Es HM, Thies JE, Shayler HA, McBride MB, Kurtz KSM, Wolfe DW, Abawi GS (2016) Comprehensive assessment of soil health—the Cornell framework, edition 3.2. Cornell University, Geneva. https://soilhealth.cals.cornell.edu/training-manual/

Montgomery DR (2007) Dirt—the erosion of civilizations. University of California Press, Berkeley, 285 pp

Parks DH, Rinke C, Chuvochina M, Chaumeil P-A, Woodcroft BJ, Evans PN, Hugenholtz P, Tyson GW (2017) Recovery of nearly 8,000 metagenome-assembled genomes substantially expands the tree of life. Nat Microbiol 903:1–10. https://doi.org/10.1038/s41564-017-0012-7

Pepe-Ranney C, Koechli C, Potrafka R, Andam C, Eggleston E, Garcia-Pichel F, Buckley DH (2016) Non-cyanobacterial diazotrophs dominate dinitrogen fixation in biological soil crusts during early crust formation. ISME J 10(2):287–298. https://doi.org/10.1038/ismej.2015.106

Pimentel D (2006) Soil erosion: a food and environmental threat. Environ Dev Sustain 8:119–137

Six J, Bossuyt H, Degryze S, Denef K (2004) A history of research on the link between (micro)aggregates, soil biota, and soil organic matter dynamics. Soil Tillage Res 79:7–31

United States Department of Agriculture, Natural Resources Conservation Service (1999a) Soil taxonomy: a basic system of soil classification for making and interpreting soil surveys. NRCS, Washington, 871 pp

United States Department of Agriculture, Natural Resources Conservation Service (1999b) Soil quality test kit guide. USDA, Washington, 82 pp

United States Department of Agriculture, Sustainable Agriculture Research and Education, Sustainable Agriculture Research and Education (2010) Building soils for better crops, 3rd ed. Available online https://www.sare.org/Learning-Center/Books/Building-Soils-for-Better-Crops-3rd-Edition

Mary Ann Bruns 博士是宾夕法尼亚州立大学的土壤微生物学教授。她为研究生提供建议，并教授土壤生态学和土壤微生物学课程。她目前的研究重点是土壤氮循环的微生物生态学和生物结皮在稳定土壤表面方面的作用。Bruns 曾担任美国土壤科学学会土壤生物学和生物化学分会主席，以及《美国土壤科学学会杂志》《应用土壤生态学》和《加拿大土壤科学杂志》的副主编。

Estelle Couradeau 是美国宾夕法尼亚州立大学帕克分校生态系统科学和管理系土壤和环境微生物学助理教授，也是该校生命科学哈克研究所的成员。她的实验室主要利用包括组学工具和高级成像在内的各种技术研究土壤微生物组。她教授环境可持续性和微生物生态学的先进方法。目前的研究包括模拟和理解面对气候变化时土壤微生物的响应和变化。

第14章　环境植物修复和分析技术在重金属污染去除与评估中的应用

伊弗雷姆·M. 戈温（Ephraim M. Govere）

摘要： 化学胁迫严重阻碍生物或非生物环境系统的正常运作，而重金属污染是环境和生态系统，以及生活在其中的各种生物的重要威胁。随着人们逐渐意识到这一点，研究一种新的方法以有效、快速、经济且生态友好的可持续生物修复方法以减轻污染并保护环境免受重金属刺激的侵害变得迫在眉睫。植物修复技术是一系列非常有前景的绿色治理技术，包含：植物蓄积（植物萃取）、植物降解（植物转化）、植物稳定化、植物挥发、植物过滤。因为这些技术的功效往往是通过评估重金属的累积、退化、固定化、挥发、沉淀、去除、提取、吸附、解吸或浸出效果来实现的。所以，本章也会涉及原子光谱技术等测定环境中重金属污染的常用分析技术。本章介绍的分析技术包括原子吸收光谱法、无机质谱法、原子荧光光谱法和 X 射线荧光。这些技术的分析结果对于化学危害的识别、暴露量评估、剂量反应评估及对生物和非生物的环境风险特性和程度分析至关重要。本章内容的最终目标是通过对环境的保护、恢复和可持续发展利用以满足当代和后代的需求。

关键词： 重金属、植物修复、原子光谱

14.1　引　　言

环境化学胁迫源是指达到一定浓度水平的化学污染物，其对生物体有毒并威胁到环境的可持续性。当环境中的该化学物质浓度较低并不致毒时，它们只是化学污染物而不是胁迫源。重金属胁迫源是金属元素和类金属（同时具有金属和非金属特性的元素）。它们与水相比密度较高（Tchounwou et al. 2012）。当它们在生物体中超过其阈值浓度时就变得有毒。一些金属元素作为营养物质对于维持动植物生命至关重要，包括：钴（Co）、铜（Cu）、铬（Cr）、铁（Fe）、镁（Mg）、锰（Mn）、钼（Mo）、镍（Ni）、硒（Se）和锌（Zn）等。而其他金属，如铝（Al）、锑（Sb）、砷（As）、钡（Ba）、铍（Be）、铋（Bi）、镉（Cd）、镓（Ga）、锗（Ge）、

金（Au）、铟（In）、铅（Pb）、锂（Li）、汞（Hg）、铂（Pt）、银（Ag）、锶（Sr）、碲（Te）、铊（Tl）、锡（Sn）、钛（Ti）、钒（V）和铀（U）等对于维持生物体的生命不是必需的。在这些金属中，Cr、As、Cd、Hg 和 Pb 因其在工业、家庭、农业、医疗和技术行业广泛的应用而对环境的影响最大。它们被称为全身毒物，因为它们在较低暴露水平下就会引起多个器官的损伤（Tchounwou et al. 2012）。重金属胁迫源的主要来源包括自然和人为两种途径。自然来源包括分解（岩石风化和动植物组织分解）、降水、淋溶、挥发、降雨径流、融雪、侵蚀（水面径流和风尘）、自然火灾和火山喷发。人为来源是工业化和城市化的结果，它们包括工业（采矿和热能、核能、石油、纺织、电镀、电池、塑料、冶炼、制革、燃料、造纸、电子、武器）、污水污泥、雨水径流和植物种植投入（化肥和粪肥，杀虫剂、除草剂和杀菌剂，灌溉水，工业副产品）、家庭消费和工业生产产生的废物（Srivastava et al. 2017）。存在于土壤和水中的重金属被植物、水生和陆生动物吸收，对动物和人类健康构成风险。由于生物放大作用——金属浓度随食物链的累积作用，其中健康风险最大的是人类和动物。除了直接对人体健康不利外，重金属还会降低土壤和水中的微生物及植物群落的多样性和活性。土壤微生物数量的减少进而影响其在植物所需养分的循环、维持土壤结构、对有毒化学物质的解毒及植物害虫防治方面的贡献（Singh and Kalamdhad 2011）。动植物对重金属的吸收污染食物链并威胁生态系统的完整性、生产力及其蕴含的生态价值。因此，我们应该努力在全球范围内开发和实施有效、高效、经济、环保且可持续的环境重金属胁迫的纠正及预防性补救措施，而现代植物修复技术是去除/减少环境中的重金属最有希望的干预措施之一。

14.2 植物修复技术在重金属去除中的应用

植物修复技术是一种利用天然和基因技术改良的植物来净化和修复被重金属污染的环境系统的生物修复技术。植物修复过程引入了自然和转基因微生物，以提高其修复效果和效率。目前主要的植物修复技术有：植物蓄积、植物降解（植物转化）、植物稳定化、植物挥发、植物过滤和根际过滤。

植物蓄积，也被称为植物萃取，涉及植物对重金属胁迫源的提取、吸收和蓄积，如凤眼莲和积雪草等水生植物可以超量蓄积超过普通水生生态系统溶解浓度100 000 倍的重金属（Muthusaravanan et al. 2018）；香附子可以蓄积 Cr、Cd 等重金属，芥菜是 Pb、Cu 和 Ni 等重金属的汇；凤眼莲和积雪草对 Cu 的去除率可以分别达到 97.3% 和 99.6%（Muthusaravanan et al. 2018）。

植物修复技术则是一种更诱人的技术。有些植物可以将重金属区分开来，并将它们的蓄积限制在根部和根际。例如，草不会在它们的茎叶中蓄积金属，因此，它们可以被种植在重金属污染的地区，为食草动物提供食物，且不用担心重金属毒性的风险。这个过程称为植物稳定化，可以作为植物蓄积的补充。二者结合的过程可以被比喻为：植物"逮捕"（蓄积）"罪犯"（重金属）并将它们关在"监狱"（固定化）里。在这里，植物稳定化与植物蓄积相结合构成双重作用的生物修复技术。这些技术的效果可以通过进一步添加天然和转基因微生物进行增强，这一过程称为生物强化。生物强化过程不仅提高了重金属的蓄积效率和稳定性，也减少了它们的毒性作用。土壤微生物促进植物生长，同时它们也产生可以固定重金属的有机官能团，降低它们的可生物获取程度，并将它们转化为无毒的化学形式。例如，用稻热病菌（*Magna-porthe oryzae*）和伯克氏菌（*Burkholderia* sp.）这两种内生细菌接种番茄植株，可以增加植株的生长速率并限制 Ni 和 Cd 在番茄的根和芽中的蓄积。生物强化过程可以和生物修复过程结合，以形成一种混合生物技术以从环境去除重金属。Lee 和 Kim（2010）报道了将混合生物浸出应用于土壤中重金属去除的技术：为了实现主动生物强化，他们首先用嗜酸氧化硫硫杆菌浸润土壤（生物浸出），这些细菌从硫矿物的氧化过程中获取能量，并在此过程中创造酸性条件，使金属离子在土壤溶液中处于具有活性的游离态。为了确保重金属不会被重新吸附或固定在土壤表面，他们创造了一个重金属电迁移过程，在阴极室中加入阴离子乙二胺四乙酸（EDTA），这些 EDTA 将阴极重金属固定而充当系统的汇。这种新型生物电动力学技术具有巨大的潜力，其对 Pb 的去除率高达 92.7%。

　　虽然环境中的大多数重金属胁迫源以非挥发性形式存在，3 种非常有毒的物质——Se、As 和 Hg 可以转化为挥发性形式，如可分别转化为二甲基硒、三甲基胂和氧化汞。它们随着蒸发或挥发过程而成为大气污染物。应用植物挥发技术，可以减少来自垃圾填埋场的 Se、As 和 Hg 等挥发性有机金属形式的毒性影响。植物挥发过程需要筛选天然或转基因植物，让这些植物可以吸收金属并通过蒸腾作用以毒性较小的形式将它们挥发。芥菜（*Brassica juncea*）和灰色轮藻（*Chara canescens*）等能够降解有毒化合物并将其释放到大气中。而对生物活性酶的使用可以改进植物挥发技术。例如，用汞还原酶和细菌有机汞裂解酶对拟南芥和烟草植株进行遗传工程改造可以增强其从土壤吸收 Hg(II)和甲基汞的能力，并将其挥发成 Hg(0)（Muthusaravanan et al. 2018）。植物代谢单独或与酶结合用于吸收、代谢和降解金属胁迫源，并将其转化为毒性较小的形式，该过程被称为植物降解或植物转化（Ahmadpour et al. 2012）。通常与该过程相关的酶是过氧化物酶、硝基还原酶、腈水解酶、脱卤酶和漆酶（Muthusaravanan et al. 2018）。

　　植物过滤和根际过滤这两种水生植物修复技术，在去除水环境（如城市废水、工业废水、耕地废水、垃圾场和垃圾填埋场的渗出液及受污染的地下水）中微量金属和放射性元素方面具有最大的潜力。这两种技术都使用天然或基因工程植物来吸附和蓄积金属。它们之间的区别在于，通过根滤技术，污染物积聚在根细胞皮层的液泡中或直接渗入根部然后作为沉淀物渗出到根部表面（Hanus-Fajerska and Kozminska 2016）。这种净化技术最适合净化水培和气培培养物。牛毛毡和凤眼莲是应用于水生植物修复技术中的具有超量富集功能的植物物种代表。

另一种植物和微生物参与的生物修复机制是使用生物表面活性剂。表面活性剂是通常被称为两亲性的化合物。这些化合物既是亲水性的又是亲油性的。它们的亲水性和亲油性（HLB）的程度在重金属去污过程中是一个非常重要的特性。HLB 是一个表示表面活性剂的乳化、起泡和分散能力的指标。一种高 HLB 的表面活性剂可有效形成水包油乳液，而低 HLB 的表面活性剂则可能形成油包水乳液（Halecký and Kozliak 2020）。换句话说，一个具有高 HLB 的表面活性剂在改善不混溶的液体-空气、液体-液体和液体-固体界面系统之间的表面-表面相互作用（混合）方面更有效，主要通过减少这些系统之间的表面-表面排斥力来实现（Halecký and Kozliak 2020）。在体系中添加更多的表面活性剂会降低表面张力。表面活性剂可分为两类：合成的表面活性剂和生物表面活性剂。生物表面活性剂是由细菌、真菌、酵母或植物自然产生的。例如，枯草芽孢杆菌、铜绿假单胞菌、乙酸钙不动杆菌和抗辐射不动杆菌分别产生鼠李糖脂、高分子量生物乳化剂脂多糖及复杂生物乳化剂 Alasan（Bustamante et al. 2012）。微生物生产的生物表面活性剂增加细胞壁疏水性，进一步提高重金属的溶解度、流动性和生物利用度，使其易于从环境中被去除。植物也可以产生生物表面活性剂，如皂苷产自无患子而大豆可以产生卵磷脂。这些植物性表面活性剂可以从腐烂的植物根部释放出来。借助当今的技术，生物表面活性剂可以由微生物和植物合成。与化学合成表面活性剂不同，生物表面活性剂是环境友好的，因为它们可生物降解、毒性更小、更有效和高效、重金属特异性更强、可在恶劣的环境条件（如极端温度、pH 和盐度）下工作。它们已经被用来增加沸石和黏土等吸附材料的结合能力，以用于重金属去除（Jiménez-Castañeda and Medina 2017）。

14.3 原子光谱技术在重金属胁迫评估中的应用

在应用植物修复技术时，我们需要对环境中的重金属环境风险进行植物修复干预措施的前评价、中评价及后评价。来自重金属胁迫的环境风险是指重金属在环境中的测量浓度超过毒性效应浓度的概率，其中毒性效应浓度取决于受影响生物体的敏感性分布（Fedorenkova et al. 2012）。原子光谱法是一种常用的环境中重金属污染评估技术。

原子光谱技术通常用于确定固体、气体和水环境样品中重金属胁迫源的元素组成，主要通过分析其电磁或质谱来实现。原子光谱技术的基本特征是测量给定原子的吸收或发射能量。这意味着必须有能量来源。没有能量来源，原子停留在基态,这是原子的电子能所处最低能量水平。基态被认为是一个正常的状态原子。当受到外部能量的影响时,原子吸收能量到达被称为激发态的状态,在该状态下,其电子的能级高于基态。为了从激发态回到基态,原子必须释放能量。吸收或释放的能量完全对应基态和激发能级之间的差异。当涉及外价电子时,能量以光(光子=显示波状的可见性质)的形式吸收或发射;当原子的内层电子与高能带电粒子碰撞时,能量以 X 射线的形式吸收或释放。因此,用于评估重金属胁迫的原子光谱技术是基于这些基本原理命名的,包括原子吸收光谱(AAS)、原子发射光谱(AES)、原子荧光光谱(AFS)和 X 射线荧光(XRF)。通过这些技术,环境样品中的重金属的成分是通过光谱仪监测其电磁波谱确定的。除了这些技术之外,还有无机质谱(MS),该技术中重金属原子在磁场中通过它们的质荷比(m/z)比(质谱)而不是通过吸收或释放光子的强度进行区分。火焰原子吸收光谱(FAA)、石墨炉原子吸收光谱(GFAA)、电感耦合等离子体光发射光谱(ICP-OES)、电感耦合等离子体质谱(ICP-MS)、原子荧光光谱(AFS)和 X 射线荧光(XRF)等都是基于原子光谱原理下的特定分析技术(Akash and Rehman 2020;Van Loon 2012)。

14.3.1　火焰原子吸收光谱(FAA)

FAA 利用由空气和乙炔或一氧化二氮和乙炔产生的火焰加热水环境样品。环境样品,如动植物组织、土壤、泥浆或沉积物首先经过溶解(使样品更易溶或可溶)和消化处理,通常采用浓酸,如硝酸、盐酸或硫酸处理。将样品等分试样吸入火焰。来自火焰的热量将样品原子分解成原子蒸气,称为汽化的过程。此时原子处于它们的基态。位于空心阴极灯或无电极放电灯中选定的受激重金属产生辐射,辐射通过含有基态原子的蒸气。被称为单色器的光学设备将多色光分离成单色光或所选重金属的单个波长。来自选定金属的辐射能量被基态原子吸收。原子吸收能量导致透射辐射的强度与辐射量降低,其降低程度与样品中的金属原子数量成正比。高吸光度即低透光率,意味着样品中所选金属(辐射源)的浓度较高。吸收的辐射强度由分光光度计(一种测量衰减透射辐射的光敏装置)量化。光电倍增管的使用可以用来测量超低重金属浓度样品中的光子吸收强度。

14.3.2　石墨炉原子吸收光谱(GFAA)

GFAA 类似于火焰原子吸收光谱,但在样品引入和雾化过程中略有差异。GFAA 技术中的雾化器不是火焰,而是一种放置环境样品的小型石墨炉(管)。该管可通过电加热到选定的温度,最高可达 2700℃。将少量有代表性的固体或水样样品放入石墨管中。经过预编程升温,管内的样品被蒸发干燥、烧焦和雾化,原子蒸气被困在管中。位于空心阴极灯或无电极放电灯中的选定激发重金属产生辐射，通过含有该金属基态原子的蒸气。金属原子通过吸收能量被激发。与 FAA 一样，在特定波长吸收的辐射量对应于样品中的重金属原子的数量，并通过分光光度计进行量化。GFAA 相比 FAA 有更多的优势。由于没有火焰气体导致的辐射通过原子蒸气时间的延长，其灵敏度更高，检出限更低；此外，与 FAA 技术相比，它允许分析少量的固体和水样，减少了所需样品的制备量。

14.3.3 电感耦合等离子体光发射光谱（ICP-OES）

ICP-OES 测量的是液体或气体样品被直接引入电感耦合等离子体（ICP）时其中元素所发出的光。与 FAA 和 GFAA 不同，ICP-OES 技术利用了激发态电子在从高温激发后返回基态的过程中会在特定波长下发射能量的这一特性。FAA 的能量来源是火焰，GFAA 的能量来源是电流，而 ICP-OES 使用被称为电感耦合等离子体的加热源。相比于 FAA 和 GFAA 能够达到的 2700℃，以及太阳表面的 6000℃ 的温度，等离子体可以产生高达 9726.85℃ 的温度。产生如此高温的能力使 ICP 仪器不仅能够雾化所有重金属而且能够轻松地将其电离。那么 ICP 是如何产生的？等离子体是一群由质子、中子和电子组成的云团，表现为一个整体，相对于原子态更加松散。生成等离子体，需要的射频（RF）功率和频率通常为 0.2～2.0kW 和 27～40MHz，它们产生电场和磁场，通过电感耦合加速氩离子和电子（ICP）。当这些粒子加速后，它们与其他氩原子碰撞，导致进一步电离并在这个过程中创造了一种非常强烈的、明亮的白色、泪滴形、高温等离子体。等离子体产生的高温能够激发任何重金属元素，与 FAA 和 GFAA 不同，在这两个技术中，低温下的原子从分子中游离出来并阻碍辐射吸收，这个问题被称为化学干扰。

在 ICP-OES 技术中，将溶液泵入仪器，即雾化器将其以气溶胶形式喷入雾化室。氩气携带样品雾进入火炬中的等离子体。样品经受等离子体温度，从 10 000K 开始，到大约 600K 结束。以下是样品在通过等离子体方法分析时经过的各个阶段：

- 环境样品：气态、固态（如动物和植物组织、土壤、泥浆或沉积物）或含水状态的生物或非生物样品。
- 溶液：将环境样品变成液体。动植物组织、土壤、泥浆或沉积物被溶解（使溶解度更高或更易溶解）并且消化，通常用浓酸处理，如硝酸、盐酸或硫酸。
- 去溶剂化：通过去除溶剂使样品干燥，从而产生微型固体颗粒或干气溶胶。
- 汽化：将固体颗粒或液体转化为气态分子。
- 升华：直接将固态分子转化为气态分子，无须通过液体阶段。
- 原子化：通过破坏化学键释放自由原子的形式将气态分子分解成原子。

- 激发：向原子核、原子或分子提供一定的能量（称为激发能）使其从能量最低的状态（基态）跃迁到更高能量状态（激发态）之一。
- 电离：提供能量（称为电离能）使位于最低电离能条件的激发原子（电离基态）跃迁到更高的电离能（激发电离态）之一。

等离子体热量激发并电离原子。然而，等离子体中的分析温度低于初始激发和电离温度。原子以光的形式在其特有原子性所对应的特定波长下失去能量。然后将测量的发射强度与已知浓度的标准强度进行比较，以获得样品中的未知元素浓度。ICP-OES 能够同时分析多个重金属胁迫源。例如，使用分段阵列电荷耦合探测器（SCD），其具有 200 多个小子阵列，每个子阵列 20~80 像素，使其成为可以同时检测自然界存在的总共 92 种元素中的 70 种。此外，与 FAA 和 GFAA 相比，ICP-OES 具有更高的准确度、精密度、重现性和分辨率，更广的动态监测范围，并且可以耐受样品中更高的总溶解性固体。

14.3.4　电感耦合等离子体质谱（ICP-MS）

ICP-MS 是一种用于确定元素组成的分析质谱法。ICP-MS 将高温 ICP 源与质谱仪相结合。ICP-MS 的操作原则与 ICP-OES 非常相似。主要区别在于 ICP-MS 在电离区运行。区别于测量原子发射的光强度，ICP-MS 通过质谱仪基于离子的质荷比（m/z）来分离和检测离子。ICP-MS 与 ICP-OES、GFAA 和 FAA 相比有很多优点。主要优点是它的高灵敏度[万亿分之一（ppt）水平]和确定同位素组成的能力。但是，它需要"清洁"样品及更高的操作水平和维护技能。

14.3.5　原子荧光光谱（AFS）

AFS 有时也被称为原子荧光分光光度法或原子荧光法，其运行原理也是在原子发射。在该技术中，紫外光是激发能源。被激发的原子变得不稳定并迅速以荧光（光）的形式重新发出辐射能量。单色器将多色光分离成单色光，而这些单色光的强度通过光谱仪检测并与金属的浓度成正比。另一种类似于 AFS 的技术称为冷蒸气原子荧光光谱（CVAFS），其不同之处在样品制备方面，该方法可以分析常温下挥发性重金属浓度。它能够进行环境样品中氢化物形态的金属元素（As、Sb、Se、Sn）及 Hg 的亚痕量检测。含流动注入（FI）的 ICP-MS 仪器和氢化物发生系统（HG）结合也可以用于测量氢化物形态的元素和 Hg。

14.3.6　X 射线荧光（XRF）

XRF 和 ICP-MS 是在测量重金属污染中应用最广的原子光谱技术。不像 FAA、

GFAA、ICP-OES、ICP-MS 和 AFS 技术，XRF 技术是非破坏性的。样品被研磨成细粉末并可以直接用于分析大多数重金属。然而，研磨样品可以与化学助熔剂混合并使用熔炉或燃气燃烧器熔化，然后将粉末样品制成均质的玻璃，然后这些玻璃可以用于分析以计算金属的丰度（Wirth and Barth 2012）。样品被初级 X 射线束（高能、短波长辐射）照射以激发样品中的重金属原子。然后原子通过电离（失去电子）吸收 X 射线能量。这种高能量导致内部紧密连接的电子逸出，使原子不稳定并导致外部电子取代缺失的逸出电子。在激发过程，原子发射的 X 射线遵循样品中存在的原子类型的波谱特征。其发射的辐射是荧光的，它的能量低于初级入射 X 射线。荧光辐射可使用波长色散光谱仪测量（Wirth and Barth 2012）。

14.4　结　　论

　　我们所处的物理环境及其主要成分（土壤、水和空气）连同其生态系统的健康，定义和维持我们当代和后代的福祉。用重金属等有毒物质毒害我们的环境，而不加以监测及采取纠正和预防措施是不道德的。植物修复技术是净化被重金属胁迫源污染的环境成分和生态系统最有前途的绿色技术。原子吸收和发射光谱等分析技术在评估重金属污染水平，对生态系统、人类和动物健康的影响，以及植物修复技术的有效性方面发挥重要作用。因此，应不断努力改进植物修复技术及用以评估它们在去除环境重金属污染方面的有效性的分析方法。

本章译者：万新宇[1]

1. 中国长江三峡集团有限公司长江生态环境工程研究中心，北京，100038

参 考 文 献

Ahmadpour P, Ahmadpour F, Mahmud TMM, Abdu A, Soleimani M, Tayefeh FH (2012) Phytoremediation of heavy metals: a green technology. Afr J Biotechnol 11(76):14036–14043

Akash MSH, Rehman K (2020) Atomic spectroscopy. In: Essentials of pharmaceutical analysis. Springer, Singapore

Bustamante M, Duran N, Diez MC (2012) Biosurfactants are useful tools for the bioremediation of contaminated soil: a review. J Soil Sci Plant Nutr 12(4):667–687

Fedorenkova A, Vonk JA, Lenders HJ, Creemers RC, Breure AM, Hendriks AJ (2012) Ranking ecological risks of multiple chemical stressors on amphibians. Environ Toxicol Chem 31(6):1416–1421. https://doi.org/10.1002/etc.1831. Epub 2012 Apr 27

Halecký M, Kozliak E (2020) Modern bioremediation approaches: use of biosurfactants, emulsifiers, enzymes, biopesticides, GMOs. In: Filip J, Cajthaml T, Najmanová P, Černík M, Zbořil R (eds) Advanced nano-bio technologies for water and soil treatment. Springer International Publishing, Cham, pp 495–526

Hanus-Fajerska EJ, Kozminska A (2016) The possibilities of water purification using phytofiltration methods: a review of recent progress. BioTechnol J Biotechnol Comput Biol Bionanotechnol 97(4)

Jiménez-Castañeda ME, Medina DI (2017) Use of surfactant-modified zeolites and clays for the removal of heavy metals from water. Water 9(4):235

Lee K-Y, Kim K-W (2010) Heavy metal removal from shooting range soil by hybrid electrokinetics with bacteria and enhancing agents. Environ Sci Technol 44(24):9482–9487

Muthusaravanan S, Sivarajasekar N, Vivek JS, Paramasivan T, Naushad M, Prakashmaran J, Al-Duaij OK (2018) Phytoremediation of heavy metals: mechanisms, methods and enhancements. Environ Chem Lett 16(4):1339–1359

Singh DJ, Kalamdhad A (2011) Effects of heavy metals on soil, plants, human health and aquatic life. Int J Res Chem Environ 1:15–21

Srivastava V, Sarkar A, Singh S, Singh P, de Araujo ASF, Singh RP (2017) Agroecological responses of heavy metal pollution with special emphasis on soil health and plant performances. Front Environ Sci 5(64)

Tchounwou PB, Yedjou CG, Patlolla AK, Sutton DJ (2012) Heavy metal toxicity and the environment. Experientia Suppl 101:133–164

Van Loon AT (2012) Analytical atomic absorption spectroscopy: selected methods. Elsevier

Wirth K, Barth A (2012) X-ray fluorescence (XRF). Geochemical instrumentation and analysis

Ephraim M. Govere 博士是土壤研究集群实验室（SRCL）的主任，并在美国宾夕法尼亚州立大学生态系统科学与管理系教授研究生课程——土壤生态系统分析技术。SRCL 是一个多功能、多用户实验室，提供引领性的专业知识，为土壤化学、土壤肥力、土壤物理学、土壤学、水文土壤学和其他农业生态系统领域及环境测试的研究和教学提供分析仪器和设备。

第 5 部分　对食品、饲料和健康的贡献

第15章　利用植物基因工程蛋白生产药物

凯瑟琳·赫弗伦（Kathleen Hefferon）

摘要：植物在人类健康的营养和医疗方面一直发挥着主导作用。植物生物学的创新，特别是植物生物技术的创新，已经帮助这些学科取得了重大进展。虽然我们的一些现代药物来源于植物，但如今市面上许多利用传统生产系统（如酵母或哺乳动物细胞）生产的药物都可以通过一种被称为分子医药农业的新方法在植物材料中生产。本章介绍了以植物作为生产平台来生产药物，用以治疗传染病和慢性病。本章列举了在植物中生产的从疫苗、单克隆抗体到治疗药物等生物制品的例子，还讨论了基于植物病毒的用以癌症治疗的纳米颗粒的进展。本章最后预测了植物源药物的应用前景。

关键词：分子医药农业、发展中国家、流行病、疫苗、单克隆抗体、癌症、纳米颗粒、药物、转基因植物、叶绿体

15.1　引　言

　　自人类诞生以来，植物一直是人类首要的健康需求。利用现代技术，植物正在被改造从而具有更好的营养价值，从生物强化（如提高维生素和矿物质含量）到增强营养特性（如生产常见于海产品中的、对人类健康至关重要的 ω-3 脂肪酸的油料作物）。通过一个被称为生物勘探的工艺，植物的药用特性也正在被开发。一些已知的生物活性物质现在可以在植物细胞培养中廉价地生产，如紫杉醇等抗癌化合物。最后，植物可以被设计为现代药物，如疫苗和单克隆抗体的生产平台。

　　在植物中生成药物蛋白有很多优势。首先，植物源生物制品的生产成本很低，通常不到传统同类产品成本的百分之一。除此之外，植物源药物可以冻干，不需要冷藏，因此可以在室温条件下稳定地储存几个月，甚至几年（Twyman et al. 2005）。低成本和无须冷链运输使植物源药物易于在发展中国家储存和运输。

　　植物不携带人类病原体（如巨细胞病毒），因此比使用哺乳动物生产系统[如中国仓鼠（CHO）细胞]更安全。植物生产的蛋白质也具有与哺乳动物细胞相似的翻译后修饰，但在细菌细胞中缺乏这种修饰。植物可以很容易规模化种植，以便

生产更多的满足需求的医药制品。在转基因植物中生产重组蛋白，种子可以被储存起来，并提供给那些可以自己种植的国家（Hefferon 2013）。

值得注意的是，植物有自己独特的 N-糖基化系统，从而会导致分子异质性和随之产生的免疫细胞识别困难，这可能会使事情变得复杂。因此，研究人员通过敲除植物特有的 N-糖基化基因和引入编码哺乳动物糖合成的基因来对植物进行改造，从而使它们产生更"人源化"的蛋白质（Gomord et al. 2010）。

由于在植物育种研究方面的广泛历史和背景，人类掌握了很多植物蛋白提取的方法，这些知识使得从基因工程植物中提取和纯化药用蛋白变得非常容易。此外，在某些情况下，只需要从植物的可食用组织中提取粗提物，然后就可以通过口服给患者服用。利用植物生产生物制品既能简化生产工艺，又能保留植物源抗原的生物和免疫活性。厚厚的细胞壁能保护抗原不受胃肠道恶劣环境的影响，从而使它能更好地被免疫监控系统识别（Azegami et al. 2014）。胡萝卜、生菜、玉米、马铃薯和水稻等植物已被用于产生这种口服疫苗。

以前使用植物源生物制药的一个障碍（Thomas et al. 2011）是不同种类的植物，甚至同一植物的叶子与叶子或果实与果实之间产生的目标抗原数量的差异，这使得有关抗原的标准化递送变得复杂。但这个问题在很大程度上已经通过各种递送技术得到了缓解，这些技术将在下一节中描述。

15.2　植物源药物的生产技术

有几种技术经常被用来在植物中生产异源蛋白，其中最常用的包括转基因植物的产生或使用瞬时表达策略。转基因植物是有优势的，因为它们涉及基因的整合，可以从一代稳定地传给下一代，也可以作为种子储存。研究人员经常使用核转化和质体（叶绿体）转化。叶绿体的优点是在一个植物细胞中产生多个基因拷贝，因此产生的蛋白质数量比核转化要多得多。此外，叶绿体不存在于花粉中，因此如果这些植物在露天场地生长，不会有生物隔离的问题（Oey et al. 2009）。注意事项包括：质体转化技术相当新，因此不能用于所有作物类型。叶绿体不包含植物细胞质中的糖基化机制，因此不能生产一些具有高度特定折叠要求的蛋白质（Verma and Daniell 2007）。

转基因植物通常使用农杆菌介导的遗传转化或通过基因枪的生物传递产生（Laere et al. 2016）。两者都是将外源 DNA 插入植物基因组的有效手段。研究人员已经尝试用原生质体、细胞培养和毛状根繁殖培养等体外技术在紫花苜蓿、胡萝卜、生菜、玉米、花生、马铃薯、水稻、烟草、番茄和大豆中导入特定生物药物的基因。

瞬时表达策略包括使用农杆菌侵染、植物病毒重组表达载体，或者两者结合使用。瞬时表达的优点是周期短和快速，通常在几天内就能获取高产量的重组蛋白，而生成转基因植物则需要几个月的时间。常用于生产药物蛋白的植物病毒包括苜蓿花叶病毒、豇豆花叶病毒、马铃薯 X 病毒、竹花叶病毒、木瓜花叶病毒、番茄丛矮病毒、烟草花叶病毒和李痘病毒（Salazar-Gonzalez et al. 2015）。蛋白药物既可以全长蛋白形式在植物病毒表达载体中表达，也可以短表位肽段形式组装展示在植物病毒纳米颗粒表面。瞬时表达策略的一个优点是可以在一个植物细胞中以上述方式表达多个表位肽段或蛋白质，从而使快速生产具有多个亚单位的复杂蛋白质成为可能。侵染技术也可用于在植物中瞬时生产药物。例如，一种被称为 Magnifection 的技术是用含有二元载体或第二代解构病毒载体的农杆菌真空侵染烟草植物（Leuzinger et al. 2013）。加拿大生物技术公司 Medicago 是这种农杆菌侵染技术的先驱（Landry et al. 2010）。德国植物生物技术公司 Icon Genetics 利用 MagniCOM 技术，生产了几种植物源疫苗，包括产量高达 300mg/kg 烟草叶片鲜重的乙型肝炎病毒（HBV）表面抗原（Huang et al. 2006）。下一节叙述了在植物中生产疫苗、单克隆抗体和治疗剂的其他例子。

15.3　植物中生产的疫苗

15.3.1　植物源人乳头瘤病毒（HPV）疫苗

人乳头瘤病毒是宫颈癌的一个致病因素。2018 年，有 31.1 万名妇女死于 HPV 感染导致的宫颈癌，其中 85% 以上的死亡发生在低收入和中等收入国家。目前有一种基于病毒样颗粒的疫苗，但价格昂贵。如果能有一种廉价的植物源的 HPV 疫苗将是非常有益的，特别是对撒哈拉以南非洲（Biemelt et al. 2003）。一些研究项目已经关注到这种可能性（Scotti and Rybicki 2013）。例如，人乳头瘤病毒的 E7 蛋白（HPV-16 E7）已经使用基于马铃薯 X 病毒（PVX）的表达载体在本氏烟草（*Nicotiana benthamiana*）植物中表达。E7 是由该病毒载体表达的一种蛋白质，已被证明在肿瘤发生中起作用。含有这种疫苗蛋白的植物粗提物被证明可以在小鼠体内产生细胞毒性 T 细胞（CTL）及 T 辅助细胞（Th1 和 Th2）反应。这种重组病毒被证明可以抑制小鼠的肿瘤生长，抑制率高达 40%（Franconi et al. 2002）。当通过将 E7 的表达定位于植物的分泌途径而使其表达量增加 5 倍时，多达 80% 的测试小鼠的肿瘤生长被抑制（Franconi et al. 2006）。本研究还证明，植物提取物本身具有佐剂特性。在一项不同的研究中使用了通过同源重组与单细胞藻类莱茵衣藻的叶绿体基因组融合的 HPV-16 E7 突变体，结果显示，60% 注射了纯化后的蛋白质的小鼠得到了保护，不会发生肿瘤，表明这种疫苗在藻类系统中保留了其治疗潜力（Demurtas et al. 2013）。该系统是疫苗生产的理想选择，因为所生产的 E7

蛋白仍然是可溶性的，因此更适合于具有成本效益的下游加工。衣藻也是一个有吸引力的选择，因为它很容易生长和转化，而且完全适用于良好生产规范（GMP）指南。

HPV 病毒样颗粒（VLP）也已在植物中表达。Paz De la Rosa 等（2009）证明了烟草中产生的 HPV-16 VLP 对小鼠的免疫原性。Fernández-San Millán 等（2010）利用 HPV 的 L1 外壳蛋白在烟草叶绿体中形成了 VLP。从这些植物中分离出的 VLP 具有高度免疫原性。南非开普敦的 Ed Rybicki 教授小组探索了使用 L1 和 L2 来组装植物源的高免疫原性 VLP，该表达载体允许蛋白质翻译后靶向植物叶绿体（Hitzeroth et al. 2018）。进一步的研究表明，来自 L2 的表位可以被嵌入 L1 的环中，以制成可诱导产生交叉中和抗体的 VLP，这对预防多种 HPV 毒株至关重要（Chabeda et al. 2019）。最近，Yazdani 等（2019）使用葡萄扇叶病毒表达载体表达了 VLP，该 VLP 表面具有 HPV L2 的抗原表位。

15.3.2 植物源霍乱疫苗

当前，霍乱仍然是世界范围内一种突出的疾病。细菌肠毒素，如霍乱毒素的 B 亚单位（CTB），已被用来与低免疫原性的蛋白质融合表达以生成若干多组分疫苗，可以引发强大的黏膜免疫反应（Yu and Langridge 2001）。例如，通过将霍乱毒素 B 与轮状病毒的肠毒素和大肠杆菌黏附蛋白融合，在转基因马铃薯中生产的三组分亚单位疫苗提供了对霍乱、轮状病毒和肠毒性大肠杆菌的保护（Yu and Langridge 2001）。Matoba（2015）发现，植物源的 CT-B 是 N-糖基化的，这种附加的基序为其作为表位骨架和疫苗平台提供了一些优势。

长期以来，人们一直认为植物源霍乱疫苗对发展中国家来说是有效的、可行的和可负担的。Hamorsky 等（2013a）证明了由植物生产平台生产的霍乱疫苗将规避成本和规模化方面的挑战，以促进疫苗在发展中国家中的大规模分配。作者增加了一个内质网驻留信号和优化的分泌信号，将产量大幅提高到＞1g/kg 叶片鲜重。然后，疫苗蛋白可以通过简单的两步色谱法进行有效纯化，使其在具有更低资源配置的环境中使用是可行的。此外，Yuki 等（2013）和 Kashima 等（2016）以转基因水稻为平台生产霍乱疫苗。作者进行了种子的生产和储存，在水培条件下种植植物，并对大米进行收集、抛光和制粉，以满足监管规范。

15.3.3 植物源流感病毒疫苗

与霍乱病毒疫苗类似，人们对植物生产廉价而有效的流感疫苗的能力进行了深入研究。流感疫苗通常是用鸡蛋生产的，这是一个既缓慢又昂贵的过程。因此，植物源流感疫苗已被证明是有吸引力的替代品（Pillet et al. 2015，2016；Shoji et al.

2012；Makarkov et al. 2017；Won et al. 2018）。最近，Hodgins 等（2019）证明，由流感病毒血凝素衍生而成的植物源流感疫苗可以保护非常年长的小鼠在受到病毒感染后免于死亡和衰弱，甚至是与并发症有关的老年小鼠。其他研究表明，基于植物制造的可展示野生型流感血凝素（HA）的病毒样颗粒（VLP）的疫苗具有不同寻常的免疫原性，可引起体液和细胞反应。这些 VLP 在 4℃下保持稳定 12 个月，在表型上与野生型病毒相同，目前正在进行临床试验。

15.4 植物中生产针对全健康（One Health）疾病的抗体

15.4.1 埃博拉病毒

利用烟草和植物病毒载体技术能够进行疫苗和治疗药物大批量的全自动化生产。该技术首次被开发出来用以应对埃博拉病毒。这是由波士顿大学弗劳恩霍夫制造创新中心（CMI）的工程师和弗劳恩霍夫分子生物学中心（CMB）的生物学家合作完成的。目前，ZMapp，作为一种抗埃博拉病毒鸡尾酒疗法抗体，是在本氏烟草（*Nicotiana benthamiana*）中生产的。与在中国仓鼠肾脏细胞系中产生的抗埃博拉病毒抗体相比，植物中产生的抗埃博拉病毒抗体显示出更强的抗体依赖性细胞毒性（一种免疫系统效应细胞裂解包被了高特异性抗体的靶标细胞的机制）（Budzianowski 2015）。这表明，植物可以作为生物反应器用于 ZMapp 抗体的批量生产，以满足抗埃博拉病毒疫苗日益增长的需求。基于植物的 AU：15 载体由 DNA（菜豆黄矮病毒）和 RNA 病毒构建而成，用以在植物中表达如埃博拉病毒的 GP、VP40 和 NP 等异源蛋白。抗埃博拉病毒的单克隆抗体已经通过农杆菌浸染生菜等植物而生成（Laere et al. 2016）。抗埃博拉病毒的保护性和中和性抗体 mAb6D8 的表达量高达 0.5mg/g 叶片鲜重。在 2015 年埃博拉病毒暴发期间，这些抗体首次作为实验性治疗在从西非返回的有埃博拉病毒感染症状的美国人身上进行测试。这些抗体的一个优点是它们可以在室温下以较低的成本进行储备和储存，以应对将来的突发疫情。ZMapp 正在进行高级别的临床试验，但最近被更新的治疗方法所取代。

15.4.2 植物源抗人类免疫缺陷病毒（HIV）抗体

艾滋病仍然是一种毁灭性的传染病，对所有国家，特别是东南亚和撒哈拉以南非洲国家的医疗和经济造成了严重影响。预防 HIV 传播的疫苗尤其难以制成，直到最近才在这个领域取得一些进展。这种疾病主要是通过抗病毒蛋白鸡尾酒疗法来治疗的，但它们价格昂贵，而且很难获得，特别是对偏远地区的穷人来说。

基于植物的预防 HIV 感染的疫苗和抗病毒蛋白也在探索中。

另一种解决方案是在转基因植物中开发单克隆抗体，阻断 HIV 传播。烟草花叶病毒（TMV）也被用于在烟草植物中产生被称为 VRC01 的广泛中和抗体（Hamorsky et al. 2013b）。同样，Sack 等（2015）在转基因烟草植物中生产了 HIV 中和单克隆抗体 2G12。在一项双盲、安慰剂对照临床试验中，正在进一步测试这些植物产生安全有效的单克隆抗体的能力（Ma et al. 2015）。Loos 等（2015）在转基因烟草植物中生产了广泛中和的单克隆抗体 PG9 及其衍生物 RSH。除了中和病毒传播外，这些重新设计的植物源抗体能够诱导抗体依赖性细胞毒性，这种活性在中国仓鼠细胞中产生的 PG9 中没有观察到。因此，作者预计植物产生的抗 HIV-1 抗体将优于传统的抗体。

15.4.3 植物源西尼罗病毒和登革病毒疫苗

利用植物中已经生产的抗体来对抗其他人兽共患疾病，如西尼罗病毒和登革病毒。这两种病毒都能在多重感染后引起抗体依赖性增强作用（ADE）；因此，针对这两种病毒的常规疫苗会产生不良的免疫反应。同样，如果有人预先暴露于一种病毒，然后又接触了另一种类型的黄病毒，ADE 也可能会引发问题。当针对植物源西尼罗病毒包膜蛋白的抗体产生时，它们不会在随后感染登革病毒的预免疫小鼠中引发 ADE，这表明植物可能提供了一种完全避免 ADE 现象的方法。

15.5 植物源治疗药物

以色列 Protalix 公司在培养的转基因烟草和胡萝卜细胞中生产了一种治疗遗传性疾病的植物源药物。2012 年，美国食品药品监督管理局（FDA）批准 Protalix AU：5 及其合作伙伴辉瑞公司在植物中生产用于治疗高雪氏病（又名戈谢病）的药物 taliglucerase alfa（一种重组葡萄糖脑苷脂酶）。高雪氏病是一种遗传性代谢疾病，主要见于犹太人群，治疗费用昂贵。胡萝卜细胞可以生产相同的药物，但成本却很低。胡萝卜细胞中产生的葡萄糖脑苷脂酶能被正确地糖基化修饰，并具有生物学功能。因此，该药物可以很容易地以果汁的形式口服给药。

植物生物技术也被用于治疗糖尿病和高血压等慢性疾病。例如，Wakasa 等（2011）使用转基因水稻种子表达了一种源自卵清蛋白的抗高血压肽，即 novokinin。表达该肽的转基因水稻种子表现出显著的抗高血压活性，并且在 5 周的长期给药中，甚至更小剂量（0.0625g/kg）的转基因种子也能赋予抗高血压活性。Kawaka 等（2015）研究了利用植物生产 γ-氨基丁酸（GABA）的情况，GABA 是一种非蛋白质氨基酸，作为主要神经递质和降压剂发挥作用。作者通过调控植物中的

GABA 旁路合成途径产生了 GABA 强化的转基因水稻。对这些转基因植物进行了田间试验，并每天向大鼠喂食碾碎米粉，为期 8 周。这项研究证明了转基因水稻米粉对自发性高血压大鼠的抗高血压作用，表明 GABA 强化大米可作为控制或预防高血压的主食。

Daniell 等（2016）进一步探索了利用植物叶绿体工程廉价生产药物用于其他疾病，包括糖尿病、阿尔茨海默病、血友病和视网膜病变。这些非传染性疾病都对我们的健康和医疗保健系统产生重大影响。例如，2019 年，全球有 4.63 亿成年人（20～79 岁）患有糖尿病；到 2045 年，这一数字将增至 7 亿（国际糖尿病联合会）。平均而言，被诊断为糖尿病的人的医疗支出大约是没有糖尿病时的 2.3 倍（美国糖尿病协会）。根据哈佛大学公共卫生学院的数据，糖尿病的全球成本已经达到每年 8250 亿美元。基于植物生产的胰岛素可以极大地降低成本，并且不需要冷藏或注射给药。生菜或烟草中可以生产胰岛素，小鼠研究表明，这些植物来源的口服胰岛素能够以类似于常规注射的方式显著降低血糖水平。Daniell 的研究小组已经表明，利用叶绿体体系每年每英亩烟草可以很容易产生高达 2000 万每日胰岛素剂量。该研究小组还证明，胰高血糖素样肽 exendin-4（EX4）经口服给药后，可以与其传统的对应物一样有效地降低血糖水平。

15.6　抗癌的植物病毒纳米颗粒

纳米颗粒是直径在 1～100nm 的微小颗粒组装体，具有广泛的用途。植物病毒正越来越多地被用作病毒纳米颗粒（VNP），用于免疫治疗以对抗多种癌症。研究已发现植物病毒利用波形蛋白作为受体进入人类细胞，波形蛋白存在于大多数细胞类型中。VNP 的一个优点是它们可以靶向并诱导高度区域化的免疫反应以对抗实体瘤。植物病毒纳米颗粒也可作为药物递送载体，用于组织成像（Steinmetz 2013）。VNP 也具有高度的生物相容性，因为它们无毒、稳定、适用于基因工程、易于放大且比其他纳米材料便宜（Steinmetz 2010）。植物病毒在血液中的半衰期相对较短，不到两周，然而，可以通过用聚乙二醇或其他类似的稳定化合物包被纳米颗粒来延长其半衰期。植物病毒可以直接注射到实体瘤中，也可以通过肠外给药，使病毒颗粒附着在肿瘤本身。因此，与荧光蛋白结合的植物病毒纳米颗粒可用于使用磁共振成像（MRI）扫描筛选和识别患者体内的肿瘤。

植物病毒用作纳米颗粒的一个实例是携带乳腺癌靶向单克隆抗体的马铃薯 X 病毒（PVX）纳米丝。这种称为曲妥珠单抗的 VNP 已被证明会导致乳腺癌细胞系的细胞凋亡（Esfandiari et al. 2016）。烟草花叶病毒（TMV）也被用作癌症化疗中药物递送的纳米颗粒。在该案例中，药物菲铂（phenanthriplatin）已被证明可以通过这些 VNP 在乳腺癌小鼠模型中递送（Czapar et al. 2016）。此外，豇豆花叶病毒

（CPMV）纳米颗粒已显示出通过刺激免疫系统介导的抗癌作用。在乳腺癌、结肠癌、黑色素瘤和卵巢癌模型的癌症免疫治疗中，使用在本氏烟草（*Nicotiana benthamiana*）植物中生产的空 eCPMV 纳米颗粒对肿瘤进行原位接种已取得成功（Lizotte et al. 2016）。植物病毒越来越多地用于递送核酸药物（Lam and Steinmetz 2018），并且已经发现，由于其不能在哺乳动物细胞中复制，加上插入突变的风险较低，因此在高产率、低成本、增强安全性方面优于哺乳动物载体。

15.7 结　　论

植物作为药物生产平台具有选择优势。当口服时，植物组织本身成为递送载体。植物细胞壁对胃肠道恶劣环境具有一定的抗降解能力，从而使更多的疫苗蛋白能够被免疫监测系统识别，从而引发比常规疫苗对应物更强大的免疫应答。最后，由于避免了蛋白质纯化所需的任何复杂设备，植物源生物制品成为发展中国家可行的、可负担的选择。

在当前新冠病毒仍在流行的情况下，包括疫苗和抗病毒药物在内的几种解决方案正在探索中。其中一些解决方案是在植物生产平台中进行的。加拿大生物制药公司 Medicago 在获得 SARS-CoV-2 基因序列 20 天后成功研发出冠状病毒的病毒样颗粒（VLP）。该技术没有使用基于鸡蛋的方法来开发疫苗，而是将编码新冠病毒棘突蛋白的基因序列插入农杆菌中，农杆菌是一种常见的土壤细菌，可被植物吸收。由此开发的植物可以产生一种病毒样颗粒，由植物脂质膜和新冠病毒棘突蛋白组成。VLP 在大小和形状上与实际冠状病毒相似，但没有核酸物质，因此不具备传染性。此前，Medicago 已经制备了由流感病毒血凝素组成的 VLP，并在动物模型和人类临床试验中证明了其安全性和有效性（Pillet et al. 2019）。与传统疫苗相比，基于植物生产 VLP 疫苗的成本很小。

英美烟草（BAT）公司通过其在美国的生物技术子公司 Kentucky BioProcessing（KBP）开发了一种潜在的新冠肺炎疫苗，正在进行临床前测试（Gretler 2020）。KBP 的专家们克隆了 SARS-CoV-2 基因序列的一部分，他们用它开发了一种潜在的抗原，并将其插入烟草植物中进行生产。该疫苗通过临床前试验引发了积极的免疫反应，2020 年已进入第一阶段人体临床试验，该临床试验于 6 月下旬开始。BAT 公司每周可以生产多达 100 万～300 万剂的新冠肺炎疫苗（他们在一个月内生产了 1000 万剂流感疫苗，以及使用同样的基于植物的方法生产的埃博拉疫苗）。

两个植物源疫苗快速投产的例子说明了它们在新冠病毒大流行时期的迫切需求和巨大潜力。希望随着它们进入世界舞台，植物源生物制品将继续成为公共卫生的一个急需和永久性的组成部分。

本章译者：李雨晨[1]，庞建磊[1]

1. 隆平生物技术（海南）有限公司，三亚，572000

参 考 文 献

Azegami T, Yuki Y, Kiyono H (2014) Challenges in mucosal vaccines for the control of infectious diseases. Int Immunol 26:517–528

Biemelt S, Sonnewald U, Galmbacher P, Willmitzer L, Müller M (2003) Production of human papillomavirus type 16 virus-like particles in transgenic plants. J Virol 77(17):9211–9220

Budzianowski J (2015) Tobacco against Ebola virus disease. Przegl Lek 72(10):567–571

Chabeda A, van Zyl AR, Rybicki EP, Hitzeroth II (2019) Substitution of human papillomavirus type 16 L2 neutralizing epitopes into L1 surface loops: the effect on virus-like particle assembly and immunogenicity. Front Plant Sci 10:779

Czapar AE et al (2016) Tobacco mosaic virus delivery of phenanthriplatin for cancer therapy. ACS Nano 10(4):4119–4126

Daniell H, Chan HT, Pasoreck EK (2016) Vaccination via chloroplast genetics: affordable protein drugs for the prevention and treatment of inherited or infectious human diseases. Annu Rev Genet 50:595–618

Demurtas OC et al (2013) A Chlamydomonas-derived human papillomavirus 16 E7 vaccine induces specific tumor protection. PLoS ONE 8(4):e61473

Esfandiari N et al (2016) A new application of plant virus nanoparticles as drug delivery in breast cancer. Tumor Biol 37(1):1229–1236

Fernández-San Millán A, Ortigosa SM, Hervás-Stubbs S, Corral-Martínez P, Seguí-Simarro JM, Faye L, Gomord V (2010) Success stories in molecular farming—a brief overview. Plant Biotechnol J 8(5):525–528

Franconi R et al (2002) Plant-derived human papillomavirus 16 E7 oncoprotein induces immune response and specific tumor protection. Cancer Res 62(13):3654–3658

Franconi R et al (2006) Exploiting the plant secretory pathway to improve the anticancer activity of a plant-derived HPV16 E7 vaccine. Int J Immunopathol Pharmacol 19(1):187–197

Gomord V, Fitchette A, Menu-Bouaouiche L, Saint-Jore-Dupas C, Michaud D, Faye L (2010) Plant-specific glycoprotein patterns in the context of therapeutic protein production. Plant Biotechnol J 8:564–587

Gretler C (2020) Tobacco-based coronavirus vaccine poised for human tests. Bloomberg, 15 May. https://www.bloomberg.com/news/articles/2020-05-15/cigarette-maker-s-coronavirus-vaccine-poised-for-human-tests

Hamorsky KT, Kouokam JC, Bennett LJ, Baldauf KJ, Kajiura H, Fujiyama K, Matoba N (2013a) Rapid and scalable plant-based production of a cholera toxin B subunit variant to aid in mass vaccination against cholera outbreaks. PLoS Negl Trop Dis 7(3):e2046

Hamorsky KT, Grooms-Williams TW, Husk AS, Bennett LJ, Palmer KE, Matoba N (2013b) Efficient single tobamoviral vector-based bioproduction of broadly neutralizing anti-HIV-1 monoclonal antibody VRC01 in Nicotiana benthamiana plants and utility of VRC01 in combination microbicides. Antimicrob Agents Chemother 57(5):2076–2086

Hefferon K (2013) Plant-derived pharmaceuticals for the developing world. Biotechnol J 8:1193–1202

Hitzeroth II, Chabeda A, Whitehead MP, Graf M, Rybicki EP (2018) Optimizing a human papillomavirus type 16 L1-based chimaeric gene for expression in plants. Front Bioeng Biotechnol 6:101

Hodgins B, Pillet S, Landry N, Ward BJ (2019) Prime-pull vaccination with a plant-derived virus-like particle influenza vaccine elicits a broad immune response and protects aged mice from death and frailty after challenge. Immun Ageing 16:27

Huang Z, Santi L, LePore K, Kilbourne J, Arntzen C, Mason H (2006) Rapid, high-level production of hepatitis B core antigen in plant leaf and its immunogenicity in mice. Vaccine 24:2506–2513

Kashima K, Yuki Y, Mejima M, Kurokawa S, Suzuki Y, Minakawa S, Takeyama N, Fukuyama Y, Azegami T, Tanimoto T, Kuroda M, Tamura M, Gomi Y, Kiyono H (2016) Good manufacturing practices production of a purification-free oral cholera vaccine expressed in transgenic rice plants. Plant Cell Rep 35(3):667–679

Laere E, Ling APK, Wong YP, Koh RY, Lila MAM, Hussein S (2016) Plant-based vaccines: production and challenges. J Bot 1–11

Lam P, Steinmetz NF (2018) Plant viral and bacteriophage delivery of nucleic acid therapeutics. Nanomed Nanobiotechnol 10(1):e1487

Landry N, Ward B, Trepanier S, Montomoli E, Dargis M, Lapini G et al (2010) Preclinical and clinical development of plant-made virus-like particle vaccine against avian H5N1 influenza. PLoS ONE 5:e15559

Leuzinger K, Dent M, Hurtado J, Stahnke J, Lai H, Zhou X et al (2013) Efficient agroinfiltration of plants for high-level transient expression of recombinant proteins. J Vis Exp 77:e50521

Lizotte P et al (2016) In situ vaccination with cowpea mosaic virus nanoparticles suppresses metastatic cancer. Nat Nanotechnol 11(3):295–303

Loos A, Gach JS, Hackl T, Maresch D, Henkel T, Porodko A, Bui-Minh D, Sommeregger W, Wozniak-Knopp G, Forthal DN, Altmann F, Steinkellner H, Mach L (2015) Glycan modulation and sulfoengineering of anti-HIV-1 monoclonal antibody PG9 in plants. Proc Natl Acad Sci USA 112(41):12675–12680

Ma JK, Drossard J, Lewis D, Altmann F, Boyle J, Christou P, Cole T, Dale P, van Dolleweerd CJ, Isitt V, Katinger D, Lobedan M, Mertens H, Paul MJ, Rademacher T, Sack M, Hundleby PA, Stiegler G, Stoger E, Twyman RM, Vcelar B, Fischer R (2015) Regulatory approval and a first-in-human phase I clinical trial of a monoclonal antibody produced in transgenic tobacco plants. Plant Biotechnol J 13(8):1106–1120

Makarkov AI, Chierzi S, Pillet S, Murai KK, Landry N, Ward BJ (2017) Plant-made virus-like particles bearing influenza hemagglutinin (HA) recapitulate early interactions of native influenza virions with human monocytes/macrophages. Vaccine 35(35 Pt B):4629–4636

Matoba N (2015) N-glycosylation of cholera toxin B subunit: serendipity for novel plant-made vaccines? Front Plant Sci 6:1132

Oey M, Lohse M, Kreikemeyer B, Bock R (2009) Exhaustion of the chloroplast protein synthesis capacity by massive expression of a highly stable protein antibiotic. Plant J 7:436–445

Paz De la Rosa G, Monroy-García A, Mora-García Mde L, Peña CG, Hernández-Montes J, Weiss-Steider B, Gómez-Lim MA (2009) An HPV 16 L1-based chimeric human papilloma virus-like particles containing a string of epitopes produced in plants is able to elicit humoral and cytotoxic T-cell activity in mice. Virol J 6:2

Pillet S, Racine T, Nfon C, Di Lenardo TZ, Babiuk S, Ward J, Kobinger GP, Landry N (2015) Plant-derived H7 VLP vaccine elicits protective immune response against H7N9 influenza virus in mice and ferrets. Vaccine 33(46):6282–6289

Pillet S, Aubin É, Trépanier S, Bussière D, Dargis M, Poulin JF, Yassine-Diab B, Ward BJ, Landry N (2016) A plant-derived quadrivalent virus like particle influenza vaccine induces cross-reactive antibody and T cell response in healthy adults. Clin Immunol 168:72–87

Pillet S, Couillard J, Trépanier S, Poulin JF, Yassine-Diab B, Guy B, Ward BJ, Landry N (2019) Immunogenicity and safety of a quadrivalent plant-derived virus like particle influenza vaccine candidate—two randomized phase II clinical trials in 18 to 49 and ⩾50 years old adults. PLoS One 14(6):e0216533

Sack M, Rademacher T, Spiegel H, Boes A, Hellwig S, Drossard J, Stoger E, Fischer R (2015) From gene to harvest: insights into upstream process development for the GMP production of a monoclonal antibody in transgenic tobacco plants. Plant Biotechnol J 13(8):1094–1105

Salazar-Gonzalez J, Banuelos-Hernandez B, Rosales-Mendoza S (2015) Current status of viral expression systems in plants and perspectives for oral vaccines development. Plant Mol Biol 87:203–217

Scotti N, Rybicki EP (2013) Virus-like particles produced in plants as potential vaccines. Expert Rev Vaccines 12(2):211–224

Shoji Y, Farrance CE, Bautista J, Bi H, Musiychuk K, Horsey A, Park H, Jaje J, Green BJ, Shamloul M, Sharma S, Chichester JA, Mett V, Yusibov V (2012) A plant-based system for rapid production of influenza vaccine antigens. Influenza Other Respir Viruses 6(3):204–210

Steinmetz NF (2010) Viral nanoparticles as platforms for next-generation therapeutics and imaging devices. Nanomed Nanotechnol Biol Med 6(5):634–641

Steinmetz NF (2013) Viral nanoparticles in drug delivery and imaging. Mol Pharm 10:1–2

Thomas DR, Penney CA, Majumder A, Walmsley AM (2011) Evolution of plant-made pharmaceuticals. Int J Mol Sci 12:3220–3236

Twyman R, Schillberg S, Fischer R (2005) Transgenic plants in the biopharmaceutical market. Expert Opin Emerg Drugs 10:185–218

Verma D, Daniell H (2007) Chloroplast vector systems for biotechnology applications. Plant Physiol 145:1129–1143

Wakasa Y, Zhao H, Hirose S, Yamauchi D, Yamada Y, Yang L, Ohinata K, Yoshikawa M, Takaiwa F (2011) Antihypertensive activity of transgenic rice seed containing an 18-repeat novokinin peptide localized in the nucleolus of endosperm cells. Plant Biotechnol J 9(7):729–735

Won SY, Hunt K, Guak H, Hasaj B, Charland N, Landry N, Ward BJ, Krawczyk CM (2018) Characterization of the innate stimulatory capacity of plant-derived virus-like particles bearing influenza hemagglutinin. Vaccine 36(52):8028–8038

Yazdani R, Shams-Bakhsh M, Hassani-Mehraban A, Arab SS, Thelen N, Thiry M, Crommen J, Fillet M, Jacobs N, Brans A, Servais AC (2019) Production and characterization of virus-like particles of grapevine fanleaf virus presenting L2 epitope of human papillomavirus minor capsid protein. BMC Biotechnol 19(1):81

Yu Y, Langridge WHR (2001) A plant-based multicomponent vaccine protects mice fromenteric diseases. Nat Biotechnol 19(6):548–552

Yuki Y, Mejima M, Kurokawa S, Hiroiwa T, Takahashi Y, Tokuhara D, Nochi T, Katakai Y, Kuroda M, Takeyama N, Kashima K, Abe M, Chen Y, Nakanishi U, Masumura T, Takeuchi Y, Kozuka-Hata H, Shibata H, Oyama M, Tanaka K, Kiyono H (2013) Induction of toxin-specific neutralizing immunity by molecularly uniform rice-based oral cholera toxin B subunit vaccine without plant-associated sugar modification. Plant Biotechnol J 11(7):799–808

Kathleen Hefferon 在加拿大多伦多大学医学生物物理学系获得博士学位，目前在美国康奈尔大学教授微生物学。Kathleen 已发表多篇研究论文和综述，并撰写了 3 部著作及多篇著作章节。Kathleen 是全球粮食安全富布莱特加拿大研究会主席，过去一年一直是多伦多大学的客座教授。她的研究旨在利用生物技术促进全球健康。

第 16 章　基因编辑培育低麸质含量及乳糜泻患者耐受的小麦品种

卢德·J. W. J. 吉里森（Luud J. W. J. Gilissen）

马里努斯·J. M. 斯穆德斯（Marinus J. M. Smulders）

摘要：人类消费谷物的历史比农业史更为久远。远古时期，人类逐渐获得了加工和种植谷物所必需的知识和工具。在距今大约 1.2 万年前的最后一个冰河时代末期，近东（肥沃月湾）地区的气候条件得以改善，人类的农业技能储备让他们无意中做好了成为第一批农民的准备。在早期的小麦种植中，田地周围的野生近缘植物促进了种间杂交的发生；所产生的杂交种之一是面包小麦，其具有更高的营养价值和更好的食品技术应用属性，这很大程度上取决于谷粒中麸质蛋白的有利成分。面包小麦自此发展成为今天的商品作物。

食用小麦类食品和添加小麦成分的食品可引发乳糜泻，这种疾病具有遗传倾向，易感人群占总人口的 1%～2%。小麦麸质中，一些特异性片段具有消化稳定性，能被免疫细胞识别，进而引发小肠中的炎症反应，最终导致各种严重的症状。小麦复杂的基因组中存在大量的麸质基因，这使传统的育种工作受到阻碍，尽管可以实现降低麸质水平，但仍无法在保持良好烘焙特性的同时选育出对乳糜泻患者安全友好的小麦品种。如今，CRISPR/Cas9 技术在小麦育种中的应用或可有效地降低小麦的乳糜泻免疫原性，这一点将从两个模型研究中得到解释。本章将介绍一个有效的筛选体系，以检测筛选出有望实现乳糜泻患者耐受（r）的小麦品系，并且对基因编辑植物的（非）转基因情况、无麸质食品生产链管理和食品标签的法律和社会问题进行讨论。

关键词：新石器时代农业、杂交小麦、多倍体、麸质、醇溶蛋白、抗原表位、先进小麦育种技术、诱变、筛选体系、基因编辑、转基因、无麸质、法规、基因组技术、关键控制点

16.1　小　　麦

16.1.1　历史

小麦科植物和人属共存的历史悠久，起源于几百万年前的东非，当时早期的

类人动物逐渐改变了它们的生活方式，从森林迁移到了热带草原。在那里，有蹄类动物依靠草地繁衍生息。而类人动物更喜欢将两者作为食物，有牙化石为证。大约 200 万年前，几个人类种群开始相继离开非洲。首先是直立人，他们向东迁移到亚洲。随后，尼安德特人向西进入欧洲半岛，并于 50 万～3 万年前生活在那里。之后，大约 10 万年前，智人踏上了其前辈的足迹。他们都经过近东地区，在那里尼安德特人和智人不仅在数千年里共享栖息地，还共同繁衍后代。这个近东地区也被称为"肥沃月湾"，这主要源于当地丰富的植物种类（几种谷物和豆类）和动物种类（几种有蹄类），它们在那里大量地繁荣生长，形成了一个充足的食物贮藏地。显然，5 万年前，尼安德特人将各种各样的植物作为食物，包括小麦科植物种子。值得注意的是，他们骨骼牙齿结石上的淀粉粒鉴定表明，这些谷物食品在食用前已经煮熟。生活在 32 000 年前意大利南部的智人也掌握了谷物种子加工方法：对挖掘出的磨石表面剩余淀粉颗粒的分析表明，收获的燕麦颗粒似乎在碾磨之前已经加热。与此同时，因其著名的石窟壁画被视作猎人的克罗马农人（Cro-Magnons），通过使用工具为植物种植准备土壤，成功朝着园艺迈出了第一步。他们把植物带到生活场所进行驯化。此外，在肥沃月湾地区挖掘出了近两万年前的一个大型营地；人们在那里居住了 1200 年，占地 2hm^2。综上所述，这些事实表明，在漫长的历史中，人类获得了必要的知识和工具、耕作和加工技术及育种实践，从而形成了新的食物和生活观念。因此，毫不意外，当 12 000 年前全球气候改善时，人类在条件最适宜的肥沃月湾地区迈出了现代农业的第一步：第一批农民出现在历史的舞台上。谷物（小麦和大麦）和豆类成为最原始的作物；绵羊、山羊和野牛是最早被驯化的动物。这些动植物物种形成了第一批农民在新石器时代的食物来源。农业的成功发展导致人口过剩，并在接下来的 4000 年中形成了地中海盆地肥沃月湾地区的移民潮，通过航海殖民者及农民的西北迁移，人们来到欧洲大陆，并带去了他们驯化的牲畜和作物，包括几种小麦品种（Gilissen and Smulders 2020，以及其中的参考文献）。

16.1.2　小麦物种多样性

小麦属包括几种栽培小麦品种。其中一些种属起源于野生种间杂交事件，或者起源于早期农业期间被有关野生小麦品种包围的农田。由于这些杂交种的基因组在减数分裂期间不能正确配对，因此杂交种是不育的，但通常可以通过自发染色体加倍来恢复其繁殖能力。这就产生了新的异源多倍体物种，具有源自原始小麦种属的多组染色体。

小麦杂交种的单个基因组用字母 A、B、C、D 等表示。一些野生小麦品种传统上被归为山羊草属。它们可以与栽培小麦（小麦属）杂交。在现代小麦育种中，不同小麦品种的杂交潜力仍然用于培育人工杂交种，在这个过程中，所需要的性状如抗病性等从一个品种转移到另一个品种。人工杂交种可以从不同属的品系杂交中产生：*Tritordeum*（小麦×大麦）和 *Triticale*（小麦×黑麦）是最近培育的新型杂交品种的著名例子。

在农业开始之前，人类已经收集了野生单粒小麦（*Triticum monococcum*，一种具有 AA 基因组的二倍体小麦品种）和野生二粒小麦（*T. turgidum*，一个具有 AABB 基因组的四倍体品种）的种子作为食物。这些作物因其驯化潜力大而成为第一批谷类作物。驯化实际上是一种互惠互利的关系。对于小麦来说，这是一个逐步的自然和稳定选择的过程，使其从异源（野生）植物种群发展为农业和食品质量特征优化的作物类型。至于最初选择小麦作为合适的作物，源于早期农民有意识或无意识地倾向于选择一些特性包括较大的籽粒、非脆性穗轴（将完整的穗留在植株上）和裸粒（也称为"免脱壳"），这使得谷物能够轻松地从谷壳中分离出来，不受颖壳的影响。这一特征是 DNA 中的单点突变将隐性 q 基因转变为显性 Q 基因的结果。这种自然突变在四倍体小麦品种的进化中只发生过一次，并通过杂交和进一步的基因渗入（即通过与亲本品种之一进行种间的重复回交，将一个基因从一个物种转移到另一个物种的基因库中）转移到六倍体小麦品系中（Matsuoka 2011）。

普通面包小麦（*T. aestivum*，一种具有 AABBDD 基因组的六倍体小麦品种）作为一个新的杂交品种，大概率起源于里海附近地区的早期农业实践。在这个地区，许多野生山羊草品系都是本地的。农田中培育的免脱壳四倍体小麦（AABB）将与当地野生二倍体（DD 基因组）山羊草（*Aegilops tauschii*）杂交，从而培育出六倍体小麦品种 *T. aestivum*。作为四倍体二粒小麦和硬质小麦杂交的一类品种（硬质小麦是在驯化过程中从一种免脱粒四倍体小麦进化而来），面包小麦在几个世纪以来一直被人类种植。直到罗马时代，碾磨技术才足够先进，得以从面包小麦中加工出细面粉，这使得烘烤出的面包体积更加蓬松，优于用其他小麦品种和相关谷物（如黑麦和大麦）做出的扁平煎饼状、紧实的面包。罗马面包师傅受到皇帝和其他富人的尊敬。

目前，除了二倍体单粒小麦，正在种植的还有八个四倍体小麦（*T. turgidum*）亚种和五个六倍体小麦（*T. aestivum*）亚种，而世界上 7 亿～7.5 亿吨的小麦产量几乎 95% 是来自面包小麦（*T. aestivum* ssp. *aestivum*）；常用于意大利面食的硬粒小麦（*T. turgidum* ssp. *durum*）占剩余 5%。其他品系（包括越来越受欢迎的斯佩尔特小麦，*T. aestivum* ssp. *spelta*）是相对边缘的作物。

在经济上，世界粮食价格遵循小麦的当前价格。为什么面包小麦（硬粒小麦在较小程度上）变得如此受欢迎？这主要是因为它含有一种用途广泛的蛋白质成分：麸质蛋白。

16.2　小　麦　麸　质

16.2.1　组成

小麦粒包含 3 个主要部分：麸皮（谷粒的外层）、胚芽（胚）及含有淀粉和蛋白质（主要为麸质）的胚乳组织；胚乳作为营养储存组织，在胚发芽后的第一个生长阶段通过快速分解成葡萄糖（用于能量）和氨基酸（用于构建新的蛋白质）来支持幼苗。大麦和黑麦粒中也产生类似的麸质蛋白。

麸质蛋白属于谷醇溶蛋白超家族成员。小麦麸质蛋白非常多样化，包括 3 个蛋白质类别（表 16.1；Goryunova et al. 2012；Huo et al. 2018a，2018b；Shewry 2019；Altenbach et al. 2020）。

表 16.1　各种中国春小麦基因组中的麸质基因

麸质蛋白家族	基因组 A	基因组 B	基因组 D	总和	可表达
高分子量（HMW）谷蛋白	2	2	2	6	4
低分子量（LMW）谷蛋白	3	5	7	15	10
α-醇溶蛋白	26	11	10	47	28
γ-醇溶蛋白	4	6	4	14	11
Δ-醇溶蛋白	2	1	2	5	2
ω-醇溶蛋白	4	7	6	17	11

数据来源：Huo et al. 2018a，2018b

1. 65～90kDa 高分子量（HMW）谷蛋白占总麸质蛋白的 6%～10%；编码基因位于同源染色体 1（1A、1B、1D）的长臂上；
2. 富含硫的 α-和 γ-醇溶蛋白及分子量为 30～45kDa 的 B 型和 C 型 LMW 谷蛋白占总麸质部分的 70%～80%；另一小部分为 δ-醇溶蛋白；编码基因位于 1 号染色体短臂的基因簇中，而 α-醇溶蛋白基因除外，它们串联位于 6 号染色体的短臂上；
3. 硫含量低的 ω-醇溶蛋白和 D 型 LMW 谷蛋白亚基为 30～75kDa，占总麸质部分的 10%～20%，其基因位于 1 号染色体的短臂上。

从进化角度看，γ-醇溶蛋白被认为是醇溶蛋白家族中最古老的一种。DNA 序列分析揭示了原始 γ-醇溶蛋白基因的早期复制，随后是进一步的突变、新的复制、假基因化和缺失。

单一面包小麦品种的不同基因组（如来自不同的中国春小麦品种）可能包含

多达 100 个不同的麸质基因，其中约 60 个基因可表达为蛋白质，如质谱分析所示（Huo et al. 2018a，2018b；Shewry 2019；Altenbach et al. 2020；表 16.1）。不同的小麦品种之间，麸质蛋白基因的表达数量、编码蛋白的序列及每个基因表达积累的蛋白量都存在差异。麸质蛋白组成发生的一些额外变化（定量和定性）是由生长季节田间的环境因素引起的，如作物生长某些阶段的温度，以及土壤养分的可利用度，特别是氮和硫的供给（Shewry 2019）。

16.2.2　麸质在食品中的通用性和功能性

麸质蛋白不溶于水。麦粒研磨之后在面粉中加入一定量的水，麸质和淀粉可以一起形成面团。面团的弹性结构由谷蛋白形成，而醇溶蛋白赋予面团黏度。因此，麦谷蛋白的质量决定了面团的流变特性和烘焙质量，醇溶蛋白也起到了支持性作用。其他与麸质相关的小麦醇溶蛋白也可能在一定程度上提高烘焙质量：其中，α-淀粉酶/胰蛋白酶抑制剂（ATI）、farinin 蛋白、purinin 蛋白和籽粒软质蛋白（GSP）分别在面食制作、面团揉制、黏度形成和碾磨中起到一定作用（Shewry 2019）。

某个小麦品种的烘焙质量整体取决于其总麸质含量和质量，尤其是 HMW 部分的麸质质量及醇溶蛋白/谷蛋白比值。这些因素决定了小麦品种最适合哪种应用：面包、饼干或面食。

为了实现并保证面粉烘焙质量的标准化，尽管种植的小麦品种很多，每年的生长条件也有很大的差异，但可通过对来自不同地点的多批次麦粒（由不同品种组成）进行大量混合来获得特定应用所需的面粉质量。因此，某个品种低麸质含量的特性可通过将它与来自这个国家、大陆或世界其他地区的高麸质含量的品种进行混合而得到弥补。小麦是一种高流通性的商品。

用过量的水清洗面团会去除淀粉，留下一团有弹性的麸质蛋白，称为活性小麦面筋（VWG）。在面团中额外添加 VWG 会增加面包膨胀的体积。VWG 可以添加到面粉中，以改善面粉的流变学和技术特性，实现特定的面团质量水平以供给烘焙行业生产各种不同产品：馒头、烤面包、硬皮面包、甜面包、发酵叠层甜品、千层酥皮糕点、餐包、薄脆饼干、曲奇、海绵蛋糕、薄饼、零食等。在过去几十年中，这些产品的消费量有所增加，并已成为"西方生活方式"的组成部分（Igrejas and Branlard 2020）。因此，自 1977 年以来，VWG 的人均摄入量增加了两倍，从每天 0.37g 增加到 1.22g；这对每天来自面包的约 15g 人均麸质蛋白消耗量进行了适度补充（Kasarda 2013）。

小麦面粉和小麦衍生食品原料（小麦淀粉、小麦葡萄糖糖浆和 VWG）不仅仅被应用于烘焙食品中，还应用于高度加工的食品，如糖果、冷冻食品、预装汤品和薯条，更加出乎意料的是，在超市中醋、爆米花、鲜味产品、维生素、冰淇淋、咖啡、坚果、米饼、酱油、罐装蔬菜、奶酪、海鲜食品等 10 235 种食品的标签条目中，29.5% 含有小麦成分（Atchison et al. 2010）。而产品标签上的相关声明如葡萄糖苷的原产地等信息并不总是充足的。这些添加剂或原料成分的存在对健康人群来说没有问题，但它可能会增加生活的复杂程度，对患有小麦相关疾病的易感人群的健康产生威胁。

16.3　人　类　健　康

16.3.1　小麦消费的积极效应

健康食品的消费可以提高预期寿命和幸福感，并有助于大幅降低医疗费用。全麦小麦属于健康食品。全谷物食品包含谷物的 3 个主要部分：麸皮（富含纤维）、淀粉胚乳（富含碳水化合物和蛋白质）和胚芽（富含维生素和微量营养元素）。几项大型队列研究清楚地表明，食用全谷物产品（包括全麦小麦）（越多越好）可以显著降低几种与"西方生活方式"相关的慢性病的风险，包括肥胖和糖尿病、心脏病和血管病、免疫相关疾病及几种癌症。因此，许多国家的政府机构建议食用全谷物食品（Gilissen and Van den Broeck 2018，以及其中的参考文献）。

16.3.2　小麦消费的消极影响

除了对所有消费者的营养和健康有益处外，小麦还可能对某些人造成过敏和不耐受反应（Gilissen et al. 2014）。真正的小麦过敏症，主要发生在儿童身上，相对罕见，患病率为 0.25%。另一种情况称为小麦或麸质敏感性（更确切地说是"非乳糜小麦/麸质敏感性"，NCW/GS），目前对它的了解还不充分。它的自我诊断患病率约为 10%，医学估计患病率为 1%，其症状一般较轻。导致该疾病的食物成分尚未确定，但仅麸质或小麦不太可能。相反，乳糜泻（CD）是一种由食用小麦、大麦和黑麦中的麸质蛋白引起的小肠慢性炎症，经过几十年的深入科学研究，已被大量阐明。来自植物（乳糜泻免疫原性麸质片段和抗原表位的相关知识）和人类（免疫系统相关的 T 细胞上特定的受体蛋白组分）的遗传因素已被确定与此有关。CD 的患病率占全球总人口的 1%～2%，这意味着欧盟至少 450 万人患有这种疾病。

在 CD 无法治愈的情况下，通过严格的终身无麸质饮食进行预防是目前唯一可行的治疗方法。实际上，这对 CD 患者来说是一个挑战，因为如上所述，许多食品中都含有小麦和麸质（Gilissen et al. 2014；Rustgi et al. 2020）。事实上，遵守无麸质饮食是困难的，目前远未达到 100%（Scherf et al. 2020）。广泛的研究导致欧盟 EC828/2014 条例规定，无麸质产品的麸质含量不得超过 20ppm[①]的阈值。这引起了人们对开发乳糜泻患者耐受的健康小麦产品的食品加工和育种策略的兴趣（Jouanin et al. 2018a）。在过去 20 年中，在病原学和致病性麸质抗原表位方面获得的广泛知识似乎对此类策略有帮助。另一方面，无麸质产品（包括许多烘焙产品）的开发和营销已经创造了价值 10 亿欧元/美元的市场。不仅仅是对乳糜泻患者而言，因其他若干原因（真实的或假设的），无麸质消费已经成为一种趋势。

16.3.3　乳糜泻抗原表位

乳糜泻的发生与麸质蛋白两个特征相关：富含谷氨酰胺（Q）和脯氨酸（P），且具有富含这两种氨基酸的短序列的高度重复结构域。这两种氨基酸的高丰度尤其使麸质蛋白对口腔、胃和小肠中的消化蛋白酶产生部分抵抗力，这意味着相对较长的多肽可以在小肠存在。在遗传易感个体中，某些片段（包含 9 个氨基酸的核心序列，即所谓的抗原表位）可能被 HLA-DQ 受体 HLA-DQ2（特别是 HLA-DQ2.5）或 HLA-DQ8 识别、结合并随后激活，这些受体位于特定免疫细胞 CD4[+] T 细胞上，它们的激活导致细胞和分子免疫反应级联，最终导致肠黏膜发炎和小肠表面绒毛退化（变平），严重影响营养素、矿物质和维生素的充分吸收。这种食物摄入紊乱会导致各种症状，从肠道疾病到皮肤、骨骼、神经和肌肉等问题。由于症状的多样性，大多数患者尚未得到（正确）诊断。

在小麦中，已检测到与 HLA-DQ2.5 受体识别相关的 3 个 α-醇溶蛋白抗原表位、8 个 γ-醇溶蛋白表位、2 个 ω-醇溶蛋白表位和谷蛋白表位。此外，还发现了 4 个与 HLA-DQ8 相关的具有不同 T 细胞识别模式的小抗原表位（一个来自 α-醇溶蛋白，两个来自 γ-醇溶蛋白质，一个来自谷蛋白）（Sollid et al. 2012，2020）。有些麸质蛋白可能包含多个重叠的表位（如 α-醇溶蛋白的 33 聚肽，多达 6 个重复表位）。重要的是，所有 CD 免疫原表位都包含一个或多个谷氨酸（E）残基，其电荷对于增加 T 细胞受体亲和力（识别）是必要的。其中一些谷氨酸残基并不存在于原始麸质蛋白片段中，而是在肠道中谷氨酰胺转移酶-2（TG2）（人体肠道中天然存在的酶）的催化作用下，由谷氨酰胺（Q）脱酰胺形成。例如，DQ2.5-glia-alpha 1a 表位具有天然 α-醇溶蛋白中的氨基酸序列 PFPQPQLPY，但只有在氨基酸第 6 位的 Q 脱酰胺形成 PFPQPELPY 后，它才具有免疫原活性。方框 1 对重要的抗原表位进行了详细分析。

---

① 1ppm=10^{-6}。

方框 1　优势表位

　　大多数患者对多种麸质蛋白表位有症状反应。下面列出的一些表位在 HLA-DQ2.5 和 HLA-DQ8 阳性患者中非常常见(优势表位)。值得注意的是，脯氨酸(P)普遍存在于 DQ2.5 表位中第 1 和第 8 氨基酸位点。而针对 TG2 催化 Q 脱酰胺形成 E 的机制，QxP 残基序列是最佳靶位(Tye-Din et al. 2010；Sollid et al. 2012，2020；Salentijn et al. 2012)；相应的 Q 残基以加粗并加下划线表示。

DQ2.5-glia-alpha 1a：PFPQP**Q**LPY

DQ2.5-glia-alpha 1b：PYPQP**Q**LPY

DQ2.5-glia-alpha 2：PQP**Q**LPYPQ（最常见的表位）

DQ2.5-glia-alpha 33-mer：LQLQPFPQP**Q**LPYPQP**Q**LPYPQP**Q**LPYPQPQPF（具有 6 个重叠表位；同样见于 33 聚肽的缩短形式[19 聚肽和 26 聚肽]）

DQ2.5-glia-gamma 1：P**Q**QSFPQQ**Q**（7 种其他 γ 表位与此不同，免疫应答相对较弱）

DQ2.5-glia-gamma 26-mer：FLQP**Q**QPFP**Q**QP**Q**QPYP**Q**QP**Q**QPFPQ（5 个重叠表位）

DQ2.5-glia-omega 1：PFPQP**Q**QPF

DQ2.5-glia-omega 2：PQP**Q**QPFPW

DQ8-glia-alpha 1：**Q**GSFQPSQ**Q**

16.4　小　麦　育　种

16.4.1　目标

　　小麦是一种自花授粉作物。农民可以通过播种前一年储存的种子材料来种植。最初，栽培实践应用的是四倍体和六倍体基因型的混合物。通过有意识或无意识地选择自发突变体，地方品种逐渐适应当地环境条件，但以这种方式实现小麦食品加工品质的改善是有限的。自 20 世纪初以来，遗传学被用于专业小麦育种，包括纯合品系选育和定向育种。育种人员总是对新型遗传变异感兴趣。这可以通过来自其他小麦品种的基因导入（通过杂交后再回交进行的性状转移）实现，但这一过程也引入了许多不希望出现的性状，随后须予以筛除。或者，可以通过使用诱变剂或电离辐射（诱变育种）在栽培种内诱导产生遗传变异。

传统小麦育种主要关注产量和品质性状的改善。这在 20 世纪 60 年代引入矮秆基因的绿色革命中达到顶峰。矮秆基因（实际上是矮秆突变）使小麦减少了营养生长（秸秆）的能量投入，从而提高了粮食产量。这些新品种在世界范围内得到了高度认可。如今育种仍然旨在产量（特别是淀粉量）及麸质和淀粉质量（以提高碾磨和烘烤质量）的提高。由于主要病害的传播和气候变化的威胁，如干旱加剧，出于对生物和非生物环境的适应，诸如抗病基因正受到越来越多的关注。

16.4.2 乳糜泻患者安全使用小麦（乳糜泻耐受小麦）

最近，小麦育种出现了一个新的目标：去除乳糜泻免疫原性。这意味着选择和开发具有较少麸质基因（特别是醇溶蛋白基因）和/或麸质缺少完整免疫原性乳糜泻表位的小麦品系。保持食品工业质量（碾磨和烘焙/面包质量）和良好的田间表现是先决条件。

麦醇溶蛋白和麦谷蛋白的蛋白质序列中都含有可引发乳糜泻的免疫原性表位，但前者含有最多数量的免疫原性表位，包括最主要的抗原表位。从积极的方面来看，与麦谷蛋白相比，麦醇溶蛋白对于食品工业质量来说是次要的。它们可以在一定程度上被部分省略或被其他蛋白质取代，同时保留食品技术特性（Van den Broeck et al. 2011）。然而，只有少数天然 α-醇溶蛋白基因，特别是染色体 6B 上的 α-醇溶蛋白基因不含免疫原性表位。此外，尽管已有小麦品种经鉴定为低免疫原性，但这种低免疫原性在很大程度上对于腹腔感染患者来说不是充分安全的。由于小麦面粉中的麸质含量约为 7%，相当于 70 000ppm（与 Cargill 公司 Johan de Meester 的私人通讯），并且由于这些麸质蛋白由位于小麦基因组不同位点的大基因家族编码，人们尚未开发出任何经典的育种或食品加工策略，以生产出对乳糜泻患者安全的小麦基食品（即面筋含量低于 20ppm）。然而，这种情况可能会随着最近发展起来的先进育种技术而改变（Jouanin et al. 2018a）。

16.4.3 移除或沉默麸质基因

使用化学处理，如乙基甲烷磺酸盐（EMS）或电离辐射，植物基因组可以产生随机突变。20 世纪 60 年代由辐射诱变产生的小麦缺失突变系缺失的不是完整的一组基因，如染色体 6D 上的 α-醇溶蛋白位点就具有许多乳糜泻免疫原性表位（Van den Broeck et al. 2009）。这些品系可以作为靶向育种计划的起始，但与其他缺失突变系杂交通常会有致死效应，这使得其在定向育种方面的作用降低。然而，组合缺失策略已成功用于超低麸质大麦的开发（Tanner et al. 2016），这是因为大麦是二倍体作物，且大麦中的麸质与啤酒质量无关。EMS 诱变育种可产生大量随机突变，并可用于突变醇溶蛋白基因，但追踪及将多基因突变从多个株系集合至乳糜泻患者耐受且性状良好的单个小麦株系中是非常耗费资源的（Jouanin et al. 2018a）。这显然仍需要更复杂的方法。

最近开发的两种现代生物技术方法，RNA 干扰（RNAi）和 CRISPR/Cas9 基因编辑，可为生产对 CD 患者安全的小麦提供工具。RNA 干扰，顾名思义，是一种通过 RNA 转录产物干扰谷蛋白表达的系统，即使 DNA 仍然包含完整的基因。单个 RNAi 载体可以针对多个谷蛋白基因共同的保守区域进行设计构建。通过在转基因小麦品系中表达这种载体，醇溶蛋白降低了高达 92%，以及在 T 细胞试验中检测到的抗原表位减少 10~100 倍（Gil-Humanes et al. 2010）。同样，尽管其他贮藏蛋白的表达水平升高，但 20 个 α-醇溶蛋白基因的表达水平降低了（Becker et al. 2012）。在另一种方法中，诱导 DEMETER 基因表达，防止 DNA 甲基化的变化，抑制了胚乳中的醇溶蛋白和谷蛋白基因表达（Wen et al. 2012）。一些低免疫原性但烘焙质量基本完好的小麦品系（Gil-Humanes et al. 2014）的醇溶蛋白含量足够低，因此正在计划对消费者进行食品激发试验。

RNAi 需要载体在小麦中进行稳定的遗传修饰（GM）以沉默醇溶蛋白。因此，所产生的转基因品系面临着昂贵且耗时的食品安全评估，以获得监管批准和消费者认可。因为现存的转基因生物立法，这点在欧盟尤为突出。

16.5　基　因　编　辑

16.5.1　CRISPR/Cas9 介导的基因编辑

CRISPR/Cas9（"成簇规律间隔短回文重复序列和相关蛋白 9"）可同时精确地修饰多个醇溶蛋白编码的抗原表位和/或删除（一些）醇溶蛋白基因，与此同时还可以保持食品技术质量。在 CRISPR/Cas9 介导的基因编辑中，单向导 RNA 和 Cas9 内切核酸酶被引入小麦品种的胚胎基因细胞中。向导 RNA 将内切酶引导至醇溶蛋白基因中的靶点处，并在该位点产生双链断裂。这触发了细胞的天然 DNA 修复系统。所有活细胞都具有广泛的 DNA 修复机制，不断修复 DNA 中大量的自发和诱发突变。这种修复系统精度很高，但有时也会出错，双链断裂尤其难以修复。错误修复可能会在醇溶蛋白基因断裂处导致一个或几个核苷酸的缺失。然而，在小麦中，α-醇溶蛋白基因为串联重复，如果连续的基因中同时发生双链断裂，可能会导致携带一个或多个醇溶蛋白基因的 DNA 片段缺失（图 16.1）。CRISPR/Cas9 系统的一大优点是它可以同时靶向多个基因序列。需要注意的是，这些突变与自然随机发生的双链断裂导致的突变一样，但 CRISPR/Cas9 介导的这些突变发生在人们所需的位置上。

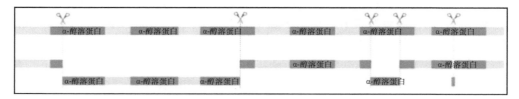

图 16.1　CRISPR/Cas9 在小麦 6 号染色体上单个 α-醇溶蛋白 *Gli-2* 位点的部分片段上的各种诱变作用示意图（引自 Jouanin et al. 2019）。要注意的是，在产生双链断裂后，DNA 修复机制可能偶尔会导致不同的突变类型，从点突变到核苷酸插入或缺失，基因片段的缺失，以及基因位点（部分）的缺失。一系列的突变可能发生在单个再生的基因编辑植株中。不同染色体上的基因突变在后代中会分离

　　这个过程的下一步涉及从基因编辑的细胞到再生植株。这些株系将进行自花授粉，以便能够生产和进一步测试含有诱导产生的（所需）醇溶蛋白靶向突变的种子。育种人员特别感兴趣的是那些含有所需突变但基因组中不含 CRISPR/Cas9 的植物。根据孟德尔定律，如果存在单个 CRISPR/Cas9 表达框，自花授粉将导致后代中的 1/4 将没有 CRISPR/Cas9 序列。

　　最近在小麦中进行了两项概念验证研究。Sánchez-Léon 等（2018）在单个小麦系的 45 个 α-醇溶蛋白基因中靶向了抗原表位序列附近的两个保守位点。在这项研究中，47 个转基因株系经鉴定是基因编辑的。其中一个株系的 45 个 α-醇溶蛋白基因中有多达 35 个出现了突变，靶点处有小或更大的片段缺失。该株系经 R5 麸质定量测定法（R-Biopharm 公司，达姆施塔特）测量显示总麸质蛋白减少了 85%，该测定法被批准用于无麸质产品中少量麸质的检测和定量。在另一项研究中，Jouanin 等（2019）同时靶向 α-醇溶蛋白和 γ-醇溶蛋白基因的多个位点，获得了 117 个基因编辑株系，并真正地在同一株系中产生了两个基因家族的突变。

　　尽管编辑目标是醇溶蛋白基因，但并非所有醇溶蛋白基因的潜在位点都会在一个单株中发生突变，因为大多数 DNA 修复不会导致突变。因此，基因编辑后代将是这样的群体株系组成，即每个株系都可能包含编辑过的和未被编辑的基因，可能还会丢失一些基因。不同染色体上的基因编辑将在经自花授粉产生的下一代中发生分离。为了控制要筛选的植株数量，需要通过质量导向的选择步骤来对群体进行严格的缩减（图 16.2）。这应该会是一个可行的选择方案，其目的是只保留少数最有希望的株系（基因型）用于繁殖、培育和最终应用于乳糜泻患者耐受（r）食品（Jouanin et al. 2020）。

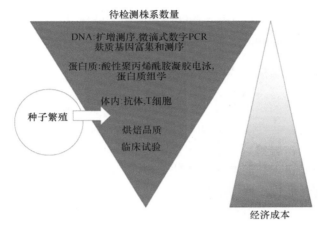

图 16.2　筛选流程示意图概述（引自 Jouanin et al. 2020）。首先，在 DNA 和蛋白质水平进行筛选，可能必须处理大量的株系，因此应该优先考虑快速、高通量和廉价的方法。然后，可以采用更详细但耗时且昂贵的方法在免疫学水平上精确鉴定有限数量的、有应用前景的株系。最后的步骤包括筛查食品技术质量和乳糜泻患者耐受性。这需要足够量的种子，因此需要在田间种植

因此，在育种中使用 CRISPR/Cas9 介导的基因编辑包括两个主要方面：第一，精确的靶 DNA 序列；第二，在 DNA 和蛋白质水平上选择正确的筛选技术，随后在表型和工业质量水平上进一步筛选，以选择最有应用前景的株系。

16.6　乳糜泻患者耐受小麦的前景

16.6.1　非麸质食品市场

为乳糜泻患者开发安全麸质小麦还有很长的路要走，因为这实际上必须有相当于 20ppm 或更低的麸质才能获得法律批准并标记为"无麸质"。然而，"无麸质"正在全球范围内成为一个价值 10 亿美元/欧元的市场，除了乳糜泻患者之外，还包括出于健康原因而希望减少麸质摄入量的人，或自我诊断患有 NCW/GS 的人。这个市场超越了需要严格无麸质饮食的乳糜泻患者。

用于乳糜泻患者的产品必须标记为"无麸质"，这意味着麸质含量的最大阈值为 20ppm。另一个法律上认可的类别是"低麸质"，其阈值为 100ppm，适用于麸质不太敏感人群的产品。此外，有时也会使用模糊的营销术语，如 Arcadia Biosciences 公司现在向只想减少饮食中麸质含量的非乳糜或非小麦过敏消费者销售一种麸质含量减少 65% 的"低麸质优质小麦"品种。取决于经基因编辑后乳糜泻免疫原性减少的程度，这些小麦品系及其产品因此可能会被归类为"无麸质"（当这

些产品含有相当于法律上认可的<20ppm 麸质）、"低麸质"（<100ppm）或"少麸质"（未定义的类别）。

16.6.2 基因编辑产品被视为非转基因

尽管本章中提到的初步研究（Sanchez-Leon et al. 2018；Jouanin et al. 2020）中产生的 CRISPR/Cas9 编辑品系对 CD 患者来说尚不安全，但它们证明了基因编辑在面包小麦中一次编辑数十个醇溶蛋白基因的能力。从技术上讲，基因编辑需要在植物基因组中引入外源 DNA，但这只是靶标基因编辑中的一个短暂的步骤。自花授粉后，部分后代经遗传不会获得 CRISPR/Cas9 结构，而会获得经过编辑的醇溶蛋白基因。因此，应用 CRISPR/Cas9 作为生物诱变剂与化学（EMS）或物理（电离辐射）诱变基本相同。因此，在世界上的许多国家，基因编辑植物作为一种产品被视为非转基因，因为其生产遵循了常规育种规则，包括诱变育种规则。然而，欧盟法规有所不同，因为它遵循的是过程，而不是考虑最终产品。2018 年 7 月 25 日，欧盟法院裁定（根据指令 2001/18/EC），以基因编辑作为诱变技术生产的植物只要在"许多应用"中没有"常规使用"，而且没有"长期的安全记录"，就不能免除转基因法规监管。这一决定将对欧盟内的乳糜泻患者在基因编辑安全食品的可用性方面产生严重后果（Jouanin et al. 2018b）。然而，对于（乳糜泻）患者及其群体而言，用于生产此类安全产品的方法并不重要。他们关注的问题涉及适当的检测和标注。

16.6.3 标签标注

关于标签标注，R5 分析特别用于麸质定量，尤其是无麸质产品，用于食品标注以便在购买时告知乳糜泻患者。20ppm 麸质的阈值由食品法典确定，并在全球范围内得到获得合法批准。然而，R5 检测对于来自基因编辑小麦的乳糜安全食品无效，这些食品仍然含有麸质，但缺乏乳糜免疫原性表位。此类新产品将需要根据产品中乳糜免疫原性麸质表位序列的总量和质量（严重性），重新评估现行立法和匹配标签标注策略。

16.6.4 生产链

基因编辑小麦品系应在与常规小麦生产链完全分离的生产链中生产。这意味着农场要有单独的设施用于种植，这些设施包括种子批次、收割机械、运输和储存设施，还有加工厂的生产线、包装和标签及运输至零售。所有这些关键点都应受到严格控制。

16.7　结　　论

小麦是一种健康营养的作物。它包含两个（硬质小麦和面食小麦）或三个（面包小麦）不同的基因组，这使得作物的基因高度复杂。面包小麦含有大约 100 个麸质基因，其中许多基因表达成代表几种麸质的蛋白质。几类蛋白质具有免疫原性，易感个体可能会因此而发生疾病，其中乳糜泻是最常见和研究最彻底的。免疫反应与特定麸质片段有关，主要发生在醇溶蛋白中。小麦基因组的复杂性阻碍了常规育种的应用，从而无法产生完全乳糜安全的小麦。初步研究清楚地证明了 CRISPR/Cas9 基因编辑技术用于生产乳糜安全（r）小麦和食品的可行性。如果此类产品在无麸质消费者市场变得现实，则应明确定义和严格监控整个生产链中的关键控制点（CCP），并在法律层面重新评估"无麸质"标签。为了相关消费者的利益，在欧洲，应重新考虑当前因基因编辑在培育新的乳糜泻患者耐受的小麦品种中的使用而产生的转基因地位与世界其他地方同类产品的非转基因地位的一致性。

致　谢　这篇文章的撰写部分是由 Well on Wheat（WoW）项目促成的（https://www.um-eatwell.nl/wow/），这是一个由健康谷物论坛和维也纳国际商会共同发起的国际研究项目，旨在研究小麦消费和加工对食品成分变化的影响及对人类胃肠功能和症状的相关影响。WoW 项目的部分资金由荷兰 Topsector AgriFood 项目 TKI 1601P01 提供。感谢荷兰遗传资源中心（CGN）为 Luud J. W. J. Gilissen 提供办公场所和设施。

本章译者：李雨晨[1]，庞建磊[1]

1. 隆平生物技术（海南）有限公司，三亚，572000

参 考 文 献

Altenbach SB, Chang H, Simon-Buss A et al (2020) Exploiting the reference genome sequence of hexaploid wheat: a proteomic study of flour proteins from the cultivar Chinese Spring. Funct Integr Genomics 20:1–16. https://doi.org/10.1007/s10142-019-00694-z

Atchison J, Head L, Gates A (2010) Wheat as food, wheat as industrial substance; comparative geographies of transformation and mobility. Geoforum 41:236–246. https://doi.org/10.1016/j.geoforum.2009.09.006

Becker D, Wieser H, Koehler P, Folck A, Mühling KH, Zörb C (2012) Protein composition and techno-functional properties of transgenic wheat with reduced alpha-gliadin content obtained by RNA interference. J Appl Bot Food Qual 85:23–33

Directive 2001/18/EC of the European Parliament and of the Council of 12 March 2001 on the deliberate release into the environment of genetically modified organisms and repealing Council Directive 90/220/EEC—Commission Declaration. Off J L 106:0001–0039 (17/04/2001)

Gil-Humanes J, Pistón F, Tollefsen S, Sollid LM, Barro F (2010) Effective shutdown in the expression of celiac disease-related wheat gliadin T-cell epitopes by RNA interference. Proc Natl Acad Sci USA 107:17023–17028

Gil-Humanes J, Piston F, Altamirano-Fortoul R, Real A et al (2014) Reduced-gliadin wheat bread: An alternative to the gluten-free diet for consumers suffering gluten-related pathologies. PLoS ONE 9:e90898. https://doi.org/10.1371/journal.pone.0090898

Gilissen LJWJ, van der Meer IM, Smulders MJM (2014) Reducing the incidence of allergy and intolerance to cereals. J Cereal Sci 59:337–353. https://doi.org/10.1016/j.jcs.2014.01.005

Gilissen LJWJ, van den Broeck HC (2018) Breeding for healthier wheat. Cereal Foods World 63:132–136. https://doi.org/10.1094/CFW-63-4-0132

Gilissen LJWJ, Smulders MJM (2020) Biotechnological strategies for the treatment of gluten intolerance. In: Rossi M (ed) Gluten quantity and quality in wheat and in wheat-derived products. Elsevier, Amsterdam (in press)

Goryunova SV, Salentijn EMJ, Chikida NN, Kochieva EZ, van der Meer IM, Gilissen LJWJ, Smulders MJM (2012) Expansion of the gamma-gliadin gene family in Aegilops and Triticum. BMC Evol Biol 12:215. https://doi.org/10.1186/1471-2148-12-215

Huo N, Zhu T, Altenbach S, Dong L, Wang Y, Mohr T et al (2018a) Dynamic evolution of α-gliadin prolamin gene family in homeologous genomes of hexaploid wheat. Sci Rep 8:5181. https://doi.org/10.1038/s41598-018-23570-5

Huo N, Zhang S, Zhu T, Dong L, Wang Y, Mohr T et al (2018b) Gene duplication and evolution dynamics in the homeologous regions harboring multiple prolamin and resistance gene families in hexaploid wheat. Front Plant Sci 9:673. https://doi.org/10.3389/fpls.2018.00673

Igrejas G, Branlard G (2020) The importance of wheat. In: Igrejas et al (eds) Wheat quality for improving processing and human health (Chap 1). Springer Nature, Switzerland AG, pp 1–8. https://doi.org/10.1007/978-3-030-34163-3

Jouanin A, Boyd LA, Visser RGF, Smulders MJM (2018a) Development of wheat with hypoimmunogenic gluten obstructed by the gene editing policy in Europe. Front Plant Sci 9:1523. https://doi.org/10.3389/fpls.2018.01523

Jouanin A, Gilissen LJWJ, Boyd LA, Cockram J, Leigh FJ, Wallington EJ, van den Broeck HC, van der Meer IM, Schaart JG, Visser RGF, Smulders MJM (2018b) Food processing and breeding strategies for coeliac-safe and healthy wheat products. Food Res Int 110:11–21. https://doi.org/10.1016/j.foodres.2017.04.025

Jouanin A, Gilissen LJWJ, Schaart JG, Leigh FJ, Cockram J, Wallington EJ, Boyd LA, Van Den Broeck HC, Van der Meer IM, America AHP, Visser RGF, Smulders MJM (2020) CRISPR/Cas9 gene editing of gluten in wheat to reduce gluten content and exposure—reviewing methods to screen for coeliac safety. Front Nutr 7:51. https://doi.org/10.3389/fnut.2020.00051

Jouanin A, Schaart JG, Boyd LA, Cockram J, Leigh FJ, Bates R, Wallington EJ, Visser RGF, Smulders MJM (2019) Outlook for coeliac disease patients: towards bread wheat with hypoimmunogenic gluten by gene editing of α- and γ-gliadin gene families. BMC Plant Biol 19:333. https://doi.org/10.1186/s12870-019-1889-5

Kasarda DD (2013) Can an increase in celiac disease be attributed to an increase in the gluten content of wheat as a consequence of wheat breeding? J Agric Food Chem 61:1155–1159. https://doi.org/10.1021/jf305122s

Matsuoka Y (2011) Evolution of polyploid Triticum wheats under cultivation: the role of domestication, natural hybridization and alloploid speciation in their diversification. Plant Cell Physiol 52:750–764. https://doi.org/10.1093/pcp/pcr018

Rustgi S, Shewry P, Brouns F (2020) Health hazards associated with wheat and gluten consumption in susceptible individuals and status of research on dietary therapies. In: Igrejas G, Ikeda T, Guzmán C (eds) Wheat quality for improving processing and human health. Springer, Cham, Switzerland, pp 471–515. https://doi.org/10.1007/978-3-030-34163-3_20

Salentijn EM, Mitea DC, Goryunova SV, van der Meer IM, Padioleau I, Gilissen LJWJ, et al. (2012) Celiac disease T-cell epitopes from gamma-gliadins: immunoreactivity depends on the genome of origin, transcript frequency, and flanking protein variation. BMC Genom 13:277. https://doi.org/10.1186/1471-2164-13-277

Sanchez-Leon S, Gil-Humanes J, Ozuna CV, Gimenez MJ, Sousa C, Voytas DF, Barro F (2018) Low-gluten, nontransgenic wheat engineered with CRISPR/Cas9. Plant Biotechnol J 16:902–910. https://doi.org/10.1111/pbi.12837

Scherf KA, Catassi C, Chirdo FG, Ciclitira PJ, Feighery C, Gianfrani C, Koning F, Lundin KEA, Schuppan D, Smulders MJM, Tranquet O, Troncone R, Koehler P (2020) Recent progress and recommendations on celiac disease from the working group on prolamin analysis and toxicity. Front Nutr 7:29. https://doi.org/10.3389/fnut.2020.00029

Shewry PR (2019) What is gluten—why is it special. Front Nutr 6:101. https://doi.org/10.3389/fnut.2019.00101

Sollid LM, Qiao SW, Anderson RP, Gianfrani C, Koning F (2012) Nomenclature and listing of celiac disease relevant gluten T-cell epitopes restricted by HLA-DQ molecules. Immunogenetics 64:455–460. https://doi.org/10.1007/s00251-012-0599-z

Sollid LM, Tye-Din JA, Qiao SW, Anderson RP, Gianfrani C, Koning F (2020) Update 2020: nomenclature and listing of celiac disease–relevant gluten 1324 epitopes recognized by CD4+ T cells. Immunogenetics 72:85–88. https://doi.org/10.1007/s00251-019-01141-w

Tanner GJ, Blundell MJ, Colgrave ML, Howitt CA (2016) Creation of the first ultra-low gluten barley (Hordeum vulgare L.) for coeliac and gluten-intolerant populations. Plant Biotechnol J 14:1139–1150. https://doi.org/10.1111/pbi.12482

Tye-Din JA, Stewart JA, Dromey JA, Beissbarth T, van Heel DA, Tatham A, et al. (2010) Comprehensive, quantitative mapping of T cell epitopes in gluten in celiac disease. Science Transl Med 2(41):41ra51–41ra51. https://doi.org/10.1126/scitranslmed.3001012

Van den Broeck HC, van Herpen TWJM, Schuit C, Salentijn EMJ, Dekking L, Bosch D, Hamer RJ, Smulders MJM, Gilissen LJWJ, van der Meer IM (2009) Removing celiac disease-related gluten proteins from bread wheat while retaining technological properties: a study with Chinese Spring deletion lines. BMC Plant Biol 9:41. https://doi.org/10.1186/1471-2229-9-41

Van den Broeck HC, Gilissen LJWJ, Smulders MJM, van der Meer IM, Hamer RJ (2011) Dough quality of bread wheat lacking alpha-gliadins with celiac disease epitopes and addition of celiac-safe avenins to improve dough quality. J Cereal Sci 53:206–216. https://doi.org/10.1016/j.jcs.2010.12.004

Wen S, Wen N, Pang J, Langen G, Brew-Appiah RA, Mejias JH, Osorio C, Yang M, Gemini R, Moehs CP, Zemetra RS (2012) Structural genes of wheat and barley 5-methylcytosine DNA glycosylases and their potential applications for human health. Proc Natl Acad Sci USA 109:20543–20548

Luud J. W. J. Gilissen 于 1978 年获得拉德堡德大学博士学位，致力于谷物和谷物食品的促健康作用的研究（重点是燕麦和全谷物）。他共同发起了瓦赫宁根过敏联合会（2001 年至今）、荷兰乳糜泻联合会（2004 ~ 2013 年）、Dutch Oat Chain（2007年至今）和关注非乳糜泻小麦的 Well on Wheat 项目（2016 年至今）。他发表了约 120 篇期刊论文，也共同编著了两本书籍（H 索引 31）。

Marinus J. M. Smulders 是荷兰瓦赫宁根大学植物育种系的组长和负责人。他研究具有多倍体基因组的作物（如玫瑰和小麦）性状的遗传图谱。他参加了关于新植物育种技术机遇的社会讨论，包括基因编辑，以培育有助于应对 21 世纪农业挑战的作物品种，为消费者，包括乳糜泻患者带来直接的健康益处。共发表 180 篇期刊论文。

第17章　利用近等基因系作为有效工具评估单一植物化学物在促进健康和预防慢性病中的积极作用

Binning Wu　贾拉姆·K. P. 瓦纳马拉（Jairam K. P. Vanamala）

苏林德·乔普拉（Surinder Chopra）　　拉文娅·雷蒂瓦里（Lavanya Reddivari）

摘要： 21世纪慢性病的日益流行让人们越加意识到研发营养价值强化的主粮作物的重要性。植物性饮食有助于降低许多慢性病发生的风险，这部分得益于植物中丰富的化学成分的健康促进作用。尽管针对植物化学物的有效性进行了大量的流行病学和人类干预研究，但尚未得出确切的结论。这些研究中采用的植物化学物，以及应用于其他细胞或动物模型的成分，通常是纯化的单一化合物，而不是天然食品。新的证据表明，食品基质可以显著影响植物化学物的稳定性、生物利用率和生物活性。然而，使用全食进行研究往往会难以甄别混合物中单一化学成分的营养功效。近等基因系（near-isogenic line，NIL），其基因背景仅存在一个或几个基因上的差异，为开发具有特定种类植物化学物差异性的全食提供了可行性研究手段，是一种行之有效的研究工具。本章重点回顾了NIL对于研究天然食品中单个植物化学物功效的重要作用，基于研究证据培育主粮作物，以应对全球慢性病的日益流行。

关键词： 近等基因系、植物化学物、植物食品、慢性病

17.1　植物性饮食和人体健康

慢性病和非传染性疾病发病率的上升是21世纪人类面对的巨大挑战，对人类健康构成严重威胁。在过去50年中，城市化进程加快，人们的生活方式和饮食模式发生了显著的变化，在这些因素的驱动下，肥胖、2型糖尿病、心血管疾病（CVD）及各种癌症，以及其他炎症相关疾病日益流行（Bauer et al. 2014）。

在过去的几十年中，大量的科学研究致力于了解饮食与健康的关系，并鉴定出能够对抗慢性疾病的关键饮食成分。不断积累的流行病学证据表明，富含水果和蔬菜的饮食可以降低癌症和许多慢性疾病发生的风险。此外，近期的研究进展更加关注食物营养成分，探索食物基质中哪些营养素/非营养素可能对健康有益，

并由此发现了不同的公认具有生物活性的植物化学物，这些化合物的生物活性对植物性饮食与疾病发病率之间的反向关联做出了很好的解释。例如，类胡萝卜素是一类非营养素生物活性化合物，是脂溶性的黄色/橙色色素。多项流行病学研究联合揭示了摄入类胡萝卜素对心血管疾病发生风险的影响。我们检测了约 570 名年龄在 6～17 岁范围内、非糖尿病墨西哥裔美国（MA）儿童血清中 α-和 β-胡萝卜素的浓度（α-胡萝卜素检测来源其中 565 名，β-胡萝卜素检测来源其中 572 名）。最近的实验结果表明，基于方差成分分析，加性遗传效应对血清中类胡萝卜素的浓度具有很大影响，常见遗传因素可能影响 MA 儿童的血清 β-胡萝卜素浓度、肥胖和脂质特征（Farook et al. 2017）。

通过摄入植物中生物活性成分来促进健康的方式被广泛提倡，不仅因为这些成分具有抗氧化活性，更因为它们是广泛分布于可食用植物中的天然化合物，与治疗用药相比安全性更高。植物含有丰富的次级代谢物，自古以来一直是许多传统医药体系的基础。这些次级代谢产物对植物的生长和发育不是必需的，但能够表现出多种生物功能，并参与许多重要的生命活动中，如信号交换、解毒、种子发芽和授粉。根据其化学结构和生物合成来源，植物化学物可分为类胡萝卜素、酚类物质、生物碱、含氮化合物及有机硫化合物。这些成分对炎症疾病的保护作用机制可概括为：①抗氧化和自由基清除活性；②炎症相关细胞的细胞活性调节；③促炎酶的调节作用；④对炎症级联反应中其他元素的干扰（Bellik et al. 2013）。例如，抗氧化酶如超氧化物歧化酶、过氧化氢酶、谷胱甘肽过氧化物酶和谷胱甘肽还原酶的活性可通过一种叫作槲皮素的类黄酮提高。其他植物源化合物，如姜黄素、白藜芦醇和花生四烯酸可抑制促氧化酶活性。参与类二十烷生物合成的环氧合酶（COX）和脂氧合酶（LOX）与肠道炎症密切相关。类黄酮如芦丁、木犀草素和芹菜素能够抑制 COX 活性，而槲皮素和山柰酚具有 LOX 抑制活性。

越来越多的证据表明植物化学物具有在炎症环境中调节宿主氧化还原状态和免疫应答的积极作用，而这些成分与其他疾病触发因素之间的关系也在研究中。越来越多的研究将黄酮类化合物的保护作用部分归因于它们有作为益生元的潜力，有助于调节肠道菌群。例如，体外研究表明，添加富含花青素的提取物或纯化的花青素成分可以促进乳杆菌和双歧杆菌的生长（Cassidy and Minihane 2017）。这两种菌属被称为短链脂肪酸（SCFA）产生菌，是用于生产益生菌制剂的有益细菌。

17.2　评估植物化学物促进健康特性的当前挑战

支持植物性饮食对慢性疾病的抵御作用的现有证据主要基于流行病学数据，包括回顾性病例对照研究和前瞻性队列研究。尽管这些研究大规模地对个人生活方式或饮食习惯进行了长期监测，但这两类研究的结果很大程度上取决于问卷调查或用生物标志物来测定特定食物类型的摄入量，这对志愿者和研究人员来说都是一项具有挑战性的任务，因为前者需要提供准确的饮食回忆，而后者需要详细解释生物标志物的检测结果。这些数据可能提供的信息并不完整，无法代表习惯性摄入量。

除了科学方法存有的难度，如何选择用于该研究的食品材料也同样具有挑战性。流行病学研究收集的证据为实施人类干预研究以获得功能性食品的健康声明提供了根本依据。然而，人类干预研究的数据很少，部分现有数据相互矛盾。番茄中的番茄红素就是一个例子，美国食品药品监督管理局（FDA）关注番茄红素在降低前列腺癌风险方面的实际作用，因为其多项流行病学研究的结果相互矛盾。FDA 评估了在不同国家（美国、加拿大、中国、英国和希腊）进行的 13 项不同番茄暴露来源的观察性研究（生番茄、熟番茄、番茄酱和番茄汁）。在 FDA 审查的所有研究中，只有 5 项研究表明摄入番茄与前列腺癌发生风险之间呈负相关。

在其他植物化学物的研究中也存在对流行病学结果进行分析解读的困难。例如，一项研究中，11 000 多名男性医生在超过 11 年的时间里每天服用 50mg β-胡萝卜素，然而与安慰剂组相比，实验组医生的心血管疾病发病率没有显著变化（Hennekens et al. 1996）。

通常用于人体干预研究的单一纯化植物组分在化学结构上与其天然存在的形式相反，因此，用纯化的植物化学物进行实验依旧存在问题，难以保证其像存在于食物基质中的天然结构形式一样发挥相同的健康益处。天然食物基质结合的植物化学物比其游离形式具有更高和更持久的抗氧化活性，这是由于消化过程中大量的酶反应使这些有益健康的化合物从连结细胞壁的多糖中持续释放，达到调控其生物利用率的效果。尽管建议使用天然原始形式的植物化学物来保证其生物活性，但天然食品研究的问题在于很难从混合营养背景中鉴别出任何单一化合物的功效。首先，我们的食品在化学组成上是复杂的，含有大量和微量的营养素及非营养素。除了植物化学物之外，其他物质如抗性淀粉和膳食纤维，也具有促进健康的潜力。此外，食品微观结构可能对植物化学物的生物利用率产生很大的影响。例如，酚酸类物质在水基果汁混合物中比在牛奶基果汁混合物中表现出更高的生物可利用率（Rodríguez-Roque et al. 2015）。

17.3 近等基因系的重要作用

为克服使用天然食品或分离单一组分评估植物化学物促进健康作用的局限性，近等基因系（NIL）的应用可能是一个极好的选择。NIL 是具有固定遗传背景的纯合系，彼此之间仅存在一个或几个基因位点的差异。NIL 的发展通常始于供体亲本和轮回亲本的杂交，随后与轮回亲本进行重复回交育种，产生大量的基因分型。NIL 可用于开发仅在某些植物化学物含量上不同的食品材料，同时保持这些化学成分与天然食品结合存在的自然形式。

17.4　近等基因系的建立

NIL 可以通过非转基因育种方法或转基因方法建立。本节将对两种类型的方法依据具体案例进行讨论。

17.4.1　通过选择性育种研发的等基因食品材料

为了开发花青素差异明显的玉米 NIL，研究人员分别选择了具有功能性（高花青素积累量）和非功能性（无花青素）的 *r1* 基因座的基因型，并将其与 W22 背景进行回交，以获得除 *r1* 组成外的同源基因型。这两种基因型与商业品系 Dekalb 300 进一步杂交，以获得高籽粒产量，获得的 F_1 代种子用于开发富含花青素和不含花青素的 NIL（Toufektsian et al. 2008）。

一个更为详细和复杂的研究案例对小麦的紫色种皮特性进行了分析。科学家建立了 6 个 NIL，它们携带不同组合的紫色种皮（*pp*）的基因（Gordeeva et al. 2015），涉及的 3 个基因为：*Pp3*（位于染色体 2A）、*Pp-A1*（位于染色体 7A）和 *Pp-D1*（位于染色体 7D）。使用的亲本材料是两个小麦 NIL：i：S29*Pp-A1Pp-D1Pp3*（深紫色种皮、深红色胚芽鞘）和 i：S29*Pp-A1pp-D1pp3*（无色种皮、浅红色胚芽鞘），它们都是由春面包小麦"Saratovskaya 29"背景培育而来，其中，"Janetzkis Probat"是 *pp-A1* 的供体亲本，"Purple"或"Purple Feed"是 *Pp3* 和 *Pp-D1* 两个基因的供体亲本。共培育 3 个小麦 NIL：i：S29*Pp-A1pp-D1pp3*^{PF}（无色种皮、暗红色胚芽鞘）、i：S29*Pp-A1pp-D1Pp3*^{PF}（浅紫色种皮、无色胚芽鞘）和 i：S29*pp-A1pp-D1Pp3*^{PF}（种皮和胚芽鞘均为无色）。

17.4.2　通过基因工程技术研发的等基因食品材料

在无法从现有种质中选择所需植物化学物的情况下，转基因方法可用于研发具有营养价值强化的单基因突变体。一个著名的案例是黄金大米的研发。为了解决世界范围内维生素 A 缺乏的健康问题，科学家将 β-胡萝卜素生物合成途径引入水稻胚乳，培育出能合成 β-胡萝卜素的橘黄色大米，被称为"黄金大米"。为了在水稻胚乳中重建活跃的 β-胡萝卜素生物合成路径，对来自水仙、玉米和噬夏孢欧文氏菌（*Erwinia uredovora*）的 4 个外源基因进行了转化和表达。

除了 β-胡萝卜素之外，花青素也是一种很受欢迎的候选物质，能够赋予粮食作物更好的健康促进作用。番茄含有大量类胡萝卜素（主要是番茄红素），而黄酮类物质的水平并非最佳，因此在番茄中引入花青素可以提供更好的健康益处。为了培育出在果皮与果肉均大量积累花青素的番茄，科学家在 Micro-Tom 番茄品系中表达了金鱼草来源的两个转录因子的基因，Delila（*Del*）和 Rosea1（*Ros1*），培育出不同的转基因品系，其果实颜色从浅紫色到深紫色不等。花青素积累量最大的深紫色表型（*Del/Ros1*N）株系与商业番茄品系 Money Maker 杂交，其表型在这种背景下保持了 5 代（Butelli et al. 2008）。

17.5　近等基因系在饮食实验中的应用

Toufektsian 等（2008）研究了膳食花青素（ACN）对大鼠缺血再灌注损伤的保护作用。他们利用两种仅在 *r1* 基因位点上不同的玉米 NIL 来制定富含 ACN 和不含 ACN 的动物饲料。在此研究中，62 只雄性 Wistar 大鼠被随机分为两个治疗组，并进行为期 8 周的喂养试验。离体心脏灌注试验表明，与不含 ACN 饮食组相比，富含 ACN 饮食饲养组中大鼠的缺血区显著减少（Toufektsian et al. 2008）。

Wu 等（2020）利用了两种在 *p1* 位点上不同的玉米 NIL，即富含黄烷-4-醇的红玉米（F+）和不含黄烷-4-醇（F-）的白玉米（图 17.1），结合羧甲基纤维素（CMC）诱导的轻度结肠炎症模型，对玉米中黄烷-4-醇的疾病预防作用进行了研究。结果表明，每周给小鼠喂食 F+饮食可有效降低促炎细胞因子 IL-6 的 mRNA 表达水平。黏液被认为是抵御肠道病原菌（如侵袭性细菌）的第一道防线，结肠炎症总是与黏液屏障受损有关，其特征是黏液厚度变薄。在 CMC 暴露下，与 F-组相比，F+饮食可显著恢复黏液厚度，这表明黄烷-4-醇在维持肠屏障功能中起到了积极作用（Wu et al. 2020）。

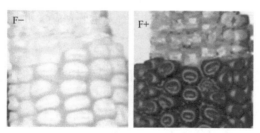

图 17.1　鞣红花青素含量不同的玉米近等基因系 *P1-ww*（F-）和 *P1-rr*（F+）（Wu et al. 2020）

Butelli 等（2008）使用两种番茄 NIL MT 和 *Del/Ros1*N 对小鼠进行了一项初步研究，探索花青素在癌症背景下的健康促进特性。他们在标准小鼠颗粒饮食中分别添加了 10%的 MT 或 *Del/Ros1*N，对易患癌症的 *Trp53*⁻/⁻基因敲除小鼠进行了超过 200 天的饲喂，以比较实验组中小鼠的平均寿命。该研究结果表明，饲喂

MT 日粮的小鼠平均寿命为 145.9 天，最长寿命为 211 天，与对照组水平相当。然而，饲喂 *Del/Ros1*N 日粮的小鼠的平均寿命增加到 182.2 天，最长寿命为 260 天，这可能是由于花青素能够调节宿主氧化还原状态，并与免疫信号通路产生了相互作用（Butelli et al. 2008）。

　　为应对慢性病发病率的上升，我们需要更安全和有效的饮食策略。NIL 能够对比植物化学物的特征，对精准解决研究饮食与健康关系的问题具有非常重要的作用。这一领域为植物科学家和营养学家共同努力开发循证功能食品和新的疾病预防/治疗方案提供了大量机会。

本章译者：李雨晨[1]，庞建磊[1]

1. 隆平生物技术（海南）有限公司，三亚，572000

参 考 文 献

Bauer UE, Briss PA, Goodman RA, Bowman BA (2014) Prevention of chronic disease in the 21st century: elimination of the leading preventable causes of premature death and disability in the USA. Lancet 384:45–52. https://doi.org/10.1016/S0140-6736(14)60648-6

Bellik Y, Boukraâ L, Alzahrani HA et al (2013) Molecular mechanism underlying anti-inflammatory and anti-Allergic activities of phytochemicals: an update. Molecules 18:322–353. https://doi.org/10.3390/molecules18010322

Butelli E, Titta L, Giorgio M et al (2008) Enrichment of tomato fruit with health-promoting anthocyanins by expression of select transcription factors. Nat Biotechnol 26:1301–1308. https://doi.org/10.1038/nbt.1506

Cassidy A, Minihane AM (2017) The role of metabolism (and the microbiome) in defining the clinical efficacy of dietary flavonoids. Am J Clin Nutr 105:10–22. https://doi.org/10.3945/ajcn.116.136051

Farook VS, Reddivari L, Mummidi S et al (2017) Genetics of serum carotenoid concentrations and their correlation with obesity-related traits in Mexican American children. Am J Clin Nutr. https://doi.org/10.3945/ajcn.116.144006

Gordeeva EI, Shoeva OY, Khlestkina EK (2015) Marker-assisted development of bread wheat near-isogenic lines carrying various combinations of purple pericarp (Pp) alleles. Euphytica. https://doi.org/10.1007/s10681-014-1317-8

Hennekens CH, Buring JE, Manson JE et al (1996) Lack of effect of long-term supplementation with beta carotene on the incidence of malignant neoplasms and cardiovascular disease. N Engl J Med 334:1145–1149. https://doi.org/10.1056/NEJM199605023341801

Rodríguez-Roque MJ, de Ancos B, Sánchez-Moreno C et al (2015) Impact of food matrix and processing on the in vitro bioaccessibility of vitamin C, phenolic compounds, and hydrophilic antioxidant activity from fruit juice-based beverages. J Funct Foods. https://doi.org/10.1016/j.jff.2015.01.020

Toufektsian M-C, de Lorgeril M, Nagy N et al (2008) Chronic Dietary Intake of Plant-Derived Anthocyanins Protects the Rat Heart against Ischemia-Reperfusion Injury. J Nutr 138:747–752. https://doi.org/10.1093/jn/138.4.747

Wu B, Bhatnagar R, Indukuri VV et al (2020) Intestinal Mucosal Barrier Function Restoration in Mice by Maize Diet Containing Enriched Flavan-4-Ols. Nutrients 12:896. https://doi.org/10.3390/nu12040896

Binning Wu 于 2016 年获得中国农业大学农学硕士学位，之后在 Lavanya Reddivari 博士和 Surinder Chopra 博士的指导下，开始在宾夕法尼亚州立大学植物生物学项目攻读博士学位。2019 年 1 月，她作为访问学者加入了普渡大学食品科学系 Reddivari 博士的团队，继续其博士研究方向，专注于膳食中黄酮的健康促进作用。

Jairam K. P. Vanamala 博士，宾夕法尼亚州立大学食品科学系副教授（2013～2018 年），美国农业部食品质量和肠道微生物组负责人（2018～2019 年），专注研究在健康与疾病条件下，食物、肠道细菌和肠道上皮/免疫细胞的相互作用，尤其关注肥胖和结肠癌的发生。他在研究中采用了细胞培养、动物实验（小鼠、大鼠、兔子和猪）和人体研究。Vanamala 博士获得了美国农业部、美国癌症研究所（AICR）基金会及相关行业的资助，并共同发表了多篇期刊文章。

Surinder Chopra 获得了比利时布鲁塞尔自由大学的博士学位和艾奥瓦州立大学 Thomas Peterson 的博士后奖学金。他曾任职于印度 ICRISAT，目前负责谷物分子遗传学和表观遗传学研究项目，重点关注植物发育、植物病原体和植物-昆虫相互作用。这些基础和应用研究项目得到了 NSF、USDA NIFA 和 USAID 的资金支持。他负责指导博士后、研究生和本科生，教授植物遗传学和作物生物技术课程。

Lavanya Reddivari 博士是普渡大学食品科学系助理教授，主要研究植物源食物生物活性成分和肠道细菌在健康和轻炎症导致的慢性病条件下的代谢。研究目标是建立以食物为基础抵御溃疡性结肠炎和结肠癌等疾病发生的策略。Reddivari 博士与其他研究者合著了食品和健康领域的多篇期刊文章，并获得了 USDA NIFA 的资助，用以研究在健康和疾病条件下食物成分、肠道细菌和宿主的相互作用。

第 6 部分　基因编辑对农业的贡献

第18章　植物基因编辑的政策和管理

乔基姆·希曼（Joachim Schiemann）　　弗兰克·哈通（Frank Hartung）

约亨·门兹（Jochen Menz）　　索恩·斯普林（Thorben Sprink）

拉尔夫·威廉（Ralf Wilhelm）

摘要：基因编辑和修饰技术使育种者能够在植物基因组的特定位置产生单点突变和插入或删除的 DNA 序列，从而首次以前所未有的操控和效率对目的性状进行精确改良。基因编辑的出现唤起了研究热潮，但也引发了争论，在全球范围内造成了监管和治理方面的挑战。植物基因编辑可以在开发作物方面发挥关键作用，从而为实现多个可持续发展目标做出重大贡献，但前提是在科学快速发展的同时，政策和管理问题也得到解决。如今，多个国家（大部分位于美洲）已根据上述技术调整了立法，或是发布了支持使用基因编辑的指南。其他国家正在讨论之中，要么是因为没有明确的法律分类，要么是因为新一轮的转基因辩论阻碍了应有的共识。近年来（2017～2020 年），8 个国家出台了明确基因编辑产品法律地位的指导方针，其中许多国家积极致力于其政策的国际协调。本章主要基于 Menz 等（2020）最近发表的最新综述[Front Plant Sci 11（588027）]，概述了多个国家及国际层面对基因编辑植物的监管情况和未来的发展趋势。

关键词：基因编辑、监管、法规、政策

18.1　过时的法律已不适用于新技术

由于基因编辑产品的新颖性和多样性，大多数国家和国际立法都没有明确提及基因编辑产品。大多数生物技术在育种中的应用法规涉及常规转基因生物及其产品的使用和商业化。因此，对于传统转基因生物的法律是明确的，并且基本符合或类似于《卡塔赫纳生物安全议定书》中给出的定义，这是一项旨在确保安全处理、运输和使用所谓的"活体改造生物"（LMO）的国际协定。该议定书将 LMO 定义为"任何拥有通过使用现代生物技术获得的遗传物质新组合的活生物体"（Secretariat of the Convention on Biological Diversity 2000），许多国家立法对转基因生物使用了类似的定义。这些定义公布于 2000 年以前，当时现代生物技术主要

是在物种边界以外的生物体中插入或缺失重组 DNA，当时大多数基因编辑方法既不为人所知，也不可用。目前关于食品和饲料中转基因生物的进口、种植和使用的生物安全法规是为了解决人们对基因工程可能对人类和动物健康及环境产生无法预见风险的担忧而制定的。然而，在 30 多年的生物安全研究中，由该技术本身引起的一般性风险尚未得到证实（European Commission 2001-2010，2020；Nicolia et al. 2014；Leopoldina and Akademieunion 2019）。在大多数国家，用作食品和生产饲料的转基因作物需要通过严格的安全评估才能被批准种植或进口。由于育种者或进口商必须提供大量数据进行安全性评估，所以在许多国家，转基因作物的批准需要付出大量的时间和成本。在欧盟，转基因作物的批准费用为 1100 万～1700 万欧元，平均需要 6 年时间（EuropaBio 2019）。由于大多数欧洲国家出于生物安全等原因考虑，限制或禁止在其领土上种植转基因植物，只有西班牙和葡萄牙仍然种植一个转基因品种（ISAAA 2018）。自 2011 年以来，育种公司和研究机构已经向国家主管部门征求意见，是否及如何将基因编辑植物作为转基因生物进行监管，是否适用于同样昂贵的转基因生物的法律规定。Cibus 公司使用寡核苷酸定点诱变（ODM）对油菜进行了抗除草剂修饰的商业发行在许多国家引起了法律争议，并引发了关于如何监管基因编辑产品的有争议的讨论，尤其是在欧盟（详见 Sprink et al. 2016）。欧盟法院（CJEU）在 2018 年 7 月出台了明确的法规——对于使用基因编辑方法的欧洲育种者和科学家来说，这是一个意想不到的结果。欧盟法院裁定，通过基因编辑新技术获得的生物属于关于向环境中释放转基因生物的第 2001/18/EC 号指令意义上的转基因生物，它们须遵守转基因生物指令所规定的法律框架中的义务。义务豁免仅适用于通过随机诱变获得的生物体，因为这些生物体在 2001 年法律生效前显示了安全使用的历史。与欧盟不同的是，加拿大像监管其他作物一样监管 ODM 修饰的油菜，考虑其性状的新颖性而不关注所使用的技术。随着越来越多的基因编辑产品进入市场，基因编辑植物调控环境的异质性无疑会引起人们的关注和疑问。

基因编辑采用不同的定点核酸酶（SDN）技术和寡核苷酸定点诱变（ODM）技术。使用 SDNs 进行基因编辑可分为 3 种类型：

1. 诱导单点突变或插入/缺失（SDN-1）；
2. 外部 DNA 模板序列（SDN-2）的短插入或编辑几个碱基对；
3. 插入较长链的异体（转基因）或自体（顺式基因）序列（SDN-3）。

SDN-1/2/3 术语已被许多国家用来对 SDN 应用程序进行法律分类。

18.2 2020 年基因编辑植物的全球监管状况

尽管许多国家的科学家和育种者多年来一直致力于基因编辑作物的开发，但只有少数国家在 2014 年至 2016 年期间制定了监管这些植物的法规（见 Sprink et al. 2016；Ishii and Araki 2017）。然而，在过去的三年里，越来越多的国家也修订了现行的生物技术法规或明确了法规对基因编辑及其产品的解释。

阿根廷、智利、美国和加拿大等美洲大陆国家最早发布了基因编辑建议、意见或规定。随后，巴西、哥伦比亚和巴拉圭也颁布了关于基因编辑的规范性决议。其中一些立法明确规定了哪些基因编辑技术会或不会导致转基因生物的产生。因此，当地的育种者和生产者事先就已经清楚应该使用哪些技术。加拿大或美国等具有以产品为导向的监管理念和长期转基因作物种植的国家并未改变其监管环境，因此基因编辑植物可以在没有特定监管负担的情况下投放市场。新西兰已经在 2014 年制定了一个新的框架，但在高等法院做出类似欧洲 CJEU 裁决后，不得不坚持其过时的转基因生物法规。尽管如此，随着越来越多的农业贸易伙伴（如以色列、日本和澳大利亚）推广基因编辑及其产品，欧盟和新西兰都在进行有争议的讨论，因为上述贸易国家宣布不对通过某些基因编辑技术衍生的植物进行专门监管。

在许多其他国家，基因编辑的法律尚未出台或仍在讨论中，如挪威、瑞士、俄罗斯和印度。几个非洲国家目前正在讨论基因编辑植物未来的监管环境。南非和苏丹正在种植转基因作物，而且南非已经在讨论基因编辑和相关法规。最近，布基纳法索、尼日利亚和加纳开始种植转基因植物，而乌干达仍在讨论在没有明确定义基因编辑的情况下如何针对转基因生物立法。非洲两年一次的生物科学交流研讨会（ABBC）最近发表的宣言指出，监管框架应促进基因编辑的发展，并应在非洲政策和决策者中建立对基因编辑的认识（ABBC 2019）。最近，印度发布了一份关于基因编辑生物体的文件草案供利益相关方讨论，其建议对基因编辑产品的监管采取风险分级的方法。

下面，我们将根据近期获取的信息，讨论一些主要国家在基因编辑植物方面的相关政策和治理发展。我们根据各国在将基因编辑和衍生产品纳入其监管环境方面的进展（已决定、尚未决定和正在讨论）对这些国家进行了分类。

18.2.1 拉丁美洲国家

自 2015 年以来，拉丁美洲国家建立了明确的基因编辑法规。阿根廷于 2015 年发布了一项决议，智利于 2017 年紧随其后。2018 年和 2019 年，巴西、哥伦比亚和巴拉圭发布了决议，中美洲国家危地马拉、洪都拉斯和萨尔瓦多也出台了共同的生物技术政策。此外，乌拉圭和多米尼加在世界贸易组织要求基于科学共识的基因编辑政策。拉丁美洲的政策扩大了现有的转基因生物监管框架，通过决议澄清了基因编辑生物体的法律地位。所有政策的共同之处在于，利益相关方可以通过强制性或自愿性程序咨询或通知指定机构，如阿根廷生物安全委员会（CONABIA）。在给定的时间内（20～120 天），该机构逐案确定改良植物是否符合该国的 GMO/LMO 定义，以及转基因生物的义务是否适用。SDN-1、SDN-2 或 ODM 在植物基因组中的插入和/或缺失或碱基替换不会导致转基因，前提是在最终植物中没有检测到外源重组 DNA 的残基。为此须提供证明在改良过程中没有引入转基因残基的证据（Whelan and Lema 2015）。巴西和巴拉圭特别列举了不会导致转基因生物形成的技术。由于在大多数情况下，来自外源重组 DNA 序列被 SDN-3 导入植物基因组中，由此产生的植物被归为转基因植物。一个例外可能是等位基因的完全替换（等位基因交换）。

18.2.2 美国

美国的监管体系并没有随着基因编辑及其产品的出现而改变。事实上，基因编辑已被纳入了更新生物技术法规的持久讨论中。2015 年，奥巴马政府发布了一份备忘录，指示环境保护局（EPA）、食品药品监督管理局（FDA）和美国农业部（USDA）在《生物技术监管协调框架》下澄清监管这些生物技术产品机构的角色和责任。同时，公布了生物技术监管协调框架（EPA 2017）现代化计划，提供了各主管部门（即 EPA、FDA 或 USDA）监管的生物技术产品领域类型的信息。美国农业部部长 2018 年 3 月再次确认，美国农业部动植物健康检验局（APHIS）是美国植物产品的主要监管机构，不监管或没有任何计划来监管可根据§7 CFR 第340 部分通过传统育种技术培育的植物，该部分是监管 APHIS 内基因工程的有效法规。同样在 2018 年 10 月，美国 FDA 在其《植物和动物生物技术创新行动计划》（FDA 2018）中承诺推进政策优先事项，以便为产品开发人员建立一种基于科学和风险的方法，并消除未来植物和动物生物技术创新的障碍。在特朗普总统的管理下，2019 年 6 月 11 日，一项关于农业生物技术产品监管框架现代化的行政命令（The White House 2019）描述了促进农业创新和精简生物技术及新兴技术现行监管的改革。根据这一命令，APHIS 提议修订§7 CFR 第 340 部分（USDA-APHIS 2019）。新提案是利益相关方向公众多次征求修订意见的产物。2020 年 5 月，该提案在新安全规则（USDA-APHIS 2020）中实施，作为 APHIS 生物技术法规的全面修订，并于 2021 年全面实施。修订后的框架旨在当植物产品不太可能构成植物害虫风险时，为申请人提供明确、可预测的和有效的监管途径。实际上，当植物基因组发生以下变化时，新规则免除了在大多数情况下通过基因编辑开发的产品类别在§7 CFR 第 340 部分下的义务：

1.　　任何大小的删除；

2.　　单个碱基对的靶向取代；
3.　　仅从植物天然基因库衍生的序列中引入或从已知与植物天然基因库相对应的序列编辑。

尽管未明确命名，但该分类与 SDN-1/2/3 的分类基本相似。此外，APHIS 可根据具体情况豁免基因编辑产品。

在新的豁免和确认程序中，申请人可以要求确认他们的产品被豁免，APHIS 将在 120 天内提供书面确认。这取代了以前自愿咨询过程的"我是否根据§7 CFR 第 340 部分进行监管？"该过程允许相关方在美国上市前根据产品的植物害虫特征确定监管状态。在 APHIS 的几乎所有答复中，都建议相关方也咨询 FDA 和 EPA，但迄今这两个机构都没有提供与 APHIS 类似的服务。由于 FDA 负责食品添加剂的生物安全评估，因此它通过咨询程序对植物源性食品和饲料产品的安全性进行评估。FDA 通过将新食物产品的实质等效物与一种已知的比较物进行比较，确定了一项基于产品的规定（CAST 2018）。EPA 的职责涉及生产杀虫剂的产品（如 Bt 毒素）或含有杀虫剂残留的食品。由于许多基因编辑产品本身不会产生杀虫剂，预计 EPA 在美国大多数基因编辑作物的评估中只起到很小的作用。

18.2.3　加拿大

与美国一样，加拿大的监管体系并未随着基因编辑的出现而改变，但其以产品为导向的政策，使该体系具有灵活性，能够应对以任何育种方法培育的植物（Smyth 2017）。所有植物产品，无论是通过生物技术（如转基因或基因编辑），还是通过常规育种（包括非定点诱变）获得的，都受到植物新颖性状（PNT）监管框架的相同监督。加拿大的立法基于产品特征的新颖性来逐一考虑所有产品。被归类为 PNT 的植物产品受到更为广泛的监督，并接受过敏原性、毒性和对非目标生物体影响的检测。在基于产品的立法中，没有关于新颖性的明确定义，但建立了参考产品各自特征差异约 20% 的经验法则（Smyth 2017）。加拿大食品检验局（CFIA）提供指导，以确定其新颖性和何时通知该机构。

18.2.4　以色列

2017 年 3 月，以色列再次确认了 2016 年的声明，即通过基因编辑修饰的植物从 2005 年开始不受《种子法案》（转基因植物和生物）的约束，不会被视为转基因植物。以色列国家转基因植物委员会公布了其决定，即当只有小的缺失或序列编辑发生时，基因编辑植物不属于监管范围（USDA FAS 2018b）。向以色列引进新品种的相关方需要证明该生物体的基因组中没有外源 DNA。

18.2.5　日本

关于其综合创新战略，日本内阁于 2018 年 6 月决定（Japanese Cabinet Office 2018），应在 2019 年 3 月底之前根据《卡塔赫纳法案》和《食品卫生法》澄清基因编辑生物的处理、培养和释放。因此，日本环境省的一个专家小组建议不应对 SDN-1 衍生的生物进行专门监管（USDA FAS 2018a；Igarashi and Hatta 2018）。2018 年 12 月，日本环境省发布了一份针对相关方的实用指南，以解决根据《卡塔赫纳法案》哪些基因编辑技术导致了 LMO 的产生，以及哪些信息应提供给相关部门（MoE Japan 2018）。2019 年 3 月，日本环境省澄清了其基因编辑政策：通过插入细胞外加工核酸修饰的生物体通常会产生 LMO，这适用日本《卡塔赫纳法案》的义务。如果证实基因组中插入的核酸或其复制产物不存在（如通过异交），则可以进行豁免（USDA FAS 2019b）。因此，当基因组中没有外源序列（如编码 SDN 的序列）时，由 SDN-1 衍生的生物体就不受监管。对于细胞外加工的核苷酸序列作为重组模板的 SDN-2 和 ODM，它们的序列缺失必须根据具体案件情况加以证明。SDN-3 应用通常被视为 LMO，尽管还不清楚等位基因交换是如何调控的。无论采用何种方法，在任何情况下都必须向相关部门通报生物体中的编辑序列。

对于来自基因编辑生物的食品，适用日本厚生劳动省（MHLW）的规定。2019 年 9 月，环境卫生和食品安全委员会发布了食品和饲料产品及添加剂营销的处理程序，这些产品和添加剂全部或部分源自基因编辑或基因编辑杂交后代（MHLW Japan 2019）。在投放市场之前，生产商需要向 MHLW 咨询关于各自产品的监管状况。MHLW 逐案确定是否需要进行特定的安全评估（如转基因食品）或只需备案。备案要求开发商或进口商提供关于编辑技术、修改的目标基因、上市时间和其他细节信息。MHLW 公布后方可启动商业营销；如果食品是由已备案的基因编辑产品加工而成，则不需要单独备案。对于食品，SDN-1 和 SDN-2 衍生产品含有一至几个碱基的基因组替换或插入缺失的视为与常规产品相似，在大多数情况下备案即可；而对于含有外源基因的 SDN-3 的食品，则必须进行安全性评估。目前尚不清楚哪种方法可以证明最终产品中不存在转基因或细胞外加工的核苷酸序列。

18.2.6　澳大利亚

2016 年，澳大利亚政府启动了对其国家基因技术方案的第三次审查，以根据国家和国际利益相关方快速进步的技术明确监管范围。最终报告于 2018 年 10 月发布（Australian Government—The Department of Health 2018）。为了提高监管方案的灵活性，一些建议提议重组立法和建立风险分层。建议确保与风险相称的监管水平，避免监管过度或监管不足。根据对新风险的识别或安全使用的历史，应以适当的灵活性确保生物体在类别之间的分配。此外，审查中保留了现有的基于法律程序的触发机制和随后的风险评估（Australian Government—The Department of Health 2018）。澳大利亚政府没有按照提议重组整个立法，而是在 2019 年 4 月公布了基因技术方案的第一套更新修正案：将基因编辑定义为基因技术；经 SDN-1 修饰的生物体免于规定的义务，因为没有添加核酸模板；ODM、SDN-2 和 SDN-3 衍生产品受转基因监管（Mallapaty 2019；Thygesen 2019）。澳大利亚转基因生物法规的大多数修正案于 2019 年 10 月实施（Australian Federal Executive Council 2019）。对于指定供人类消费的基因编辑产品将适用不同的规则，这些目前仍在讨论中（见 18.2.7 节）。

18.2.7　新西兰

早在 2013 年，新西兰环境保护局就确立了基因编辑植物的监管地位（Environmental Protection Authority 2013）。经 SDN-1 编辑的植物被视为与非定点诱变处理的植物密切相关，因此不受新西兰《危险物质和新生物体法》（HSNO）（Ministry for the Environment New Zealand 1998）中转基因生物监管的约束。这一解释被 2014 年高等法院的一项裁决推翻（Kershen 2015）。该法案经过更新，澄清了 1996 年后建立的所有诱变技术都会产生转基因生物。从那以后，经过基因编辑的植物在新西兰作为转基因生物受到监管，并适用于《危险物质和新生物体法》的相应生物安全法规（Kershen 2015）。

为了制定食品和饲料标准，新西兰和澳大利亚共同成立了 FSANZ（澳大利亚和新西兰食品标准）的法定机构。这些标准现已发布（《食品标准法规》），并适用于在澳大利亚和新西兰生产、销售或进口的食品。2018 年，FSANZ 启动了利益相关方磋商，以确定此类进口是否需要像传统转基因生物那样进行上市前评估和批准（FSANZ 2018a）。同时，发布了一份初步报告，引用并总结了对关键问题的答复（FSANZ 2018b）。许多利益相关方注意到了新西兰和澳大利亚的法律与其食品标准法规在基因编辑定义方面的差异。此外，利益相关方建议统一新西兰国内和国际上基因编辑的监管方法，以此促进贸易和确定性，同时向农业部门和消费者提供创新产品（FSANZ 2018b）。2019 年，新西兰皇家学会发布了关于新西兰基因编辑现状的批评性意见，并根据澳大利亚基因编辑法规提出了根据风险改变当前法律义务的选项（Royal Society/Te Aparangi 2019）。

18.2.8　欧盟

欧洲就植物基因编辑政策和治理进行了热烈的讨论（Eriksson 2018），并希望有基于证据的监管发展。相比之下，2018 年 7 月，欧盟法院（CJEU）裁定，靶向诱变方法产生的产品受故意释放转基因生物指令（2001/18/EC）所规定的监管（Court of Justice of the European Union 2018）。由于该裁决，欧盟主管当局以前的法律解释或决定变得过时而不得不撤回。欧盟现在面临强制执行判决的挑战，成员国有义务对（未经授权的）基因编辑植物及其产品的遵守情况进行监督，但这些植物及其产品几乎不可能被鉴定和区分（Grohmann et al. 2019）。欧洲转基因生物实验室网络（ENGL）强调了在鉴定基因编辑植物方面的困难和技术限制，认为当前欧洲转基因立法的执行具有挑战性（ENGL 2019）。对于携带非唯一 DNA 改变的基因编辑植物产品来说，验证事件特异性检测方法及其市场控制的实施是不可行的。

应欧洲理事会的要求，欧盟委员会启动了一项关于"新基因组技术"现状的研究并于 2021 年 4 月发表（European Commission 2021）。委员会可能会采取进一步举措更新立法。

他们在其声明"科学合理地在欧盟对基因编辑植物进行差异化监管"中（Leopoldina and Akademieunion 2019），高度认可了德国科学院的如下建议：

1. 修订欧洲基因工程立法：第一步，应修订欧洲基因工程立法。这应包括在欧洲议会当前立法期内修订转基因的定义或相关豁免，以便在没有插入外源遗传信息和/或自然产生或者传统育种方法产生的遗传物质组合的情况下，将经基因编辑生物排除在基因工程立法的范围。这也将使欧洲立法与欧盟农业部门主要贸易伙伴的监管保持一致。
2. 一个全新的法律框架：除了对当前基因工程立法进行短期修订之外，第二步还应包括制定一个全新的法律框架，脱离以前对转基因采取基于程序的监管办法。从科学角度来看，这一长期行动更合乎逻辑。当前以过程为中心的方法在科学上是不合理的。然而，监管部门也没有必要区分使用和不使用转基因的育种方法。对人类、自然和环境的风险只能来自植物（或其新特性）及其使用方式，而不是基于转基因的过程。因此，一个新的法律框架必须将授权、注册或声明的要求与由此产生的特征联系起来。基于科学的风险评估的要求、性质和范围应根据产品或特性的创新性质来确定。

18.2.9　中国

中国在基因编辑研究方面投入巨大，是基因编辑成果发表领先的国家（Cohen and Desai 2019）。越来越多的研究表明，在中国田间条件下基因编辑作物的测试是容易的。中国自 2015 年以来启动了基因编辑产品风险分析的讨论，并于 2016

年 9 月在国家生物安全委员会（NBC）内成立了一个工作组，就如何监管包括基因编辑在内的新技术提供技术援助。相关规定尚未出台（Gao et al. 2018），但中国政府密切关注国外在基因编辑方面的政策（USDA FAS 2019a）。由于中国在基因编辑方面的大力投资，可以预期未来几年将出台有利于基因编辑的政策和监管。

18.2.10　俄罗斯

自 2016 年以来，除用于科学或研究目的所需的植物和动物外，俄罗斯联邦法律禁止在俄罗斯境内种植转基因植物和饲养转基因动物。在 2019 年 4 月，俄罗斯政府反转基因态度发生了变化，当时俄罗斯教育和科学部发布了第 479 号法令，以减少俄罗斯生物技术的赤字，并解决包括基因编辑在内的基因技术的未来发展（Russian Government 2019）。随着该法令的颁布，一项 10 亿美元的研究项目启动（Dobrovidova 2019）。除了动物和医药生物技术以外，该经费还将支持改进对俄罗斯农业生产至关重要的植物基因编辑技术。该法令将"某些类型"基因编辑获得的植物产品定义为等同于传统植物育种的产品。此外，法令还列出了妨碍监管并给出了改进建议。因此，预计未来几年俄罗斯将更新政策和监管来促进基因编辑的实施。

18.2.11　印度

2020 年 1 月，印度生物技术部起草了基因编辑指南（Indian Ministry of Science and Technology 2020）。该指南根据基因编辑探索的类型，提出了基于监管组分类的分级监管批准流程。第 1 组包括含有基于 SDN-1 或 ODM 的一个或几个碱基对编辑或缺失的植物，而使用模板中含有基于 SDN-2 的少数或几个碱基对编辑的植物属于第 2 组。少数和几个之间的区别在草案中不是决定性的。第 1 组和第 2 组的风险评估是在个案基础上进行的，要求确认目标基因成功编辑，排除生物学上的脱靶，并测试性状的有效性及其与参考品种（除编辑性状外）的等效性。第 3 组是 DNA 大量变化和外源 DNA 插入的植物，对其进行与常规转基因植物同样严格的风险评估。

18.2.12　瑞士

2018 年 11 月，瑞士联邦委员会发布了修改现行基因技术法规的计划，以使其适应基因编辑的最新发展（Generalsekretariat UVEK 2018）。根据联邦环境、运输、能源和通信部（DETEC）和联邦经济事务、教育和研究部（EAER）的一项研究，瑞士目前从 2004 年实施的转基因生物法规不足以应对来自基因编辑的植物

（Transkript 2018）。瑞士宣布在 2021 年底前暂停转基因作物的种植，目前尚不清楚是否也包括通过基因编辑改造的植物。修订后的法规计划将产品和技术分为不同的风险类别。当时预计辩论的第一个结果将于 2019 年底公布，但官方声明尚未公布（Hardegger 2019）。必须指出的是，瑞士不是欧盟的一部分，但国土周围被欧盟成员国环绕，新的法规可能会受到与欧盟跨境贸易问题的影响。

18.2.13 挪威

目前，挪威的转基因生物授权程序与欧洲的授权程序纠缠在一起（Eriksson et al. 2017）。2018 年，挪威生物技术咨询委员会提议重新评估挪威转基因生物监管框架（Norwegian Biotechnology Advisory Board 2018）。目前，传统的转基因生物和基因编辑产品根据转基因技术、生物体、入侵可能性和社会参数的差异分为 4 个风险级别（Bioteknologirådet 2018）。相关标准是遗传修饰的稳定性和遗传力，这种改变是否可能是由传统育种技术引起的，以及改变是否跨越物种界限。对于归类为最低级别的生物体或产品，向主管当局发出通知（收到回复后）可能就足够了。在较高的类别中，生物体需要在释放前获得批准，并接受更严格的风险管理要求。挪威政府关于基因编辑过的植物将如何受到监管的官方声明仍未公布。由于挪威在贸易和旅游方面是欧盟的联系国，不协调的政策和治理可能会存在问题。

18.2.14 全球组织的发展

经济合作与发展组织（OECD）认识到，基因编辑等新兴育种技术对全球经济的影响越来越大。因此，OECD 于 2018 年 6 月举行了一次关于基因编辑在农业中应用的会议，汇集了来自 35 个以上国家的利益相关方（OECD Review of Fisheries: Policies and Summary Statistics 2017 2017；Friedrichs et al. 2019）。与会者讨论了应确定基因编辑的监管方法，以通过所有利益相关方之间更好的沟通，实现兼顾预防和创新的政策目标。不同的法律体系应该理解各自对基因编辑的监管和政策方法，并且必须达成共识（Friedrichs et al. 2019）。

2018 年 11 月，澳大利亚、阿根廷、巴西、加拿大、多米尼加、危地马拉、洪都拉斯、巴拉圭、美国和乌拉圭代表团在世界贸易组织卫生和植物检疫措施委员会（CSPM）签署了一项关于精准生物技术农业应用的国际声明。各代表团同意致力于探索基于科学的监管框架契机，避免设置基因编辑产品的贸易壁垒（Commitee on Sanitary and Phytosanitary Measures 2018）。在他们的声明中，各国申明：由于基因编辑产生的品种具有高度相似性，它们应像常规品种一样受到监管。基因编辑技术的放松管制为中小企业和国家研究机构提供了新的机会。因此，应确保国家和国际层面的协调一致，以充分发挥基因编辑的潜力。此外，在 CSPM 内部，美国在阿根廷和巴拉圭的支持下，对欧盟 2018 年 7 月实施 CJEU 裁决而导致基因编辑产品不合理贸易壁垒的限制提出了具体的贸易关切（STC 452）（Commitee on Sanitary and Phytosanitary Measures 2019）。

本章译者：李帆[1]，赵鹏[2]，王继华[1]

1. 云南省农业科学院花卉研究所，国家观赏园艺工程技术研究中心，昆明，650200
2. 云南大学资源植物研究院，昆明，650500

参 考 文 献

ABBC (2019) ABBC 2019 declaration pretoria. Accessed 06 Sept 2019. https://abbcsymposium.org/blog?slug=pretoria-abbc-r2019-declaration

Australian Federal Executive Council (2019) Gene technology amendment (2019 Measures No. 1) regulations 2019

Australian Government—The Department of Health (2018) The third review of the National Gene Technology Scheme October 2018 final report.

Bioteknologirådet (2018) Forslag til oppmyking av regelverket for utsetting av genmodifiserte organismer

CAST (2018) Regulatory barriers to the development of innovative agricultural biotechnology by small businesses and universities

Cohen J, Desai N (2019) With its CRISPR revolution, China becomes a world leader in genome editing. Accessed 02 Sept 2019. https://www.sciencemag.org/news/2019/08/its-crispr-revolution-china-becomes-world-leader-genome-editing

Commitee on Sanitary and Phytosanitary Measures (2018) International statement on agricultural applications of precision biotechnology: communication from Argentina, Australia, Brazil, Canada, The Dominican Republic, Guatemala, Honduras, Paraguay, The United States of America and Uruguray

Commitee on Sanitary and Phytosanitary Measures (2019) Specific trade concerns 2018: G/SPS/GEN/204/Rev.19

Court of Justice of the European Union (2018) Organisms obtained by mutagenesis are GMOs and are, in principle, subject to the obligations laid down by the GMO directive: judgment in Case C-528/16 Confédération paysanne and Others v Premier ministre and Ministre de l'Agriculture, de l'Agroalimentaire et de la Forêt. Press release no 111/18.

Dobrovidova O (2019) Russia joins in global gene-editing bonanza. Nature 569:319–320. https://doi.org/10.1038/d41586-019-01519-6

ENGL (2019) Detection of food and feed plant products obtained by new mutagenesis techniques: report endorsed by the ENGL Steering Committee Publication date 26 Mar 2019

Environmental Protection Authority (2013) Determination of whether or not any organism is a new organism under section 26 of the Hazardous Substances and New Organisms (HSNO) Act 1996: APP201381, April 19. Accessed 05 Sept 2019.

EPA (2017) Modernizing the regulatory system for biotechnology products: final version of the 2017 update to the coordinated framework for the regulation of biotechnology

Eriksson D (2018) The Swedish policy approach to directed mutagenesis in a European context. Physiol Plant 164:385–395. https://doi.org/10.1111/ppl.12740

Eriksson D, Brinch-Pedersen H, Chawade A, Holme IB, Hvoslef-Eide TAK, Ritala A et al (2017) Scandinavian perspectives on plant gene technology: applications, policies and progress. Physiol Plant 162:219–238. https://doi.org/10.1111/ppl.12661

EuropaBio (2019) Pricing innovation out of the EU: counting the costs of GMO Authorisations

European Commission (2001–2010) EUR 24473—a decade of EU-funded GMO research

European Commission (2020) Decree amending the list of techniques for obtaining genetically modified organisms traditionally used without any noted drawbacks with regard to public health or the environment: communication from the Commission—TRIS/(2020) 01601. Accessed 26 May 2020. https://ec.europa.eu/growth/tools-databases/tris/en/index.cfm/search/?trisaction=search.detail&year=2020&num=280&mLang=EN

European Commission (2021) Study on the status of new genomic techniques under Union law and in light of the Court of Justice ruling in Case C-528/16. https://ec.europa.eu/food/system/files/2021-04/gmo_mod-bio_ngt_exec-sum_en.pdf

FDA (2018) FDA's plant and animal biotechnology innovation action plan

Friedrichs S, Takasu Y, Kearns P, Dagallier B, Oshima R, Schofield J et al (2019) Policy considerations regarding genome editing. Trends Biotechnol 37:1029–1032. https://doi.org/10.1016/j.tibtech.2019.05.005

FSANZ (2018a) Consultation paper: food derived using new breeding techniques

FSANZ (2018b) Preliminary report: review of food derived using new breeding techniques—consultation outcomes

Gao W, Xu W-T, Huang K-L, Guo M-z, Luo Y-B (2018) Risk analysis for genome editing-derived food safety in China. Food Control 84:128–137. https://doi.org/10.1016/j.foodcont.2017.07.032

Generalsekretariat UVEK (2018). Neue gentechnische Verfahren: bundesrat prüft Anpassung der rechtlichen Regelung. Accessed 09 May 2019. https://www.uvek.admin.ch/uvek/de/home/uvek/medien/medienmitteilungen.msg-id-73173.html

Grohmann L, Keilwagen J, Duensing N, Dagand E, Hartung F, Wilhelm R et al (2019) Detection and identification of genome editing in plants: challenges and opportunities. Front Plant Sci 10:236. https://doi.org/10.3389/fpls.2019.00236

Hardegger A (2019). Neue Gentech-Verfahren sollen in der Schweiz liberaler reguliert werden als in der EU. Accessed 25 Jan 2019. https://www.nzz.ch/schweiz/crisprcas-bundesrat-strebt-liberalere-regelung-an-als-die-eu-ld.1452558

Indian Ministry of Science and Technology (2020) Draft document on genome edited organisms: regulatory framework and guidelines for risk assessment

ISAAA (2018) Global status of commercialized biotech/GM crops in 2018: biotech crops continue to help meet the challeges of increased population and climate change: executive summary. ISAAA Brief 54

Ishii T, Araki M (2017) A future scenario of the global regulatory landscape regarding genome-edited crops. GM Crops Food 8:44–56. https://doi.org/10.1080/21645698.2016.1261787

Igarashi K, Hatta K (2018) Env Ministry committee proposes deregulating some genetically edited organisms. Mainichi Japan

Japanese Cabinet Office (2018) Integrated innovation strategy: provisional translation

Kershen DL (2015) Sustainability council of New Zealand trust v. The environmental protection authority: gene editing technologies and the law. GM Crops Food 6:216–222. https://doi.org/10.1080/21645698.2015.1122859

Leopoldina DFG, Akademieunion (2019) Wege zu einer wissenschaftlich begründeten, differenzierten Regulierung genomeditierter Planzen in der EU: Stellungnahme = Towards a scientifically justified, differentiated regulation of genome edited plants in the EU. Halle (Saale), Berlin, Mainz: Deutsche Akademie der Naturforscher Leopoldina e.V; Deutsche Forschungsgemeinschaft; Union der Deutschen Akademien der Wissenschaften e.V

Mallapaty S (2019) Australian gene-editing rules adopt 'middle ground.' Nature. https://doi.org/10.1038/d41586-019-01282-8

Menz J, Modrzejewski D, Hartung F, Wilhelm R, Sprink T (2020) Genome edited crops touch the market: a view on the global development and regulatory environment. Front Plant Sci 11(588027)

MHLW Japan (2019) Food hygiene handling procedures for food and additives derived from genome editing technology

Ministry for the Environment New Zealand (1998) Hazardous substances and new organisms (Organisms not genetically modified) regulations 1998: HSNO regulation

MoE Japan (2018) Decision guidance: to genome editing technologies users. https://www.env.go.jp/press/2_2_%20genome%20editing_En.pdf

Nicolia A, Manzo A, Veronesi F, Rosellini D (2014) An overview of the last 10 years of genet-ically engineered crop safety research. Crit Rev Biotechnol 34:77–88. https://doi.org/10.3109/07388551.2013.823595

Norwegian Biotechnology Advisory Board (2018) A forward-looking regulatory framework for GMO

OECD Review of Fisheries: Policies and Summary Statistics 2017 (2017)

Royal Society/Te Aparangi (ed) (2019) Gene editing: legal and regulatory implications

Russian Government (2019) On approval of the federal scientific and technical program for the development of genetic technologies for 2019–2027: resolution No. 479

Schmidt SM, Belisle M, Frommer WB (2020) The evolving landscape around genome editing in agriculture. EMBO Rep 21:e50680

Secretariat of the Convention on Biological Diversity (2000) Cartagena protocol on biosafety to the convention on biological diversity: text and annexes. Secretariat of the Convention on Biological Diversity, Montreal

Smyth SJ (2017) Canadian regulatory perspectives on genome engineered crops. GM Crops Food 8:35–43. https://doi.org/10.1080/21645698.2016.1257468

Sprink T, Eriksson D, Schiemann J, Hartung F (2016) Regulatory hurdles for genome editing: process- vs product-based approaches in different regulatory contexts. Plant Cell Rep 35:1493–1506. https://doi.org/10.1007/s00299-016-1990-2

The White House (2019) Executive order on modernizing the regulatory framework for agricultural biotechnology products: land & agriculture. Accessed 12 June 2019. https://www.whitehouse.gov/presidential-actions/executive-order-modernizing-regulatory-framework-agricultural-bio-technology-products/

Thygesen P (2019) Clarifying the regulation of genome editing in Australia: situation for genetically modified organisms. Transgenic Res 28:151–159. https://doi.org/10.1007/s11248-019-00151-4

Transkript (2018) Bundesrat setzt Genscheren auf Agenda. Accessed 10 Oct 2019. https://transk-ript.de/meldungen-des-tages/detail/bundesrat-setzt-genscheren-auf-agenda.html

USDA APHIS (2019) Proposed rules for 7 CFR parts 340 and 372 movement of certain genetically engineered organisms

USDA-APHIS (2020) 7 CFR parts 330, 340, and 372: RIN 0579–AE47

USDA FAS (2018a) Japan discusses genome editing technology: GAIN report number: JA8048

USDA FAS (2018b) Israel agricultural biotechnology annual 2018: GAIN report number: IS18011

USDA FAS (2019a) Regulatory process getting more unpredictable, additional requirements on trials and data for approvals: GAIN report number: CH 18085

USDA FAS (2019b) Environment ministry finalizes policy for regulating genome editing: GAIN report number: JA9024

Whelan AI, Lema MA (2015) Regulatory framework for gene editing and other new breeding techniques (NBTs) in Argentina. GM Crops Food 6:253–265. https://doi.org/10.1080/21645698.2015.1114698

Joachim Schiemann 博士 25 年来一直致力于转基因生物安全研究及转基因植物的风险评估、风险管理和风险沟通领域。在 2016 年 9 月退休之前，担任联邦栽培植物研究中心朱利叶斯·库恩研究所（JKI）植物生物技术生物安全研究所的负责人。自 2006 年以来，担任吕讷堡大学的名誉教授。2003～2009 年是欧洲食品安全局（EFSA）转基因生物小组成员；2002～2012 年，任国际生物安全研究学会（ISBR）执行委员会成员；2004～2008 年担任 ISBR 主席。

Frank Hartung 博士在植物 DNA 修复和重组领域工作了 25 年。自 2010 年起，他在联邦栽培植物研究中心 JKI 植物生物技术生物安全研究所从事转基因植物风险评估工作。自 2018 年起，他担任植物生物技术生物安全研究所副所长。基于其在 DNA 修复和重组方面的长期杰出经验，他从 2011 年开始参与植物育种新技术，特别是基因编辑的应用和风险评估。2012 年，他在欧洲食品安全局（EFSA）担任外部专家。自 2017 年以来，担任欧洲植物科学组织（EPSO）农业技术工作组的共同主席。

Jochen Menz 博士出于对基因编辑发展的浓厚兴趣，加入了联邦栽培植物研究中心 JKI 植物生物技术生物安全研究所的索本·斯普林克博士团队。在目前的 H2020 项目 CHIC 的博士后职位上，他研究了根菊苣（菊苣）作为欧洲生物经济的一种新的多用途作物，重点是基因编辑及其对生物安全和国际法规的评估。Jochen Menz 是一位农业生物学家，他的研究主要集中在农业生物技术上。2016 年，他在斯图加特霍恩海姆大学作物科学研究所获得博士学位。

Thorben Sprink 博士目前是联邦栽培植物研究中心 JKI 的高级科学家，也是植物生物技术生物安全研究所基因编辑和合成生物学工作组的组长。Thorben Sprink 从一开始就积极从事基因编辑研究，包括生物安全、风险和技术评估，此外，他还积极从事转基因生物安全研究及传统转基因植物的风险评估、风险管理和风险沟通。他是目前 H2020 项目 CHIC 任务的负责人。在该项目中，他正在研究菊苣作为欧洲生物经济的一种新的多用途作物，重点是基因编辑及其评估和调控。自 2015 年以来，他一直在汉诺威大学和哥廷根大学讲课。

Ralf Wilhelm 博士自 2017 年以来一直是 JKI 植物生物技术生物安全研究所的负责人。JKI 是位于德国奎德林堡的联邦栽培植物研究中心。自 2001 年以来，他一直是转基因植物生物安全研究的资深科学家。研究领域包括植物生物安全评估和管理方法及相关的监管问题。2001~2006 年，担任生物技术的兼职顾问。担任 ISBR 的理事会成员，也是 EPSO 农业技术工作组的共同主席。

第 19 章　探索老套转基因论述的根源及年轻人开始提出批判性问题的缘由

菲利普·艾尔尼（Philipp Aerni）

摘要： 现代植物育种的历史隐藏在我们今天培育和食用的一切事物中。因此，将来自"农业产业"及其"转基因"（GM）产品的产品作为对立，将优质有机产品宣传为"天然""安全"的零售营销策略具有高度误导性。毕竟，几乎所有的食品都是培育的产物，而不是自然的产物，有机产业也是农业产业的重要组成部分。然而，无论是虚构的还是事实，正是对农业在"好"与"坏"的激进简化使以上这种说法非常受欢迎。这样的简化不需要对转基因进行深入的探讨，却提供了一个特定的舆论朝向。这种对可持续农业的相当肤浅的辩论的后果，导致了旨在防止在农业中使用转基因（GM）作物的监管法规既前后矛盾又繁文缛节。相同的论述现正在扩展到与 CRISPR/Cas9 和其他基因编辑工具相关的最新育种技术上。这些技术往往被那些普遍反对农业生物技术的利益相关者标记为 GMO 2.0。新西兰高等法院和欧洲法院（ECJ）也含蓄地接受了这种标签，并决定无论最终产品是否为转基因都将最新的基因编辑技术置于转基因监管之下。尤其对新西兰这一全球农业创新大国的成功案例来说，这样的决定显得格格不入。我将在本章中论证，一个崭新的监管环境只有当老套的关于 GMO 的论述在下一代关切它的公民中失去可信度时才有可能产生。鉴于当前在气候变化和新冠疫情背景下的众多全球危机，越来越多的年轻人意识到，仅仅因为如基因编辑等重要的技术平台是全新的技术就要抛弃它们，是一件相当不负责任的事情。如果年轻人提出的关键问题没有得到令他们信服的答案，他们可能会开始自己将虚构与事实区分开来，并将其整合到反论述中，这不仅对他们这一代人更有意义，而且在实现可持续变化方面更有效。

19.1　引　　言

　　反对在农业中使用现代生物技术的论点往往与更深远的历史记载紧密相连，这包括了农业产业和现代技术对农业实践和农业收入、消费者健康和习惯及环境的影响。在本章中，我们将细究关于现代农业的衰退论述和救赎论述，并解释衰退论述对消费者社会影响更深远的缘由。

Aerni（2011）认为，农业生物技术和最新的基因编辑可能只是为精确高效育种提供了一些额外的工具。然而，这些技术的命运取决于并不关心技术本身的政治领域。以政治规范式的眼光看待技术，只关注哪些应该是可持续农业的一部分，哪些不是。

讨论的规范性本质往往妨碍了以结果为导向的视野，这样的视野是以如何确保安全和公平地使用基因编辑技术所需的体制框架条件，以及如何有效地利用它们来应对农业中紧迫的全球可持续性挑战的问题作为指导的。同时，只要相关探讨发生在高度两极分化的政治层面上且由两极格局主导，如农户被农业产业剥削，传统农业被现代农业摧毁，以及有机农业"纯粹"被农业生物技术污染等，跨越政治派别的共同行动大概率也不可能发生。

赞成或反对使用农业生物技术的叙述往往始于对所谓绿色革命的积极和消极影响的主张。绿色革命起始于第二次世界大战后，是由公共部门推动的倡议，旨在确保粮食安全，遏制南半球不结盟第三世界国家的共产主义（Kingsbury 2009）。该倡议于20世纪90年代冷战结束后，最终失去了公众的支持。当时政治优先级从国家安全问题转向了公众对用纳税人的钱进行集约化农业的担忧，以及消费者对食品安全的担忧（Aerni et al. 2012）。尽管绿色革命运动对全球粮食安全产生了积极影响，但其倡导者过少、过晚地关心了绿色革命运动对环境和经济包容性的负面影响。然而，我们必须牢记绿色革命旨在提高全球粮食安全。它的拥护者从未声称，它也能够有效处理人们在有关社会正义和环境可持续性上的顾虑（Kingsbury 2009）。

绿色革命的结束在一定程度上与"基因革命"的兴起重叠，而后者始于20世纪90年代第一批转基因（GM）作物的成功商业化。尽管当时的基因革命已经由私营部门投资推动，但全球粮食安全专家仍普遍乐观表示，政府将承诺投资"双重绿色革命"，以促进全球粮食供应，同时减少对环境有害物质的依赖输入（Conway 1999）。

然而，最终这种说法因冷战结束后"基因革命"缺乏公共部门财政支持这一事实而失信于民。随后，农业技术在很大程度上与以"孟山都（Monsanto）"为代表的全球利润导向型生命科学公司的崛起联系在一起。

然而，在20世纪70年代至80年代，公共部门非常支持在农业中使用基因工程。当时，以大学为基础的衍生公司开发并随后利用新技术创造了具有内在抗虫性和其他可以解决环境问题的性状的作物。他们的创新被普遍认为是摆脱广泛滥用有毒农用化学品的一种机遇。但是，当人们清楚地认识到技术的所有权通过Monsanto公司对内部研发的大量投资及对众多开创该技术的小型初创公司的收购，最终大多被 Monsanto 公司掌握后，公众的怀疑开始增加，对该技术进行监管的呼声也越来越高（Schurman et al. 2003）。具有讽刺意味的是，当时欧洲应对公众反对的昂贵而耗时的监管审批过程进一步增加了产业的集中化。毕竟，只有大型和老牌公司才有办法应对繁重的监管（Bonny 2017）。负面的公众看法还导致许多捐助国停止支持对发展中国家在无明确排除使用农业生物技术的改善孤儿作物的公共部门的农业研究（Aerni 2006；Juma 2016）。其中许多项目后来获得了比尔·盖茨基金会的资金支持，并成为公私伙伴关系的一部分。在这些伙伴关系中，产业界发挥了建设性作用，免费提供其专利技术和专门知识，但前提是小规模农户为主要受益者。因此，发展中国家无法获得技术很难归因于技术的私有本质，而是与此类项目必须在监管环境运营有关（Fukuda-Parr 2007；Aerni 2018）。

过去十年来，基因编辑技术的兴起再次导致了许多成功的新衍生公司的诞生。他们不再支持绿色革命的最初论述，即主要依赖于通过广泛采用投入密集型高产品种（HYV）来提高农业生产力。相反，他们关注的是提高食品质量而不是食品数量的增值特征。关于对自然干扰的担忧，公司代表的论点是基因编辑相对经典诱变①，是一种侵入性较小、更精确的育种技术。此外，基因编辑作物与可持续农业生态实践没有任何理由不相容，并且昂贵的不是基因编辑工具包，而是审批程序（Clark 2016）。事实上，基因编辑作物是能够解决有机农业中某些长期存在的环境问题的（Ritchie 2017）。

然而，这些问题并不属于一场公共辩论，这种辩论倾向于将世界分为好农业和坏农业，分为"亲自然"的农业和"反自然"的农业。这样的公众理解揭示了人们对人类自然属性基本认知的缺乏，其特点即缺乏在某一特定生态系统中生存的特殊分化。人类通过创造新颖的工具和实践来弥补这些自然缺陷。这使得人类有能力在地球上几乎任何生态系统中生存（Gehlen 1988）。创新力也是人类应对人口增长和日益富足导致的资源短缺的方法（Boserup 1965）。从这个角度来看，人类的进化必须被理解为一个不断适应的过程，自然生长在此过程中已经转化为人工栽培。这样进化的结果形成了我们所称谓的"人类世"，这个经验系数往往被错误地解释为规范性术语，其底层逻辑假定"贪婪"才是人类动机，而实际上它可能是"对集体生存的担忧"（Crutzen 2006）。

我们的基础教育系统不再教授这些源自哲学人类学的基本经验见解，因为每一个与人类-环境交互相关的复杂问题都是用规范术语来解释的。正如在公共辩论即教育系统中信奉的那样，转基因的论述暗示农业现代化将建立在剥削和环境破坏的基础上，因此根本不应该发生（Aerni et al. 2009）。与这个相当片面的论述相矛盾的事实却被简单略过。然而，这种论述可以令人信服地套用在农业生物技术

---

① 经典诱变是一种涉及基因工程但不受此类监管的育种技术。自 20 世纪中叶以来，通过辐射和化学诱变或体细胞克隆变异产生的 3200 多种突变植物品种进入了食品市场（Pathirana 2011）。

领域的任何新的发展上。这就解释了基因编辑技术为何能被其反对者方便地标记为 GMO 2.0①。这样的操作在欧洲可能并不令人惊讶，毕竟那里的政府倾向于相信直接支付而不是创新会使农业更具可持续性。但是，类似于新西兰（尽管在其大型畜牧业中仍具有减少温室气体排放的巨大潜力），这样一个致力于通过创业和创新进行可持续转型和多样化其出口导向型农业经济的国家，怎么可能反对将基因编辑用于农业的商业用途呢？

在本章中，我们认为欧洲和新西兰的监管决策往往会通过农业生物技术领域的监管导致对创新的扼杀。这不仅仅限于其国内，对于依赖其援助及与这些经济体进行贸易的国家也是如此。只有当反对农业生物技术的流行说法的基准假设在新的产品生产和新的经验见解的基础上受到越来越多的质疑时，这样的趋势才可能会逆转。但是，仅仅通过提供事实来回应有关转基因的虚假说法，即转基因生物的种植和消费会导致致命的健康和环境后果，是行不通的。相反，我们急需一个新的蕴含强硬伦理道德成分的故事，它应重点关注与包容性相关的社会经济问题。新论断的故事线必须从 2015 年联合国大会批准的可持续发展目标背后的主要范式转变开始，旨在到 2030 年实现全球可持续转型。可持续发展目标是雄心勃勃的，因为它们旨在通过全球伙伴关系（SDG 17）同时解决贫困、经济和社会不平等及环境挑战，这有助于通过投资创业和创新实现包容性和可持续的经济变革（SDG 8）。此外，几乎每一项可持续发展目标都与粮食和农业的未来直接或间接相关。在这种情况下，一般的农业生物技术，特别是基因编辑，具有成为经济赋权和可持续变革工具的巨大潜力，尤其是在与可持续发展目标相关的挑战最大的地方。只有当平台技术足够对用户友好且易于使用，以使农业非常重要的低收入国家也能够利用它时，才能实现这一潜力。这就是欧洲正在慢慢失去其道德制高点的地方，因为迄今人们无法获得该技术，这不是因为它掌握在"产业手中"，而是因为欧洲设法将其昂贵且功能失调的生物安全法规出口到高度依赖欧洲援助和贸易的低收入国家。事实上，Monsanto 公司拥有的所有基因工程专利都已过期，而新的基因编辑关键专利由大学持有，这些大学倾向于采用更开放的方法，鼓励共享而不是排他性。

有趣的是，越来越多的年轻环保政治家及生物和环境科学领域的早期职业科学家呼吁重新考虑基因编辑的作用，并审视其在个案基础上解决联合国可持续发展目标的潜力。他们敢于公开挑战由上一代人塑造的宝贵观点，这其中包括他们坚信最近的全球可持续性挑战可以通过反映 20 世纪冷战思维而非 21 世纪全球知识经济的方法来解决。正是这些年轻的批判性思想家拥有改变农业生物技术全球叙事的道德权威，因为他们不受既得利益的束缚。如果他们成功了，那么我们的

---

① https://www.foeeurope.org/gmo20.

教育体系及我们关于农业生物技术的公共辩论的内容也将发生转变。在这场高度规范性的辩论中，实证事实可能会变得更加重要。

19.2　历　史　背　景

以科学为基础的植物育种始于格雷戈尔·孟德尔（Gregor Mendel）在遗传学工作的发现和应用。作为一名天赋异禀的育种家和训练有素的数学家，这位奥古斯丁修道士孟德尔在 19 世纪中期能够在他的修道院花园中没有任何时间压力地对豌豆植物进行对照试验。他只是想检验他的隐性和显性等位基因假设，并没有兴趣从中创造商业价值。因此，他对遗传规律的发现最终促成了 20 世纪有利可图的现代种子产业的出现，Kingsbury（2009）认为这是一种讽刺。

在孟德尔于 1866 年首次发表论文后仅仅 40 年，美国和英国的科学家就开始关注他的科学突破。他们验证了孟德尔遗传学在植物育种中的原理，随后他们的政府开始在公共农业研究机构和大学推广其应用。然而，Kingsbury（2009）表明当时德国和法国认为没有必要在植物育种中采用孟德尔遗传学。这两个国家都已经有了蓬勃发展的种子产业，由以商业为导向的植物育种者主导，依赖于对地方品种的大规模选择。他们认为，孟德尔遗传学首先必须证明其优于其他已建立的育种方法。尽管它被证明是一种非常有用的育种预测工具，但遗传学确实还远未被正确理解。此外，Kingsbury（2009）表明学术界已经有人担心，以科学为基础的育种的发现将导致权力从曾经是植物育种者的农民转移到科学家及其机构，从而使农民更依赖于外部投入。由精神科学创始人鲁道夫·施泰纳（Rudolf Steiner）在 20 世纪 20 年代开发的生物动力农业可以被视为寻找替代方案的反运动之一。

与公众对公司控制种子的广泛信仰不同，基于科学的植物育种最初是由公共部门推动和资助的，而私营育种家在很大程度上继续依赖有缺点的传统育种方法。直到 20 世纪 20 年代，美国在 F_1 杂交玉米中首次发现杂种优势效应时，种子行业才开始出现孟德尔遗传学的商业案例。杂种优势现象是近交系控制异花授粉的结果。它表现在植物的理想生理性状（一致性、稳定性、高产量）。但这些性状只在第一代的表型中一致出现。因此，第一代杂种优势是一种自然知识产权保护。Duvick（2001）表明农民愿意从该公司购买种子，而不是重复使用收获的种子或从公共部门育种机构免费获得种子，因为由此产生的产量增加加上节省劳动力的效果足以弥补种子的价格。

19.2.1　绿色革命

20 世纪 40 年代，基于孟德尔遗传学的科学植物育种与诺曼·博洛格（Norman

Borlaug）应用的创新育种方法相结合，以提高墨西哥小麦的收获指数和光不敏感度，对创造高产品种（HYV）至关重要。它们在有利条件下表现良好，但没有杂种优势效应。Kingsbury（2009）表明它们在拉丁美洲和亚洲的广泛采用导致了所谓的"绿色革命"，这有助于在冷战时期提高南半球许多地区的产量并改善粮食安全。

"绿色革命"是美国政府在洛克菲勒基金会的额外支持下发起的一项公共部门倡议。然而，改善全球粮食安全的动机不仅是一项人道主义事业，而是由遏制不结盟发展中国家共产主义的愿望所驱动的。Anderson 等（1991）认为这些国家这样做的理由是这些国家粮食安全的改善将阻止他们接受共产主义。

绿色革命还伴随着在东南亚、中东、非洲和拉丁美洲建立了国际农业研究磋商组织，即所谓的 CGIAR，旨在研究提高水稻、小麦和马铃薯等区域相关粮食作物的产量。

Aerni（2011）表明，对绿色革命的投资取得了回报，因为参与这一全球倡议的发展中国家的作物平均产量大幅增加，而信奉社会主义或共产主义的国家则更有可能受到饥荒和饥饿的影响。然而，人们还必须考虑到，绿色革命是美国支持的公共部门倡议，有意不让市场决定。尽管如此，农业综合企业还是受益于在 CGIAR 获得的研究见解及 HYV 高度依赖外部投入的事实，这要求南半球国家的政府从农业综合企业批量购买灌溉设备、化肥和农用化学品。政府随后以补贴价格将其出售给农民（Murray 1994）。Pingali（2012）表明由于他们大多是在未受保护的情况下接触农用化学品，其结果往往是自然资源的滥用和过度使用，以及农业劳动力的健康问题。Byerlee 和 Morris（1993）表明在资本密集型农场比例较高的地区，高产品种（HYV）的采用率较高，但在以低投入、雨养、半自给农业为特征的边缘地区，采用率很低。换句话说，进入市场机会很小的边缘地区（尤其是在非洲）的农民没有从任何增产中受益。

19.2.2 冷战的结束及其对国际农业研究的负面影响

冷战结束后，美国和欧洲逐渐减少了资助发展中国家的农业研究。Aerni 等（2012）表明，粮食安全不再是捐助国主要担忧的国际问题，其政策制定者开始更加关注国内消费者和纳税人对食品安全和农业可持续性的担忧。因此，更多的农业资金被用于对农民的直接支持计划，这些计划被认为不会扭曲贸易，因此符合1995 年成立的世界贸易组织（WTO）的协议。该协议要求成员国将农业补贴与农业生产脱钩，同时向它们提供解决食品安全和环境等非贸易问题的途径（Aerni 2009）。因此，经济合作与发展组织（OECD）国家的政府支持从以生产为导向的补贴转向实施多功能农业概念，即补偿农民对公共利益的贡献，这导致了全球农业粮食价值链中的重大权力转移。Freidberg（2007）表明，虽然农业综合企业是冷战期间公共农业支持计划的最大受益者，但现在全球零售商发现自己是定义可持续农业条款的强大守门人。尽管他们没有直接参与农业的日常业务，但他们成为"良好农业规范"的标准制定者，即所谓的全球农业规范标准①。此外，零售商通过宣传优质公平贸易和有机标签的"优点"，接受了关于可持续农业的公共辩论的规范性质（Freidberg 2007）。基于经验证据，这种规范性主张越来越受到质疑：一项比较企业对消费者（B2C）标准的可持续性绩效评估，包括与企业对企业（B2B）的有机和公平贸易，其目的是确保跨农业企业价值链的可持续性，因为它们不断致力于自我改进，B2B 标准往往优于超市中 B2C 标签（Giovannucci et al. 2014）。

Gabrielczyk（2019）提出尽管零售商很乐意通过在转基因产品上贴上不含转基因成分的标签来回应消费者对转基因食品的担忧，但它们肯定不是 20 世纪 90 年代公众抵制转基因食品的根源。当时，反对者经常提出的不仅是健康问题，还有社会经济问题，他们谴责技术所有权集中在少数几家日益主导种子行业的大公司手中。

19.2.3 Monsanto 的遗产

事实上，有一家公司渴望带头将全球农业综合企业转变为生命科学行业。它的名字是 Monsanto，围绕它的争议仍然主导着今天媒体的辩论，尽管该公司在很久以前就走下坡路，并于 2016 年被全球农药和制药领导者德国公司拜耳收购。

Monsanto 在 20 世纪 90 年代的崛起是由于其早期对农业生物技术的投资。当大多数农业化学公司在冷战时期仍然依赖于设想他们可以大量出售农业化学产品来提高产量时，Monsanto 公司看到了基因工程的巨大潜力，这可以为农民提供可证实的、优于传统手段的作物保护和环境友好的解决方案。该公司提供的第一批转基因产品是具有内源杀虫剂抗性的玉米和具有除草剂耐受性的大豆，这确保了免耕的农艺措施，减少了土壤侵蚀和温室气体排放。整体上，农民喜欢该公司的产品，因为它们降低了农业劳动强度，使产量更可预测（Brookes and Barfoot 2009）。该公司获取巨额利润得益于其专注满足全球市场对农业和作物的巨大需求的简单性状上。然而，Perlak 等（2001）认为它的成功也伴随着一种如同传教士般的热情，一种强烈的信仰认为该公司是一股有利于农业的力量。它在一定程度上相信这项技术，将公众的任何担忧视为一种无知，最终将让位于更开明的观点。

---

① 如果农民想向欧洲零售商销售产品，他们必须以某种形式满足这一标准。这种私人标准的问题是，它们不必遵守世界贸易组织的非歧视标准，遵守标准的费用完全由农民承担（Freidberg 2007；Aerni 2018）。

在 20 世纪 90 年代，Monsanto 几乎不必担心，因为美国政府已经决定转基因作物将在现有的联邦法定权威网络及与环境保护和公共卫生相关的法规下进行监管。此外，该公司拥有大部分相关专利，其在农药行业的竞争对手开始面临公众声誉问题（Aerni and Rieder 2001）。

然而，随着 Monsanto 在农业产业中的势力不断增强，以及欧洲公众对转基因生物的抵抗力越来越强，这种趋势最终发生了转变。Aerni 和 Rieder（2001）及 Lamphere 和 East（2017）认为就像在美国一样，该公司希望通过推动其转基因作物在欧洲和其他地方的快速批准来收获其农业生物技术研究的投资成果，并认为怀疑只是无知的结果。它没有考虑到的事实是，转基因生物越来越多地与傲慢的企业、无视公众关切和美帝国主义联系在一起。

Monsanto 的例子表明，如果公众认为一家公司滥用其主导地位以创造利润为代价，使人们面临与公共健康和环境有关的未知长期风险，从而不信任该公司，那么该公司将失去其经营许可证。该公司及其技术最终与各种不受欢迎的事情联系在一起，如杀死美丽的黑脉金斑蝶、产生超级杂草、人类不育、老鼠患上癌症肿瘤，以及将不育种子商业销售给天真的农民（Aerni 2018；Smyth et al. 2014）。

尽管毫无疑问，大规模种植转基因作物也造成了环境问题，但这些问题与技术本身无关，而是由于不可持续的农业实践（NAS 2016）。通常与"终结者技术"联系在一起的不育棉花种子从未被出售，但这个故事在公共辩论，特别是与印度农民自杀相关的事件中，一次又一次地出现（Lynas 2013）。与 Monsanto 投资于数据驱动的精准农业（旨在改善土壤健康、减少水消耗和温室气体排放）相关的其他更值得赞扬的问题根本没有引起公众的注意，因为它不符合可持续农业斗争中简化体系里的善恶势力（Pham and Stack 2018）。

虽然 Monsanto 公司倾向于滥用其垄断优势，欺凌外国监管机构，并贬低公众对 20 世纪 90 年代相对较新技术产生的意外副作用的合理担忧，但加入反对 Monsanto 的运动也涉及许多机会主义。有机农业产业认为这是一个展示自己作为"纯粹"和"无害"的农业形式的机会，许多政策制定者支持对"不喜欢的"转基因生物进行预防性监管，希望增加他们连任的机会。即使是高中老师也很乐意向学生播放获奖纪录片，如《孟山都眼中的世界》①，因为这不会花费他们太多时间来准备和了解事实。此类纪录片有助于创建一个简单的论断，其中"好"非政府组织代表公共利益与"恶劣"农业综合企业进行斗争以追求私人利润。Aerni 和 Oser（2011）及 Aerni（2018）表明，这种高度情绪化的叙述清楚地表明了你应该站在哪一边，它们还允许教师向学生介绍自己为"批判性思考者"。

---

① 由玛丽-莫妮克·罗宾执导的纪录片，于 2008 年上映，并于 2009 年获得蕾切尔·卡森奖。见 https://topdocumentaryfilms.com/the-world-according-to-monsanto/。

19.3 基因编辑是 GMO 2.0？

尽管自 20 世纪 90 年代美国首次推出转基因作物以来，这项技术一直在不断发展，但在现在的公共辩论中，支持或反对转基因生物的观点仍与 20 世纪 90 年代的非常相似（Francisco Ribeiro and Camargo Rodriguez 2020；Ricroch 2019）。先进的基因编辑技术，如 CRISPR/Cas9，已经被证明其提高作物产量的潜力，同时也有助于适应和减缓气候变化、增加动物福利、减少食物浪费和改善营养。它使农业生物技术也更精确、侵入性更小、价格更实惠。先进的基因编辑还使育种家能够更好地解决植物 DNA 中的不良偏离目标效应，与在植物育种中应用不太精确的突变技术时观察到的效应相比，这种效应已经低得多（Lee et al. 2020；Liu et al. 2020a）。最终，计算方法已被应用于进一步减少植物育种中 CRISPR/Cas9 介导系统的潜在脱靶效应（Liu et al. 2020b）。尽管基因编辑具有巨大潜力，但在公共辩论中，它往往被描述为 GMO 2.0，以证明有必要以与 GMO 相同的方式对其进行监管。这种论述十分便捷，因为对转基因生物故事的负面论断可以扩展到新技术上，而不需要进一步研究这个课题。这种论述也似乎可行，因为公共辩论不是关于事实，而是关于规范性观点、道德关切和预防性的故事。

19.3.1 流行的预防措施论断

如某些代代相传的传统一样，通过在一个预先建立的心理框架中解释新事件，传递共同价值观、信念和情感的论断，可以帮助引领我们在一个复杂世界中穿行（Olson and Witt 2019）。它们可以帮助人们对一个他们并不太熟悉的复杂问题阐述一些有意义的观点。例如，通过对一项新技术可能产生的长期影响提出担忧，人们既不需要了解该技术本身，也不需要了解可能产生的长期影响的可能性和后果。这是一种规范的观点，旨在表达那些被期望得到尊重的个人价值观。同时，关注短期的商业活动可能对社会和环境产生长期的负面影响，使人显得见多识广、负责任和有远见。除非他或她得到游说组织的报酬或只是非常天真，否则他或她怎么可能挑战这种预防性叙述？换句话说，非常笼统的规范性陈述是一种自我保护的方式，它们帮助一个人避免显得无知的风险，并对潜在的批评和进一步的调查免疫（Aerni and Grün 2011）。

预防的论断也被用来警告"人类世"的后果，这个词最初是由诺贝尔化学奖获得者保罗·克鲁岑（Paul Crutzen）创造的（Crutzen 2006），用来描述地球历史上一个以人类对地球系统的干预带来深刻影响为特征的新纪元。在教育背景下，人类世与人类引起的环境衰退的规范故事有关（Steffen et al. 2015）。它含蓄地建立在一个神话之上，即人类曾经与自然和谐相处，但后来决定以牺牲我们赖以生存的环境和自然资源为代价来征服和开发自然。这个故事情节的流行也可以解释尤瓦尔·哈拉里（Yuval Harari）的书《人类简史》（*Homo sapiens: a brief history of Humankind*）在商业上的巨大成功（Harari 2015）。

转基因生物的反对者意识到了预防论断的力量。他们还知道，他们的公共合法性在很大程度上来自他们在这种叙述中所扮演的角色：他们是"穷人和环境"的捍卫者，反对"企业利益"。这也解释了为什么他们对将其扩展到基因编辑非常感兴趣（Bain et al. 2019）。

这可能有助于农业生物技术的反对者在关于 GMO 和 GMO 2.0 中保留他们作为公众利益代表的流行角色。但人们对此认可吗？这可能取决于他们对与基因编辑相关的广泛技术及其应用的好奇程度，以及如何将其应用于应对全球可持续发展挑战。

19.3.2 基因编辑：它的作用、它的演化方式及它的所有者

基因编辑技术使研究人员能够在生物体基因组的几乎任何特定位置编辑基因。在这种情况下，他们利用限制性内切酶（核酸酶）删除基因的特定部分，或利用细胞的天然 DNA 修复机制插入其他 DNA（Sprink et al. 2020）。从广义上讲，基因编辑包括几种技术，但被称为 CRISPR（成簇规律间隔短回文重复序列）-Cas9 的基因编辑系统的精确性、易用性和灵活性迄今是无与伦比的（Cong et al. 2013）。维尔纽斯大学、加利福尼亚大学伯克利分校、布罗德研究所和维也纳大学等多所大学为其在 2012 年的成功申请和问世做出了贡献。

同时，研究人员还利用基因编辑系统来编辑 RNA，调节基因表达，改变基因组中的单个核苷酸（Cox et al. 2017；Qi et al. 2013；Wang et al. 2020）。通过在细菌基因组中发现其他有用的额外 RNA 引导的核酸酶（除了 Cas9）（Zhang et al. 2019）、碱基编辑和初始编辑，精准育种的 CRISPR 工具箱得到了显著扩展。这些工具提供了互补的优势和劣势，可以编辑几乎任何目标位点（Veillet et al. 2020）。

19.3.3 改进对高级生物发现平台的访问

大规模种质表征的进步使得基因序列数据库（GSD）成功创建，为任何地方的科学家提供免费和不受限制的数据档案访问。可用的最大数据库是国际核苷酸序列数据库协作数据库（INSDC）[①]。

因此，基因库越来越多地转变为生物发现平台，提高了作物多样性作为编码

[①] https://www.insdc.org/。

植物育种所需性状的单倍型来源的重要性和价值。这将有助于在测序和农艺水平上深入收集种质资源，用于鉴定标记-性状关联和优越的单倍型（Varshney et al. 2020）。改进此类知识平台并使其更便捷，加上对植物研究实验室基本基因编辑设备的投资，也将使发展中国家的植物育种者能够跨越更多被认为更加昂贵和耗时且有效性很低的传统育种方法（Gaffney et al. 2020）。

19.3.4　孤儿作物遗传改良的基因编辑

与全球粮食安全高度相关的孤儿作物遗传改良方面，通过与当地研究机构和低收入国家的其他国内利益相关者合作的先进精准育种，已经取得了巨大进展。基因编辑技术已被用于使这类作物对非生物和生物胁迫因素更具抗性、营养效率更高、更好地防止收获后损失，并且通过插入某些质量性状，更具商业价值（Bart and Taylor 2017；Bull et al. 2018；Oliva et al. 2019；Bellis et al. 2020）。这可能不仅有助于改善粮食安全和减少营养不良，而且还可以促进热带农业的可持续集约化，从而增加产量，减少温室气体排放，减少森林砍伐，并减轻使用自然资源的压力（Willet et al. 2019）。

这些都是非常有前景的发展，表明基因编辑在促进联合国可持续发展目标（UN SDG），特别是对于减缓和适应气候变化方面具有巨大潜力（Tylecote 2019）。

19.4　监管的挑战

当基因编辑在 2013 年首次应用于植物育种时，问题就已经存在，公众尤其是消费者是否会接受来自这种技术的食物（Zhang et al. 2019）。人们普遍认为，与涉及插入外源 DNA 的基因编辑技术相比，基因编辑产生的最小点突变将面临更少的公众抵制，特别是如果最终产品的基因组成与其传统对应物没有区别，并能够提供具体的健康或可持续性益处。

出于这个原因，根据应用的定点核酸酶（SDN）[①]的侵入程度，对 3 种改变的类型进行了区分。SDN-1 包括仅引入碱基对变化或小的插入/缺失而不添加外源DNA 的干预。SDN-2 利用小 DNA 模板通过涉及特定核苷酸替换的同源重组[②]产生定向序列变化。SDN-3 使用类似于 SDN-2 的方法插入外源性较大的 DNA 元素。然而，与 SDN-2 不同，SDN-3 显然被视为转基因，因为它引入了大量外源DNA。

---

① SDN 产生序列特异性 DNA 断裂，该断裂由植物的天然 DNA 修复机制修复；由于修复本身是不完善的，它会导致靶位点突变。
② 同源重组（HR）是两条单独染色体或同一染色体上两个对齐的相同 DNA 区域之间物理交换的遗传结果。

19.4.1 美国：对转基因生物的早期经验决定了基因编辑的监管

在美国，转基因作物已经种植、购买了近 20 年，当局政府认为没有必要设立任何额外的监管机构来评估和批准基因编辑作物。在 2004 年，美国食品药品监督管理局（FDA）发表意见认为 CRISPR 编辑的蘑菇可以在没有监督的情况下进入市场，因为它属于 SDN-1 类的基因编辑（Waltz 2016）。这使得该产品成为第一个获得此类市场授权的 CRISPR 编辑生物体（Wang et al. 2019）。

其他经过 CRISPR 编辑的产品，如增强 omega3 油的假亚麻、产生无反式脂肪大豆油的大豆、抗旱大豆和产生较少丙烯酰胺（一种已知的致癌物质）的 TALEN 编辑的马铃薯逐个被获准商业化（Wang et al. 2019；Urnov et al. 2018）。所有这些产品还有一个共同点，即它们为人类健康和环境提供了明显的益处（Urnov et al. 2018）。

最后，在 2020 年 5 月，美国政府在《联邦公报》上发布了新的监管政策，该政策在很大程度上免除了 SDN-1 类基因编辑作物的监管监督，从而简化了它们进入市场的道路。然而，在物种之间转移基因或重新连接其代谢仍将受到监管审查①。然而，另一项监管澄清可能会使创造旨在适应不同气候的转基因作物的变化变得更加容易。Stockstad（2020）表示这些变化于 2021 年生效。

19.4.2 欧盟：陷入过去

欧洲的情况向相反的方向发展。2018 年 7 月，欧洲法院决定将基因编辑作物置于与常规转基因生物相同的预防法规之下，这一规则被广泛认为与预防原则背后的基本哲学不兼容（Aerni 2019），也不符合科学原则（Agapito-Tenfen et al. 2018）。鉴于欧洲依赖于从 SDN-1 类的基因编辑不受繁重监管的国家进口大豆，该裁决如何在实践中执行也比较模糊。另一方面，该裁决向投资者和熟练的研究人员发出信号，表明欧洲已不再适合在可持续农业及减缓和适应气候变化方面具有巨大潜力的尖端植物研究进行投资（Bierbaum et al. 2020）。

虽然目前尚不清楚除欧洲和美国以外有多少国家最终将监管基因编辑作物，但明显的趋势是美国采取的监管方法是受到支持的。拉丁美洲的巴西、阿根廷、智利和哥伦比亚等重要农业经济体及以色列、澳大利亚和日本已经决定将基因编辑的 SDN-1 类免于基因监管（Schmidt et al. 2020）。

---

① 虽然触发机制（超出 SDN-1 以外的类别）决定了提交的产品是否需要监管概览，但美国监管仍可称为产品而非基于流程的监管。毕竟，1986 年白宫科技政策办公室（OSTP）提出的基于产品的转基因作物监管的最初方法还包括一项初步测试，以确定基于实质等效概念的监管途径（Aerni and Rieder 2001）。实质等效是旨在测试新食品与传统食品相比是否存在毒理学和营养差异的初始步骤。如果没有发现此类差异，则将它们声明为"实质等效"。

19.4.3　新西兰：被监管扼杀的农业创新强国

然而，新西兰是一个例外。2014 年，新西兰高等法院裁定基因编辑必须遵守该国非常烦琐的转基因生物法规，该法规基于可追溯至 1996 年的《危险物质和新生物体法》（HSNO）。有人指出，该法案起草不当，应加以修订。立法者在解决这个问题时澄清了传统的诱变技术是被豁免的，而基因编辑，无论它们与诱变多么相似，都必须作为转基因生物进行管理。

新西兰可持续发展委员会（Sustainability Council of New Zealand）对此表示欢迎，该委员会最初在高等法院向新西兰政府提出质疑，认为 SDN-1 类基因编辑更类似于诱变，而不是转基因作物，因此不受 HSNO 法案的约束。

然而，问题是，新西兰可持续发展委员会到底有多可持续？2019 年，新西兰皇家学会 Te Aparangi 成立的专家小组认为①，需要对 1996 年的 HSNO 法案进行彻底改革，以便为评估基因编辑特定应用的风险和机遇提供更好的基础。在这方面，应当考虑到，今天农业生物技术领域的知识和经验比 1996 年大得多，应对气候变化等全球环境挑战的迫切需要比 20 世纪大得多。因此，基因编辑作为解决此类挑战的众多选择之一，不应被抛弃。

澳大利亚在 2019 年 4 月决定，SDN-1 类基因编辑将不受严格的转基因生物监管，因为它不涉及任何遗传物质的转移，并有可能解决农业中的农艺和环境问题，这样的举措增加了新西兰的压力（Mallapaty 2019）。这为澳大利亚的创新基因编辑技术的批准铺平了道路，该技术已被证明可以提高产量、质量和营养吸收效率②。

新西兰面临着与澳大利亚类似的环境挑战。相比其较小的人口规模，新西兰人均温室气体排放量较高③，并且在过去几十年中大幅上升。这主要是因为新西兰经济的两大支柱——农业和林业的排放密集型活动。

与此同时，新西兰通过了一项零碳法案，到 2050 年将其温室气体排放量降至接近中性水平。尤其是，它的目标是到 2030 年将主要由畜牧业产生的甲烷排放量减少 10%，到 2050 年达到 47%④。基因编辑可能只是减少农业温室气体，特别是减少畜牧业甲烷排放的几种选择之一。然而，它可以在帮助新西兰实现其雄心勃勃的目标方面发挥重要作用，特别是考虑到其皇家研究所在农业生物技术方面进

---

① 2019 ROYAL SOCIETY Te Aparangi 基因编辑报告见 https://www.royalsociety. org.nz/assets/Uploads/Gene-Editing-FINAL-COMPILATION-compressed.pdf。

② 见 https://www.farmweekly.com.au/story/6867769/gene-editing-creates-superior-barley-trait/。

③ 每人 17.2t（二氧化碳量）。

④ 见 https://www.dw.com/en/climate-change-new-zealand-passes-zero-carbon-law/a-51145459。

行的尖端研究[1]。

　　在此背景下，新西兰绿党在 2020 年 8 月发表"科学应指导国会议员的政策和决定"的声明而受到质疑。新西兰农场主联合会（Federated Farmers of New Zealand）的领导人安德鲁·霍加德（Andrew Hoggard）质疑他们，当谈到农业生物技术应对气候变化的潜力时，他们为什么不遵循科学原则[2]。20 世纪 80 年代，农场主联合会在当政府决定改革农业政策时发挥了支持作用。作为这些政策改革的结果，新西兰发展了一个更加开放和有竞争力的农业体系，政府在其中扮演指导的角色，支持农民采取生物安全措施、营销和大规模农业研发（R&D）投资。它还使新西兰成为世界上最先进的以创新为导向的农业经济体之一，其半私有化的皇家研究院不仅成为农业创新的领导者，还成为基础农业研究的领导者。事实上，新西兰重新创造了 19 世纪美国赠地学院制度的原始精神，并使其适应 21 世纪农村发展的挑战和机遇。从长远来看，这使得它能够减少农村地区的贫困，并使农业更加可持续，而不是像欧洲那样通过有条件的直接支付制度，而是通过对创新的投资，这也为社会和环境产生了积极的外部效应（Aerni 2009）。

　　鉴于这段历史，新西兰在农业生物技术方面的监管方法完全与该国通过创新使农业更具竞争力、多样性和可持续性的成功经验背道而驰。一开始，避免生产转基因作物可能也是有道理的，因为新西兰农产品的主要进口国之一是位于欧洲的事实上禁止转基因作物的国家。但是，今天的情况却大不相同：新西兰农产品的三大进口国是中国、澳大利亚和美国。他们都种植转基因作物（尽管中国的情况目前还不太清晰），并且倾向于将 SDN-1 类的基因编辑排除在转基因监管之外（Fritsche et al. 2018）。

19.4.4　监管对创新的影响

　　具有高度预防性的转基因生物监管框架，以及欧盟和新西兰随后做出的将基因编辑技术纳入 20 年前制定的转基因生物监管框架的法院判决，对该区域的农业生物技术投资和该领域熟练研究人员的迁移产生了影响。欧洲和新西兰实验室开发的许多基因编辑作物必须依赖国外的田间试验（Jorasch 2020）。此外，许多根植于新西兰和欧洲的创新型全球农业综合企业倾向于在研究基础设施质量相似但监管环境对技术的实际使用更友好的国家建立更多的研究设施（Graff and Hamdan-Livramento 2019）。这一趋势也体现在与基因编辑相关的专利申请中，特别是与基

---

　　[1] AgResearch 公司开发了一种转基因高代谢能（HME）黑麦草，这种黑麦草很有可能将奶牛养殖中的甲烷排放量减少 30%，同时还能提高产量，减少 50%对灌溉的依赖性。由于新西兰法律不允许，所以必须在美国进行现场试验（请参阅 https://www.nzherald.co.nz/the-country/news/article.cfm?c_id=16&objectid=12262826）。首席科学家格雷格·布赖恩（Greg Bryan）还发现，它可以储存更多的能量，使动物更好地生长，更能抵抗干旱，并使其喂养的奶牛产生的甲烷减少高达 23%。

　　[2] https://www.scoop.co.nz/stories/PO2008/S00172/refreshing-to-hear-the-green-party-wants-to-embrace-science-feds.htm。

因编辑的植物和动物相关的专利申请上。根据基因编辑领域获得批准的专利数量，美国和中国在应用知识积累方面再次成为竞争对手。相应地，欧洲国家远远落后，新西兰甚至没有出现在授予基因编辑相关发明的知识产权（IP）领域（Martin-Laffon et al. 2019）。这也可以解释为什么大多数在基因编辑领域出现的新公司都在美国和中国。

19.5　受到年轻一代的挑战

鉴于监管僵局扼杀了植物育种的创新，并阻止了该行业中以解决方案为导向的创业公司的出现，欧洲和新西兰的既定利益相关者受到了更多新参与者的关注。有一些年轻的植物科学家希望通过他们的研究做出改变，因此他们越来越不能接受这样一个事实，即他们在实验室中进行的基因编辑研究从未打算用于农业。为响应欧洲法院 2018 年 7 月的裁决，荷兰的年轻研究人员创建了"基因萌芽倡议"[1]，该计划目前正在整个欧洲传播。它鼓励对创建可持续的欧洲生物经济进行更大胆的思考，不会仅仅因为它是新的而放弃基因编辑的潜力。在新西兰，155 名生物和环境科学领域的年轻学生和研究人员于 2019 年 11 月向绿党联署了一封信，敦促绿党重新考虑其在农业生物技术监管方面的立场。这提醒新西兰公众，现任者及其对可持续发展的防御性观点越来越受到年轻一代的质疑，认为他们不负责任[2]。这是否表明，年轻人越来越拒绝接受他们导师早期的预防性说法，他们只将农业生物技术视为对可持续发展的威胁，而忽视其带来的机遇？

19.5.1　如果你想成为叛逆者，就像我们年轻时那样做吧！

众所周知，孩子们向来反对父母所持有的观点。然而当父母们表明自己曾经也是挑战体制的叛逆者，那这样的叛逆又显得很难接受。属于 20 世纪 70 年代的一代人就是这种情况。他们在很大程度上形成了这样一种观点，即技术和创新是对可持续性的威胁，需要通过"宁要安全而不后悔"的方法进行监管（Aerni and Grün 2011）。事实证明，他们通过炫耀自己对核能和越南战争的创造性抗议行动，以及挑战父母品味的音乐，非常成功地将自己的"颠覆性"价值观传递给了后代（Grau 2018）。然而，目前这些 20 世纪 70 年代的进步事件已成为当今建制派的保守论断，旨在阻止而不是促成变革。因此，他们不再与千禧一代产生强烈共鸣。毕竟，他们没有提供任何应对 21 世纪挑战的答案。这或许可以解释德国绿党的代际冲突。一个主要由年轻一代代表的绿党派系，通过指出基因编辑在解决某些可

---

① https://www.genesproutinitiative.com/。
② https://www.agscience.org.nz/young-scientists-letter-to-a-divided-green-party-calls-for-a-review-of-our-gm-law-to-help-tackle-climate-crisis/。

持续性问题方面的潜力，挑战了老牌成员反对农业生物技术的根深蒂固的观点（Zinkant 2020）。他们的主要论点是，在可持续性语境中制造禁忌不会产生任何效果。他们想了解更多关于这项技术的信息，而不是仅仅对基因编辑说"不"，并且不喜欢党内辩论中事实上的审查制度。目前而言，党内的现任者能够扼杀这星星之火。但从长远来看，年轻一代很可能占上风。

19.6　似乎没有人注意到知识产权格局已经发生了变化

尽管年轻一代普遍认识到创新对可持续变革的重要性，但他们非常担心（尤其是在涉及授予大公司的专利时）公平获取和利益共享受知识产权（IP）保护的技术潜在的负面影响。理由是，专利控股公司将利用专利授予的临时垄断权，将他人排除在使用之外，或从依赖其创新的用户那里提取不当的租金。公众的不满情绪在当受知识产权保护的创新被广泛用于研究并有潜力为全球粮食安全或公共健康做出贡献时尤其高涨。

但是，从创新公司以人为代价创造利润的意义上来说，这个问题真的是非黑即白吗？虽然肯定有人继续捍卫基于排他性的经典知识产权制度，但由于创新过程发生的环境也发生了重大变化，知识产权制度已经朝着开放、透明和共享的方向发生了重大变化。公司在特定的创新生态系统中运营，这要求他们分享其受知识产权保护的技术，以换取获得更广泛的知识平台（Graff and Hamdan-Livramento 2019）。

这对于农业生物技术领域尤其如此。首先，大多数关键专利都由大学持有，并且可以通过第三方许可计划轻松获取。例如，作为含有 ZFN、TALEN 和 CRISPR 的质粒交换的主要来源，Addgene 公司已成为最重要的第三方许可中介之一，能够更好地分担大学更广泛的使命和追求商业应用（Graff and Sherkow 2020）。

Tsang 和 LaManna（2020）表明，在 COVID-19 危机期间，Addgene 公司在促进 COVID-19 研究的质粒和资源的公开共享方面发挥了关键作用。它确保了所有研究人员在特定条款下的访问权限，其中也包含对商业用户的限制。然而，主要由大学持有受知识产权保护的核心 CRISPR 发明，已经开放式地提供给一系列专门销售研究设备和标准化试剂（用于研究实验室的 CRISPR 产品，包括学术和商业研发）的公司。

至于应用于作物育种的基因编辑，布罗德研究所（The Broad Institute）和 Corteva Agriscience 公司允许 CGIAR 免费获得其基因编辑技术，用于育种小型农业的作物（Srivastava 2019）。潜在的许可费只有当最终产品达到一定的商业成就门槛时，才会被考虑。此外，布罗德研究所和 Corteva Agriscience 公司已经制定了一个联合许可框架，将双方控制的专利结合在一起，并将其作为非排他性商业许可提供给对作物农业 CRISPR 技术感兴趣的任何用户，包括 Corteva Agriscience

公司在其主要市场的直接竞争对手（Graff and Sherkow 2020）。

其次，多亏了目前已有多样的基因编辑技术（使用不同类型的核酸酶），如早些时候由于拥有将基因工程应用于植物育种所需的关键专利而导致 Monsanto 公司拥有的事实上的垄断权力的回归将不会再发生（Veillet et al. 2020；Graff and Sherkow 2020）。更灵活的许可方式也带来了更大的竞争和创新，以及更多根据特定客户需求定制和调整产品的方式。

再次，与几十年前 Monsanto 在该领域仍占主导地位时相比，现在知识产权格局已完全不同。Monsanto 持有的大多数重要生物技术专利已过期，一些举措在监管障碍基础上已经得到了实施，以使更廉价的农业生物基因得到更广泛的应用（Jefferson et al. 2015）。尽管存在大量复杂的法律和监管障碍，农业生物仿制药以更实惠的替代产品进入市场为新公司提供了机会。

最后，Graff 和 Sherkow（2020）提出，基于科学期刊上的出版物及对现有和过期专利的描述的开放获取，使基因编辑技术在一开始就取得了进步。

19.6.1　利用技术作为授权工具

所有这些趋势，再加上开放获取的生物发现平台和基因编辑工具包成本的迅速下降，可能为发展中国家利用精准育种的新工具来解决他们在农业中的优先问题提供了一个很好的机会。这在组织培养技术用于克隆营养繁殖作物的清洁种植材料之前就已经发生了。一旦这项技术变得更便宜、更方便，低成本的组织培养实验室就会在非洲和拉丁美洲的农村地区建立起来，目的是让农民能够为自己创造更好的解决方案。这些项目表明，组织培养是一种有用的技术，使农民群体能够更好地利用当地关于木薯或香蕉等作物清洁种植材料的知识。一旦他们接受了如何管理、操作和使用低成本组织培养实验室的培训，他们就会学习如何在体外繁殖清洁的种植材料，以便随后将种植的清洁木桩出售给其他农民。在许多情况下，这变成了具有区域知识内涵的、由本地人生产、为本地人服务的蓬勃发展的企业。它清楚地表明，先进的育种技术不能与当地的传统知识相矛盾（Aerni 2006；Jacobsen et al. 2019）。

与此对应的，基于 2014 年 10 月生效的《生物多样性公约》——《名古屋议定书》[①]有关获取和惠益分享的要求不一致且繁重的要求，获取生物资源可能会出乎意料地受到高度限制。

19.6.2　需要重新考虑获取和惠益分享（ABS）

根据《生物多样性公约》，各国对国内遗传资源和与之相关的传统知识行使主

[①] https://www.cbd.int/abs/。

权权利，以及必须在事先知情同意的基础上对其进行后续使用，包括材料转让协议。尽管《名古屋议定书》旨在为鼓励对生物多样性的保护和可持续利用的研究（第 8a 条）创造条件，但也对"利用"一词下的学术研究或保护相关研究一视同仁（第 2c 条）（Prathapan et al. 2018）。

《名古屋议定书》的具体实施引起了对获取和包容性的特别关切。欧洲议会和理事会关于《名古屋议定书》①用户合规措施的（EU）511/2014 号法规是一个很好的案例，该案例描述了良好的意图如何阻碍了而不是促成了植物育种中的知识共享的后果。Herrlinger 和 Kock（2016）表明，该法规扩大了"地点"（延伸至保留在其原产国之外的遗传资源）、"时间"（追溯延伸至在《生物多样性公约》生效之前获取的遗传资源）、"内容"（将遗传资源义务延伸至使用遗传资源和衍生物制成的商业材料）、"针对目标"（将直接获取遗传资源的各方的义务扩展到使用遗传资源制成的商业产品的各方）。尽管这一种对遗传资源主权的广泛定义会实质性地影响对遗传资源的获取、转移及使用权力，许多具有生物多样性热点区域的热带国家欢迎这些严格要求并且采纳了相似的国内管控方法用以保护他们自己的遗传资源主权行使（Herrlinger and Kock 2016）。

然而，认为遗传资源本身具有商业价值而能与石油或矿藏相媲美的观点被证明是错误的。此外，在大型生物多样性热点地区进行研究还有其他选择。有大量的非原生境收集可以自由访问，包括越来越多的基因序列数据库（GSD）。此外，具有商业价值的微生物生物多样性大多位于温带地区，而不是生物多样性丰富的地区。从公共卫生的角度来看，通过对遗传资源行使主权来主张微生物所有权也存在很大问题。毕竟，病原体不分国界，它们的传播必须通过非商业研究的合作来控制。与 ABS 要求相关的长期谈判以在此类研究伙伴关系中获取标本可能不符合公众利益，因为它们减缓了对公共卫生威胁的反应，表现为传染病在没有免疫力的人群中传播的风险（Overmann and Scholz 2017）。COVID-19 让世界再次意识到了这个问题。

19.6.3 保证创新且保护公众利益的更具创造性的解决方法

与将遗传资源视为专有性质的《名古屋议定书》不同，2001 年通过的所谓"植物条约"（《粮食和农业植物遗传资源国际条约》）促进了在研究、育种和培训的多边体系中对重要粮食作物遗传材料的获取。在接受标准材料转让协议（SMTA）的条款和条件（包括惠益分享）时，会自动授予事先知情同意（PIC）。由于该条约的成员仅为成员国，并且仅限于几种重要作物，因此它不会为育种者创造可预测的利益，其"自由获取但不是免费获取"的基本原则可以作为粮食和农业知识

① https://ec.europa.eu/environment/nature/biodiversity/international/abs/legislation_en.htm。

产权制度全面改革的模板（Herrlinger and Kock 2016）。它将依靠基于订阅的"统一费率"模式来访问遗传资源，该模式基于知识共享条款中明确定义的权利和义务，同时仍确保创新投资者能够产生必要的回报，以偿还其投资于研发的固定成本。考虑到种子成本平均不到农民支付的外部投入总支出的2%，经营和维护此类俱乐部商品所需的收入可以来自种子增值税。毕竟，改良种子的附加值可能只体现在消费的最终产品中（如味道更好、价格更低、污渍更少）。

一旦点对点共享文件就会破坏先前的专有商业模式，这种模式已成功在音乐行业中得到采用。由于数字化、信息（音乐）与信息载体（音乐播放设备）越来越脱钩，在音乐行业寻找新的商业模式是必要的。随着对数字序列信息的日益依赖，信息载体（遗传资源）与信息（遗传序列）越来越脱钩，这导致寻求新的模式在植物育种也成为现实。

数字革命还可能改变种子行业的商业模式，一个设计良好的订阅模式包括所有有兴趣从遗传资源和所有产品中创造商业价值的参与者，这些产品用于食品和农业领域可能具有很大的潜力（Metzger and Zech 2020；Zech 2015）。

19.7　结　束　语

在过去的30年里，农业生物技术研究已经超越了输入性状转基因产品，扩展到输出性状转基因产品的商业化。由于新的植物育种技术（NPBT），如基因编辑，育种过程变得更快、更少侵入性和更精确。进行基因编辑所需的工具包也更容易获得和负担得起，因为知识产权保护的方法已从侧重于通过排斥他人来创造利润，转向通过侧重于根据双方商定的条款进行共享来创造知识产权所有者以外的价值。此外，大型生物发现平台的建立为育种家提供了一个更大的原位种质库和基因序列信息，使他们能够在更大程度上根据当地相关环境量身定制育种。

基因编辑的应用可以但不一定涉及基因的转移，这已成为如何监管该技术的关键标准。目前，只有欧盟和新西兰对转基因生物等基因编辑技术进行监管。然而，特别依赖欧洲援助和贸易准入的低收入国家最终可能会采取这种高度限制性的做法。在欧盟和新西兰，转基因生物的反对者成功地说服了法院，基因编辑技术只会代表新一代转基因生物（GMO 2.0）。这在某种程度上是方便的，因为它允许反对者对农业生物技术采取一种流行的负面论断，这种论断被认为代表了社会的规范和价值观，并有助于维护形成可持续农业公共辩论的两极基线假设。在这场两极分化的辩论中，很大程度上摒弃了历史背景及根据当地情况采用不同的方法的可能性，摆脱农业贸易和先进农业技术是维护粮食主权、健康食品和我们的自然资源的唯一途径。现有的这种说法暗示，在使农业成为企业之前，一切都是可持续的。在本章中，我们说明了这些基线假设显然与历史证据不相符。纵观历史，农业的制度和技术变革在很大程度上是对不断增长的人口的响应，这些人口无法再以严格的传统农业方式维持生计。这些变化从来都不是"无风险的"，但却带来了新的挑战，必须再次通过尝试不同的方法和组合来解决。但是，这个试错过程的替代选择是什么呢？依靠那些让富裕的少数人感觉良好的方法，但既不能解决稀缺问题，也不能解决世界上大多数低收入国家的因贫困带来的环境挑战的问题？

流行的两极论断可能以低成本提供意义和方向。它允许人们在农业中支持"好"并谴责"坏"，而无须搜索其他信息。但是，这也产生了意想不到的后果，最终只有穷人和环境将因被排除在农业贸易和新技术之外而遭受最大的损失。

越来越多的年轻一代似乎意识到了这一危险。他们非常担心联合国未能在2030年之前实现雄心勃勃的可持续发展目标，这主要是因为关于可持续农业的贫瘠且缺乏信息的两极分化的辩论。在欧洲，千禧一代对利用预防原则推迟而不是实施行动的环境政策已经缺乏耐心。这一点目前在德国绿党中得到了体现，青年派系要求现任者就基因编辑进行严肃的辩论，并在具体事例上探索其潜力。在新西兰，生物和环境科学领域的年轻研究人员在给绿党的一封公开信中想知道他们是否真的关心后代。

尽管没有证据表明这些抵制农业中流行的转基因生物的种子会更广泛地发芽，但它们是未来更具建设性的辩论的希望迹象，这也将导致对基因编辑进行更多以解决方案为导向的监管。

致　谢　我要感谢 Isabelle Schluep 对本章节的全面的校对和批判性的反馈。

本章译者：张佩华[1]，魏畅[2]，李帆[1]
1. 云南省农业科学院花卉研究所，国家观赏园艺工程技术研究中心，昆明，650200
2. 云南大学资源植物研究院，昆明，650500

参 考 文 献

Aerni P (2006) Mobilizing science and technology for development: the case of the Cassava Biotechnology Network (CBN). AgBioforum 9(1):1–14
Aerni P (2009) What is sustainable agriculture? Empirical evidence of diverging views in Switzerland and New Zealand. Ecol Econ 68(6):1872–1882
Aerni P (2011) Food sovereignty and its discontents. ATDF J 8(1–2):23–40
Aerni P (2018) The use and abuse of the term 'GMO' in the 'Common Weal Rhetoric' against the application of modern biotechnology in agriculture. In: James H (ed) Ethical tensions from new technology: the case of agricultural biotechnology. CABI Publishing, pp 39–52
Aerni P (2019) Politicizing the precautionary principle: why disregarding facts should not pass for farsightedness. Front Plant Sci 10:1053

Aerni P, Grün K-J (eds) (2011) Moral und Angst. Vandenhoeck & Ruprecht Verlag, Göttingen

Aerni P, Oser F (eds) (2011) Forschung verändert Schule. Seismo Verlag, Zürich (Jan 2011)

Aerni P, Rieder P (2001) 'Public policy responses to biotechnology'. Chapter BG6.58.9.2 in Our fragile world: challenges and opportunities for sustainable development. Encyclopaedia of Life Support Systems (ELOSS), UNESCO, Paris

Aerni P, Rae A, Lehmann B (2009) Nostalgia versus pragmatism? How attitudes and interests shape the term sustainable agriculture in Switzerland and New Zealand. Food Policy 34(2):227–235

Aerni P, Karapinar B, Häberli C (2012) Rethinking sustainable agriculture. In: Cottier T, Delimatsis P (eds) The prospects of international trade regulation: from fragmentation to coherence. Cambridge University Press, Cambridge, UK, pp 169–210

Agapito-Tenfen SZ, Okoli AS, Bernstein MJ, Wikmark OG, Myhr AI (2018) Revisiting risk governance of GM plants: the need to consider new and emerging gene-editing techniques. Front Plant Sci 9:1874

Anderson RS, Levy E, Morrison BM (1991) Rice science and development politics: research strategies and IRRI's technologies confront Asian diversity (1950–1980). Clarendon Press

Bain C, Lindberg S, Selfa T (2019) Emerging sociotechnical imaginaries for gene edited crops for foods in the United States: implications for governance. Agric Human Values 1–15

Bart RS, Taylor NJ (2017) New opportunities and challenges to engineer disease resistance in cassava, a staple food of African small-holder farmers. PLoS Pathog 13(5):e1006287

Bellis ES, Kelly EA, Lorts CM, Gao H, DeLeo VL, Rouhan G et al (2020) Genomics of sorghum local adaptation to a parasitic plant. Proc Natl Acad Sci 117(8):4243–4251

Bierbaum R, Leonard SA, Rejeski D, Whaley C, Barra RO, Libre C (2020) Novel entities and technologies: environmental benefits and risks. Environ Sci Policy 105:134–143

Bonny S (2017) Corporate concentration and technological change in the global seed industry. Sustainability 9(9):1632

Boserup E (1965) The conditions of agricultural growth: the economics of agrarian change under population pressure. George, Allan & Unwin

Brookes G, Barfoot P (2009) Global impact of biotech crops: income and production effects 1996–2007. AgBioforum 12(2):184–208

Bull SE, Seung D, Chanez C, Mehta D, Kuon JE, Truernit E et al (2018) Accelerated ex situ breeding of GBSS-and PTST1-edited cassava for modified starch. Sci Adv 4(9):EAAT6086

Byerlee D, Morris M (1993) Research for marginal environments: are we underinvested? Food Policy 18(5):381–393

Clark S (2016) Sustainable agriculture–beyond organic farming. MDPI AG

Cong L, Ran FA, Cox D, Lin S, Barretto R et al (2013) Multiplex genome engineering using CRISPR/Cas systems. Science 339:819–823

Conway G (1999) The doubly green revolution: food for all in the twenty-first century. Cornell University Press

Cox DBT, Gootenberg JS, Abudayyeh OO, Franklin B, Kellner MJ et al (2017) RNA editing with CRISPR-Cas13. Science 358:1019–1027

Crutzen PJ (2006) The "anthropocene". In Earth system science in the anthropocene. Springer, Berlin, Heidelberg, pp 13–18

Duvick DN (2001) Biotechnology in the 1930s: the development of hybrid maize. Nat Rev Genet 2(1):69–74

Francisco Ribeiro P, Camargo Rodriguez AV (2020) Emerging advanced technologies to mitigate the impact of climate change in Africa. Plants 9(3):381

Freidberg S (2007) Supermarkets and imperial knowledge. Cult Geogr 14(3):321–342

Fritsche S, Poovaiah C, MacRae E, Thorlby G (2018) A New Zealand perspective on the application and regulation of gene editing. Front Plant Sci 9:1323

Fukuda-Parr S (ed) (2007) The gene revolution: GM crops and unequal development. Earthscan

Graff GD, Sherkow JS (2020) Models of technology transfer for genome-editing technologies. Ann Rev Genomics Human Genet 21

Graff GD, Hamdan-Livramento I (2019) The global roots of innovation in plant biotechnology. Econ Res Working Paper (59)

Grau A (2018) Die Rechtfertigungsideologie enthemmter Konsumkinder. Cicero Magazin für

Politische Kultur, 06 Jan 2018 (https://www.cicero.de/kultur/68-68er-gesellschaft--hedonismus-marx-marcuse)

Gabrielczyk T (2019) Gentechtäuschung mit Siegel? Transkript 25(3):47–54

Gaffney J, Tibebu R, Bart R, Beyene G, Girma D, Kane NA et al (2020) Open access to genetic sequence data maximizes value to scientists, farmers, and society. Glob Food Secur 26:100411

Gehlen A (1988) Man: his nature and place in the world (first published in German in 1940). Columbia University Press

Giovannucci D, von Hagen O, Wozniak J (2014) Corporate social responsibility and the role of voluntary sustainability standards. In: Schmitz-Hoffmann C et al (eds) Voluntary standard systems. Springer, Berlin, Heidelberg, pp 359–384

Harari YN (2015) *Homo sapiens*: a brief history of humankind. Random House

Herrlinger C, Kock M (2016) Biodiversity laws: an emerging regulation on genetic resources or 'IP on Life' through the backdoor. Biosci Law Rev 13(4):119–131

Jacobsen K, Omondi BA, Almekinders C, Alvarez E, Blomme G, Dita M et al (2019) Seed degeneration of banana planting materials: strategies for improved farmer access to healthy seed. Plant Pathol 68(2):207–228

Jefferson DJ, Graff GD, Chi-Ham CL, Bennett AB (2015) The emergence of agbiogenerics. Nat Biotechnol 33(8):819–823

Jorasch P (2020) Will the EU stay out of step with science and the rest of the world on plant breeding innovation? Plant Cell Rep 39(1):163–167

Juma C (2016) Innovation and its enemies: why people resist new technologies. Oxford University Press

Kingsbury N (2009) Hybrid: the history and science of plant breeding. Chicago University Press

Lamphere JA, East EA (2017) Monsanto's biotechnology politics: discourses of legitimation. Environ Commun 11(1):75–89

Lee JH, Mazarei M, Pfotenhauer AC, Dorrough AB, Poindexter MR, Hewezi et al (2020) Epigenetic footprints of CRISPR/Cas9-mediated genome editing in plants. Front Plant Sci 10:1720

Liu Q, Yang X, Tzin V, Peng Y, Romeis J, Li Y (2020a) Plant breeding involving genetic engineering does not result in unacceptable unintended effects in rice relative to conventional cross-breeding. Plant J https://doi.org/10.1111/tpj.14895

Liu G, Zhang Y, Zhang T (2020b) Computational approaches for effective CRISPR guide RNA design and evaluation. Comput Struct Biotechnol J 18:35–44

Lynas, M. (2013) Terminator seeds will not usher in an agricultural judgement day. The Conversation, December 24, 2013 (available online: https://theconversation.com/terminator-seeds-will-not-usher-in-an-agricultural-judgement-day-21686)

Mallapaty S (2019) Australian gene-editing rules adopt 'middle ground'. Nature 23 Apr 2019 (available online: https://www.nature.com/articles/d41586-019-01282-8)

Martin-Laffon J, Kuntz M, Ricroch AE (2019) Worldwide CRISPR patent landscape shows strong geographical biases. Nat Biotechnol 37:613–620

Metzger A, Zech H (2020) A comprehensive approach to plant variety rights and patents in the field of innovative plants. Forthcoming in Christine Godt/Matthias Lamping (eds), In Honour of Hanns Ullrich (tbc), Springer. Available at SSRN: https://ssrn.com/abstract=3675534, https://papers.ssrn.com/sol3/papers.cfm?abstract_id=3675534

Murray DL (1994) Cultivating crisis: the human cost of pesticides in Latin America. University of Texas Press

National Academies of Sciences (2016) Genetically engineered crops: experiences and prospects. A report prepared by the Board on Agriculture and Natural Resources. Washington, DC (available online: https://www.nationalacademies.org/our-work/genetically-engineered-crops-past-experience-and-future-prospects)

Oliva R, Ji C, Atienza-Grande G, Huguet-Tapia JC, Perez-Quintero A, Li T et al (2019) Broad-spectrum resistance to bacterial blight in rice using genome editing. Nat Biotechnol 37(11):1344–1350

Olson ET, Witt K (2019) Narrative and persistence. Can J Philos 49(3):419–434

Overmann J, Scholz AH (2017) Microbiological research under the Nagoya Protocol: facts and fiction. Trends Microbiol 25(2):85–88

Pathirana R (2011) Plant mutation breeding in agriculture. Plant Sci Rev 6(032):107–126

Perlak FJ, Oppenhuizen M, Gustafson K, Voth R, Sivasupramaniam S, Heering D, Boyd C, Ihrig RA, Roberts JK (2001) Development and commercial use of Bollgard® cotton in the USA–early promises versus today's reality. Plant J 27(6):489–501

Pham X, Stack M (2018) How data analytics is transforming agriculture. Bus Horiz 61(1):125–133

Pingali PL (2012) Green revolution: impacts, limits, and the path ahead. Proc Natl Acad Sci USA 109:12302–12308

Prathapan KD, Pethiyagoda R, Bawa KS, Raven PH, Rajan PD (2018) When the cure kills—CBD limits biodiversity research. Science 360(6396):1405–1406

Qi LS, Larson MH, Gilbert LA, Doudna JA, Weissman JS et al (2013) Repurposing CRISPR as an RNA-guided platform for sequence-specific control of gene expression. Cell 152:1173–1183

Ricroch A (2019) Global developments of genome editing in agriculture. Transgenic Res 28(2):45–52

Ritchie H (2017) Is organic really better for the environment than conventional agriculture? Our World in Data, 17 Sept 2017 (available online: https://ourworldindata.org/is-organic-agriculture-better-for-the-environment)

Schmidt SM, Belisle M, Frommer WB (2020) The evolving landscape around genome editing in agriculture: many countries have exempted or move to exempt forms of genome editing from GMO regulation of crop plants. EMBO Reports, e50680, https://doi.org/10.15252/embr.202050680

Schurman RA, Kelso DT, Kelso DD (eds) (2003) Engineering trouble: biotechnology and its discontents. University of California Press

Smyth SJ, Phillips PW, Castle D (eds) (2014) Handbook on agriculture, biotechnology and development. Edward Elgar Publishing

Sprink T, Wilhelm RA, Spök A, Robienski J, Schleissing S, Schiemann JH (eds) (2020) Plant genome editing–policies and governance. Front Media SA

Srivastava V (2019) CRISPR applications in plant genetic engineering and biotechnology. Plant Biotechnol: Progr Genomic Era 429–459 (Springer, Singapore)

Steffen W, Richardson K, Rockström J, Cornell SE, Fetzer I, Bennett EM et al (2015) Planetary boundaries: guiding human development on a changing planet. Science 347(6223)

Stockstad E (2020) United States relaxes rules for biotech crops. Science. https://doi.org/10.1126/science.abc8305

Tsang J, LaManna CM (2020) Open sharing during COVID-19: CRISPR-based detection tools. The CRISPR J 3(3):142–145

Tylecote A (2019) Biotechnology as a new techno-economic paradigm that will help drive the world economy and mitigate climate change. Res Policy 48(4):858–868

Urnov FD, Ronald PC, Carroll D (2018) A call for science-based review of the European court's decision on gene-edited crops. Nat Biotechnol 36(9):800–802

Varshney RK, Sinha P, Singh VK, Kumar A, Zhang Q, Bennetzen JL (2020) 5Gs for crop genetic improvement. Curr Opin Plant Biol

Veillet F, Durand M, Kroj T, Cesari S, Gallois J-L (2020) Precision breeding made real with CRISPR: illustration through genetic resistance to pathogens. Plant Commun https://doi.org/10.1016/j.xplc.2020.100102

Waltz E (2016) Gene-edited CRISPR mushroom escapes US regulation. Nat News 532(7599):293

Wang T, Zhang H, Zhu H (2019) CRISPR technology is revolutionizing the improvement of tomato and other fruit crops. Hortic Res 6(1):1–13

Wang SR, Wu LY, Huang HY, Xiong W, Liu J, Wei L et al (2020) Conditional control of RNA-guided nucleic acid cleavage and gene editing. Nat Commun 11(1):1–10

Willett W, Rockström J, Loken B, Springmann M, Lang T et al (2019) Food in the Anthropocene: the EAT–lancet commission on healthy diets from sustainable food systems. The Lancet 393(10170):447–492

Zhang Y, Malzahn AA, Sretenovic S, Qi Y (2019) The emerging and uncultivated potential of CRISPR technology in plant science. Nat Plants 5(8):778–794

Zech, H. (2015). Information as Property," JIPITEC, 192, https://www.jipitec.eu/issues/jipitec-6-3-2015/4315/zech%206%20%283%29.pdf

Zinkant K (2020) Grüne Gechtechnik: Gründe fordern Umdenken. Süddeutsche Zeitung, 10.Juni (available online: https://www.sueddeutsche.de/wissen/klimawandel-landwirtschaft-gruene-gen technik-crispr-1.4932845)

Philipp Aerni 是苏黎世大学企业责任与可持续性中心（CCRS）主任。他是一位多学科交叉的社会学家，拥有地理学硕士学位及农业经济学博士学位。Aerni 博士在 CCRS 工作之前，曾经在哈佛大学、苏黎世联邦理工学院、伯尔尼大学及联合国粮食及农业组织（FAO）工作。目前，Aerni 博士任教于苏黎世联邦理工学院、苏黎世大学及巴塞尔大学。